基于离散伴随理论的
飞行器气动综合优化

黄江涛　刘　刚　高正红等　著

科学出版社
北　京

内 容 简 介

本书系统总结和梳理了基于离散伴随理论的飞行器气动综合优化面临的基础科学问题、关键技术以及工程应用需求，介绍了伴随优化设计构架、黏性流动伴随方程构造及应用、典型跨学科耦合伴随方程构造与应用。为从事飞行器气动布局优化设计、离散伴随理论研究的研究人员提供了理论研究和工程实践上的指导，对发展先进、高效、实用的优化设计工具，以及把握飞行器气动多学科伴随优化的发展方向提供了有价值的参考。

本书适合高等院校流体力学、飞行器设计等专业的高年级本科生及研究生用作学习参考用书，也可供从事飞行器气动布局综合设计与优化工作的科研人员和工程技术人员使用。

图书在版编目（CIP）数据

基于离散伴随理论的飞行器气动综合优化/黄江涛等著. —北京：科学出版社，2022.11

ISBN 978-7-03-073316-0

Ⅰ.①基⋯　Ⅱ.①黄⋯　Ⅲ.①飞行器-空气动力学　Ⅳ.①V211

中国版本图书馆 CIP 数据核字（2022）第 181058 号

责任编辑：刘信力　赵　颖／责任校对：彭珍珍
责任印制：吴兆东／封面设计：无极书装

科学出版社 出版
北京东黄城根北街 16 号
邮政编码：100717
http://www.sciencep.com
北京建宏印刷有限公司 印刷
科学出版社发行　各地新华书店经销

*

2022 年 11 月第 一 版　　开本：720×1000　B5
2022 年 11 月第一次印刷　　印张：15 3/4
字数 308 000
定价：148.00 元
（如有印装质量问题，我社负责调换）

本书编委会

联合主编：黄江涛　刘　刚　高正红

副 主 编：赵　轲　周　琳　陈　宪

　　　　　张绎典　章　胜　陈其盛

编　　委：邓　俊　陈飚松　朱　喆　阚肖锋

　　　　　刘　沛　杜　昕　马　创　舒博文

　　　　　王春阳　钟世东　王崶瞩　何成军

　　　　　余龙舟　陈　诚

序

    航空航天技术是国家空天安全的基石，是我国实现产业升级和自主创新的主战场，发展飞行器先进设计理论与技术对于推动航空航天技术进步举足轻重。未来飞行器研发对各个学科的耦合程度要求越来越高，亟需设计方法和手段的革新。随着优化设计理论与计算机技术的发展，飞行器气动布局多学科优化技术取得了长足的进展，在飞行器研发中扮演着越来越重要的角色，对飞行器的研制起着积极的变革性作用。

    基于离散伴随理论的飞行器气动布局优化设计技术具备较强的实用性、高效性，受到国内外航空航天工程师以及基础科学研究人员的高度关注，是飞行器数字化设计领域需要高度关注的核心环节。开展离散伴随优化理论体系化研究，能够为装备研发、飞行器创新发展提供有效的理论方法与技术手段支撑，具有重要的理论意义与应用价值。

    《基于离散伴随理论的飞行器气动综合优化》专著由中国空气动力研究与发展中心飞行器气动布局与多学科优化团队、西北工业大学飞行器综合设计与空气动力学国防科技创新团队等联合编写，包含气动、动力、电磁、声爆、结构等学科领域以及学科间的耦合伴随方程构造等研究成果。对学科变分、交叉雅可比、耦合伴随方程求解等方面进行了系统性阐述，开展了典型工程应用研究，提出了耦合伴随方程值得关注的技术方向，展望了未来的发展趋势。该书内容详实、基础理论方法与工程技术应用结合思路清晰，具有较强的系统性、前瞻性、原创性与实用性，展现了我国飞行器气动外形多学科伴随优化的最新成果。

    本书可作为从事飞行器多学科优化设计工作者与研究生的参考用书，能够对航空航天飞行器气动综合设计、多学科协同数值优化的发展起到积极的促进作用。同时希望更多研究人员、工程师能够积极关注该方向基础科学问题与关键技术，重视该方向应用潜力，共同推进基于伴随理论的飞行器数字化设计技术发展，助力我国未来航空航天飞行器研制。

中国科学院院士　杨伟

2022 年 11 月

前　言

基于离散伴随理论的灵敏度计算量对设计变量维度的无关性，使得基于梯度算法的飞行器气动布局综合优化效率呈数量级提高，且适用于工程算法以及高可信度学科分析算法。这一天然优势，使其成为世界知名航空航天科研机构重点研究方向之一，并不断发展。

离散伴随理论对飞行器气动综合优化来讲，一方面，伴随方程、耦合伴随方程具有设计变量无关性、灵敏度精度高等特点，对高维度设计空间维度障碍问题提供了有效解决手段，在效率、精度、紧耦合、实用性等方面具有较强的优势，能够为飞行器气动布局综合设计提供极有力的技术支撑；另一方面，对于其他领域的复杂系统灵敏度分析，耦合伴随理论也是一项极具重要研究意义的基础科学问题，具有拓展性与借鉴性，对于复杂系统耦合灵敏度、相关性分析以及优化具有较强的指导性作用。因此，系统整理离散伴随优化方法的进展具有重要的理论研究与工程实用价值。

本书对基于离散伴随方程的飞行器气动外形综合优化进行较为全面的论述与总结，主要涵盖了计算空气动力学、计算电磁学、气动弹性/结构力学、超声速声爆问题等学科方向，包含气动力、雷达隐身、声爆抑制、进排气及一体化设计优化等工程问题，包括作战飞机、民用飞机、新概念飞行器等技术应用研究对象。本书内容分为三个部分：伴随优化设计架构、黏性流动伴随方程构造及应用、典型跨学科耦合伴随方程构造与应用。第 1 章阐述了飞行器气动外形伴随综合优化现状与发展趋势；第 2 章对基于梯度信息的优化体系构成进行系统介绍；第 3 章针对流场伴随方程的空间离散、边界条件、时间推进等模块进行详细总结；第 4 章～ 第 6 章对设计空气动力学为核心的典型学科耦合伴随方程进行详细推导，重点对飞行器气动隐身一体化、气动结构一体化、气动力/声爆一体化等面临的耦合伴随方程交叉雅克比进行了系统论述，并开展了应用研究。不限于上述学科、专业方向，离散伴随理论同样可以向飞行器设计涉及的其他学科领域拓展应用，例如红外辐射、能量管理、飞行性能等，发挥重要作用，这也是需要科研人员进一步努力的方向。

希望本书能够为从事飞行器气动布局优化设计、离散伴随理论研究的科研人员、工程技术人员提供一些有用的参考，启发新思路，推动离散伴随理论与更多

专业领域结合，助力飞行器研发。限于作者水平，书中难免存在不足和疏漏，欢
迎各位读者批评指正。

作　者

2022 年 11 月

目　　录

第 1 章 绪 论

伴随高性能计算机技术的发展，数值优化设计技术将在未来飞行器研发中扮演着越来越重要的角色，数值优化的基础科学研究、各项环节关键技术不断进展、突破，对民用飞机、作战飞机乃至航天类飞行器的研制过程起到积极的变革性的作用，各个学科的耦合程度将越来越高，学科之间协同优化，仿真技术作为重要角色登上装备研发的历史舞台。国内外著名研发机构美国国家航空航天局 (National Aeronautics and Space Administration，NASA)、德国宇航中心 (Deutsches Zentrum fur Luft-und Raumfahrt (德语)，DLR)、荷兰宇航院 (Netherlands Aerospace Centre，NLR)、日本宇宙航空研究开发机构 (Japan Aerospace Exploration Agency，JAXA) 等均在多学科协同数值优化、仿真分析方面投入了大量的人力物力，并在应用方面进行了大量尝试与验证。

多学科优化设计研究中采用的优化算法可以分为梯度类 [1-5] 和非梯度类 [6-12] 两个方向，两类方法各有所长。基于伴随方法的梯度类算法是近年来较为热门的研究方向，基于伴随方程的梯度优化以其独有的优势，在气动设计等领域发挥了重要作用，也是国内外空气动力学研究机构一个重要的研究方向 [13-17]，而基于交叉学科变分思想的多学科伴随优化方法也开始在工程领域发挥重要作用。例如，考虑气动弹性变形的柔性机翼设计，若采用基于差分的梯度优化以及进化算法开展多学科多目标优化，其计算量非常庞大，甚至难以忍受，设计效率极为低下。此时基于多学科耦合伴随灵敏度分析的优化方法在综合设计上具有更加突出的优势。不仅如此，在结构、电磁、声学、结构、红外、能量管理等与飞行器设计息息相关的学科，多学科耦合伴随方法也具有较大的发展潜力。由于多学科耦合伴随方法具有优化代价小、梯度计算量与各个学科设计变量个数基本无关等优点，且通过耦合伴随方程的求解能够快速计算出各个学科关心的各个目标函数对各学科设计变量的导数，备受研究人员与工程师的关注与喜爱，必将在未来多学科优化领域发挥重要作用。

本章对多学科伴随、耦合伴随优化方法研究进展及应用现状进行详细系统梳理，对飞行器气动外形综合设计涉及的典型学科变分/耦合变分/关键环节的变分推导、耦合伴随方程的求解，以及应用存在的难点进行介绍，为单学科伴随、多学科耦合伴随方法的研究人员提供参考。

1.1　学科级离散伴随方法与发展现状

　　从目前的研究成果来看，在飞行器气动外形综合设计领域，基于流场伴随方程的优化是最活跃的一个分支，而对于结构伴随、电磁伴随、噪声等学科伴随研究较少，其中一个重要原因是某些特殊学科独立伴随优化在飞行器设计领域工程应用中价值不大，例如，结构伴随方程单独优化无法兼顾气动结构一体化设计要求，无法充分挖掘设计潜力。本节只针对飞行器气动外形综合设计紧密相关的空气动力学、计算电磁学、结构动力学、气动噪声等几个学科领域伴随方程难点、进展进行阐述。

1.1.1　流场伴随优化在内外流动优化问题中的现状

　　伴随优化在外部流动优化问题中的应用较多，主要应用于机翼、增升装置、整流罩等气动外形优化。由于该项技术求解梯度信息的工作量几乎与设计变量个数无关，因此，备受计算流体力学 (Computation Fluid Dynamics，CFD) 研究人员以及气动优化设计研究人员的重视。其中，离散伴随方程与纳维–斯托克斯 (Navier-Stokes) 方程清晰的导数关系，具有实现起来比较方便、梯度信息更为准确等优点。流场伴随方法的核心工作是组装流场残差对守恒变量的雅可比矩阵：

$$A = \frac{\partial R}{\partial W} \tag{1.1}$$

　　依赖于伴随方程的求解方式，该矩阵的处理主要有两种形式，即直接全矩阵组装存储和结合伴随变量乘积形式存储；雅可比矩阵处理完毕后，对于不同目标函数的优化问题，仅需改动右端项目标函数对状态变量的变分表达式：

$$S = \frac{\partial I}{\partial W} \tag{1.2}$$

该项一般作为源项形式加入通量表达式或方程组右端。

　　边界条件处理方式一般采用边界雅可比矩阵形式，对于内外流问题，矩阵形式的流场伴随方程只需要改变边界条件变分雅可比矩阵表达式，即

$$\frac{\partial \overline{Q}}{\partial Q_2} = \frac{1}{2}\frac{\partial (Q_1 + Q_2)}{\partial Q_2} = \frac{1}{2}(M_{BC} + E) \tag{1.3}$$

式中，E, M_{BC} 分别对应单位矩阵以及边界条件矩阵，可以看出，离散伴随无黏项的不同边界条件变分，只需替换对应边界条件矩阵 M_{BC}，对于实现不同边界类型、内外流伴随之间的转换、匹配，以及模块化编程十分有利。由于离散伴随无黏项的主导作用，该项边界条件处理很大程度直接影响梯度的计算精度。

　　离散伴随方法在梯度优化研究领域最受关注，也是国内外空气动力学研究机构重点发展的研究方向，世界上大多数知名空气动力学研究机构均基于自身研发的大型并行 CFD 计算代码发展了离散伴随优化平台，发展思路上主要集中于两个方向：手工推导与自动微分。其中借助于典型的自动微分工具 (如 Tapenade、ADIFOR 等) 的后向模式可以方便地实现离散伴随代码，这也是离散伴随方程受到青睐的一个重要原因。前者的优点是程序运行效率较高、不依赖于第三方库支持，缺点是对学科分析方法的理解以及公式推导的能力要求较高，且推导工作烦琐，容易出错；后者的优点是简捷方便，缺点是依赖于第三方库支持、计算效率略低以及内存需求偏大等。例如美国国家航空航天局兰利 (Langley) 研究中心采用手工推导方式建立了非结构化求解器 FUN3D 的离散伴随优化平台 [14]；德国宇航中心基于结构化求解器 Flower、非结构化求解器 TAU 发展了离散伴随优化平台 [15]，法国宇航院基于 CFD 代码 elsA 开发了离散伴随优化平台 [16]，英国谢菲尔德大学 [17] 开展了基于结构化网格的并行离散伴随优化研究。实际推广应用方面也开展了系列研究，NASA 的 Liou 等 [18] 进行了伴随方法在考虑动力条件下的飞翼布局一体化优化 (图 1-1)，取得了明显的减阻效果；Vincent 和 Siva[19] 基于离散伴随方法开展了波音 747 (B747) 机翼气动设计 (图 1-2)；最典型的是密歇根大学的 Lyu 等 [20] 借助于自动微分方法发展了开源代码 ADFlow，针对通用研究模型 (Common Research Model, CRM) 宽体飞机标模

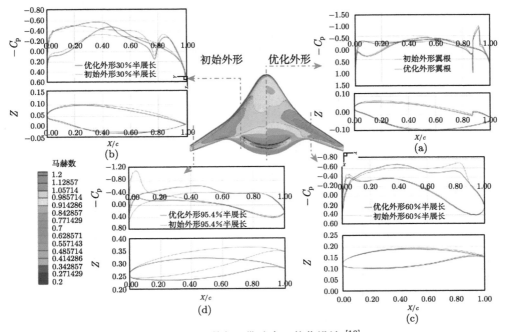

图 1-1　飞翼布局带动力一体化设计 [18]

机翼气动优化开展了大量研究 (图 1-3)，取得了较好的优化结果。

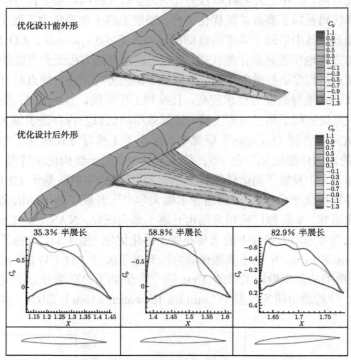

图 1-2　波音 747 机翼优化设计前后对比 [19]

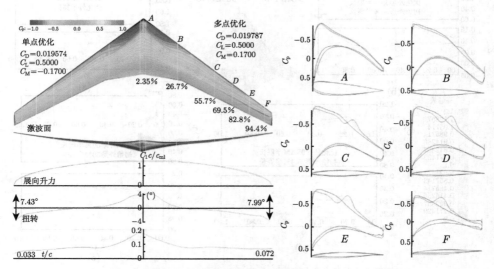

图 1-3　CRM 标准模型单点、多点优化设计对比 [20]

国外在内流伴随优化方向也取得了长足的进展，尤其在进气道、压气机叶片优化方面成绩斐然。内流伴随方程与外流问题最大的不同之处体现在伴随方程边界条件处理以及右端项目标函数变分上。NASA 的 Lee 和 Liou[21] 基于伴随方法开展了 BLI (Boundary-Layer-Ingestion) 进气道优化 (图 1-4)，减小了 50% 流场畸变特性，提高了 3% 的总压恢复系数；首尔大学 Yi 和 Kim[22] 基于伴随方法开展了 S 弯进气道涡流发生器优化 (图 1-5)，在保持总压恢复性能的同时，降低了流场畸变；斯坦福大学 Heather 和 Francisco[23] 基于伴随方法对高超声速进气道进行了优化设计 (图 1-6)，表现出较高的优化设计效率；Heath 等 [24] 基于伴随方法与自由变形技术开展了喷管优化 (图 1-7)；麦吉尔大学 Benjamin 和 Siva[25] 基于离散伴随方法进行了多级压气机优化 (图 1-8)，在保证总压恢复的条件下提高了等熵效率。

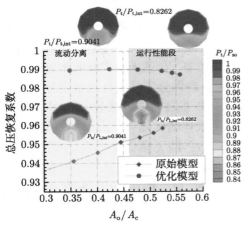

图 1-4 BLI 进气道优化 [21]

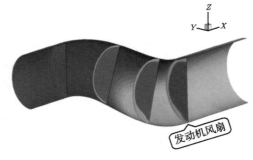

图 1-5 基于伴随方法的进气道涡流发生器优化 [22]

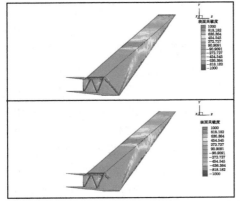

图 1-6 基于伴随方法的高超声速进气道设计 [23]

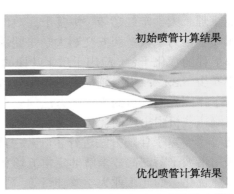

图 1-7 基于伴随方法的超声速喷管设计 [24]

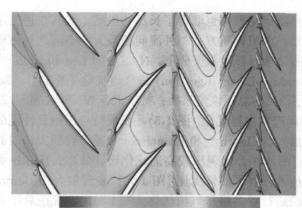

ψ_1: 1.4 1.5 1.6 1.7 1.8 1.9 2.0 2.1 2.2 2.3 2.4 2.5 2.6 2.7

图 1-8   基于离散伴随方法的多级压气机设计 (伴随云图)[25]

国内在离散伴随方程求解器自主研发方面也取得了一定的进展，尤其在外流优化设计方面，已应用于实际工程型号。西北工业大学左英桃等基于结构化网格求解器开展了 M6 机翼离散伴随优化 [26]；熊俊涛等 [27] 基于显式时间推进实现了离散伴随方程的求解；屈崑等利用 Tapenade 自动微分工具进行通量变分，按照矩阵模式组装到全局稀疏矩阵，实现了稳态 CFD 的伴随方程求解 [28]；本书研究团队基于并行化结构网格求解器实现了全机离散伴随优化 [29,30]；南京航空航天大学高宜胜等基于非结构求解器进行了翼型离散伴随无黏优化 [31]；中国空气动力研究与发展中心李彬等基于非结构求解器实现了离散伴随优化平台的开发 [32]。

内流优化方面，基于伴随方程的气动外形灵敏度分析、优化主要集中在进气道、尾喷管、压气机叶片设计等领域，也是近年来十分活跃、应用潜力较大的研究方向。本书作者团队 [29,33] 基于边界变分形式实现了超声速无附面层隔道进气道总压恢复系数对设计变量的灵敏度分析与验证，并分析了动力效应对设计变量灵敏度的影响，进一步开展了 BLI 进气道 DC60 稳态畸变伴随优化 (详见第 3 章)；北京理工大学宋红超等 [34] 基于离散伴随方法进行了单边膨胀喷管的优化，提高了喷管推力系数；西安交通大学张朝磊等基于离散伴随理论和自动微分技术构建离散伴随优化平台，应用于透平叶栅的气动优化 [35]，优化后透平叶栅进出口熵增率减少 8.82%；中国航空工业集团公司中国航空动力机械研究所唐方明等 [36] 进行了排间界面静压约束伴随方法的多级压气机叶片优化，解决了伴随优化应用在多级压气机中出现的优化工况点漂移问题，提高了 5 级压气机效率；吉林大学刘浩等 [37] 基于伴随方法进行了叶片三维气动外形优化设计，清华大学马灿等 [38] 采用谐波平衡法高效求解非定常流场和非定常伴随场，开展了单级压气机非定常伴随优化；西北工业大学罗佳奇等 [39] 基于黏性伴随方法开展了低展弦比涡轮压气机叶片多点优化设计。

1.1.2 电磁散射伴随方程研究现状

雷达散射截面 (Radar Cross Section, RCS) 反映了物体在给定方向上对入射雷达波散射的强弱，是衡量飞机隐身性能的重要指标。考虑隐身的飞行器设计常以减小 RCS 作为隐身设计的主要目标。现有飞行器气动外形隐身设计研究中多采用几何光学法 (GO)、物理光学法 (PO)、几何绕射理论 (GTD)、物理绕射理论 (PDT) 等高频近似算法评估散射体的 RCS，高频算法根据高频场的局部性原理，仅根据入射场独立地近似确定表面感应电流 [40]，计算速度快，所需内存小。但高频方法的理论模型粗糙，近似过程中会忽略一些关键部件间的重要电磁耦合关系，在处理电大尺寸和细节上电小尺寸并存的复杂结构时精度较低 [41,42]。

飞行器隐身性能与其外形密切相关，设计中需解决隐身与气动之间的矛盾。基于梯度的优化算法效率较高，其关键在于如何高效、精确地取得梯度信息。Georgieva[43] 和 Nikolova[44] 将伴随方法引入矩量法，推导了矩量法伴随方程的形式，并对天线阵列的输入阻抗进行了优化，取得了显著的效果。矩量法从电磁场积分方程 (Stratton-Chu 方程) 出发，将感应电流展开成基函数的有限级数，形成线性方程组，通过求解表面感应电流分布获得散射场。矩量法可以精确求解三维复杂外形目标的电磁散射，随着高性能计算技术的发展，矩量法逐渐成为飞行器隐身设计中重要的电磁分析手段。伴随方法可以通过求解伴随方程，由两次线性方程组求解得到目标关于所有设计变量的梯度，显著减小计算量，为矩量法在飞行器隐身设计的应用创造了条件。

矩量法 [45] 的本质为求解线性方程组 $\boldsymbol{Z}\boldsymbol{I} = \boldsymbol{V}$，在伽辽金法条件下，采用 RWG(Rao-Wilton-Glisson) 基函数检测电场积分方程，即

$$\langle \boldsymbol{E}^{\mathrm{inc}}, \boldsymbol{f_m} \rangle = \mathrm{j}\omega \langle \boldsymbol{A}, \boldsymbol{f_m} \rangle + \langle \nabla\phi, \boldsymbol{f_m} \rangle \tag{1.4}$$

其矩阵形式为 $\boldsymbol{Z}\boldsymbol{I} = \boldsymbol{V}$。式中，阻抗元素和激励项的表达式为

$$Z_{mn} = l_m \left[\mathrm{j}\omega \left(\boldsymbol{A}^+_{mn} \cdot \frac{\boldsymbol{\rho}^{c+}_n}{2} + \boldsymbol{A}^-_{mn} \cdot \frac{\boldsymbol{\rho}^{c-}_n}{2} \right) + \Phi^-_{mn} - \Phi^+_{mn} \right]$$

$$V_m = l_m \left(\boldsymbol{E}^+_m \cdot \frac{\boldsymbol{\rho}^{c+}_n}{2} + \boldsymbol{E}^-_m \cdot \frac{\boldsymbol{\rho}^{c-}_n}{2} \right)$$

参考流场伴随方程推导方法很容易得到矩量法方程的伴随方程：

$$\begin{aligned} \frac{\partial f}{\partial \boldsymbol{I}} - \boldsymbol{\varphi}\boldsymbol{Z} &= 0 \\ \boldsymbol{Z}^{\mathrm{T}}\boldsymbol{\varphi}^{\mathrm{T}} &= \left(\frac{\partial f}{\partial \boldsymbol{I}} \right)^{\mathrm{T}} \end{aligned} \tag{1.5}$$

且基于伴随方法的目标梯度的求解方法为

$$\frac{\mathrm{d}f}{\mathrm{d}\boldsymbol{x}} = \frac{\partial f}{\partial \boldsymbol{x}} + \varphi \left(\frac{\partial \boldsymbol{V}}{\partial \boldsymbol{x}} - \frac{\partial \boldsymbol{Z}\overline{\boldsymbol{I}}}{\partial \boldsymbol{x}} \right) \tag{1.6}$$

式中，$\partial f/\partial \boldsymbol{x}$、$\partial \boldsymbol{V}/\partial \boldsymbol{x}$ 和 $\partial \boldsymbol{Z}\overline{\boldsymbol{I}}/\partial \boldsymbol{x}$ 分别为感应电流保持不变仅扰动设计变量时 f、$\boldsymbol{V}$ 和 $\boldsymbol{Z}\overline{\boldsymbol{I}}$ 随设计变量 $\boldsymbol{x}$ 的变化，可以通过有限差分求解，在求解过程中不需要重新求解电流分布，计算量较小。从 RWG 基函数离散得到的阻抗矩阵 $\boldsymbol{Z}$ 特性可以看出，电磁伴随问题是典型的自我伴随方程。

然而，从公开发表文献上看，国内外在飞行器气动隐身一体化优化设计方面，该方法研究应用较少，国内周琳等 [46] 将该方法应用于飞行器隐身特性灵敏度分析，为气动隐身综合优化设计奠定了技术基础。

从目前计算机条件来看，尽管基于矩量法电磁伴随求解灵敏度相对于有限差分效率有了大幅度提升，但仍然面临两个问题：① 与正问题一样，基于矩量法的电磁伴随方程求解面临存储瓶颈；② 不仅如此，即便是伴随方程求解完毕，利用式 (1.6) 进行梯度信息求解时，电流分布保持不变不需要再迭代，仍然需要针对几何扰动进行阻抗矩阵装配。作者曾做过测试，对于 C 波段电磁散射问题 (飞行器展长 16m 量级)，256 核并行条件下，阻抗矩阵组装仍耗时 30s，也就是说，基于式 (1.6) 进行梯度求解单个耗时 30s，对于 200 个设计变量设计问题，除去伴随方程求解时间，灵敏度求解也要耗掉 1.66h，这也是计算效率值得关注的问题。这两方面因素对计算机配置要求较高，一定程度限制了矩量法电磁伴随优化在电大尺寸问题中的应用。

针对该问题我们基于多层快速多极子算法开展了伴随方程构造以及梯度计算研究。大幅度降低了内存需求，提高了式 (1.6) 梯度求解效率，取得了较好的加速效果，并通过典型导弹外形进行验证，为进一步开展基于高可信度雷达隐身优化提供高效的灵敏度分析平台，该部分研究进展将在后续章节详细论述，这里不再赘述。

1.1.3 噪声伴随方程研究现状

噪声问题是飞行器气动设计需要解决的主要问题之一，对于民用飞机的适航认证、作战飞机的战场隐蔽性起关键作用，鉴于计算量庞大，当前工程中的噪声分析优化大多数基于近场/辐射传播模型混合计算方法 [47-49] 进行。

目前噪声伴随方程的研究工作主要针对低速流动问题及超声速声爆问题开展，面向对象主要是直升机旋翼噪声、低速构型流动噪声、超声速客机声爆抑制等问题。主控方程主要是 FWH(Ffowcs Williams-Hawkings) 方程以及声爆预测增广 Burgers 方程，对于数值模拟来讲，无论是 FWH 伴随方程还是声爆预测增广 Burgers 方程，几乎都无法脱离流场分析、伴随而独立有效地使用，一般与流场进行耦合使用。

1.1.4 伴随方程在结构及其他领域的研究现状

在航空航天领域，伴随方法不仅在上述几个学科方面得到了充分应用，同样在热传导、化学反应等方面也得到了一定应用。再入飞行器表面热流通过反演方法确定飞行器再入的热环境，伴随方程可以为该类热传导逆问题提供高效的灵敏度计算，国内钱炜祺和何开锋[50]基于三维热传导方程及其伴随方程，进行了三维非稳态热传导逆问题反演研究，取得了与试验数据较为一致的结果。Kouhi 和 Houzeaux[51]基于离散伴随方法开展了与化学反应流动相关的参数灵敏度分析，获得了与差分较为一致的结果。

1.2 多学科耦合伴随体系与发展现状

国内在流场伴随方程求解器自主研发方面取得了系列的进展。然而，大多研究工作局限于单学科伴随方法，在多学科耦合伴随方法自主研发、研究方面较为欠缺，研究基础比较薄弱。

在涉及复杂耦合系统综合优化方面，传统的优化手段、灵敏度分析手段，由于学科强耦合因素，往往表现得力不从心，多学科耦合伴随理论的出现，使得高效计算多学科耦合灵敏度成为可能，在飞行器气动外形多学科优化领域，目前最活跃的领域包含了气动、结构、电磁、噪声等学科，由于目标函数个数、学科交叉耦合变分推导难度及交叉变分雅可比矩阵存储的限制，从目前发表的文献来看，大部分研究工作针对两个学科耦合伴随优化展开。另一方面，耦合伴随方法中交叉学科导数项的具体推导方法，各类雅可比矩阵组装的大型稀疏矩阵求解，变分简化处理方式，以及学科之间物理场信息、伴随变量交换、存储方式直接影响了多学科变分的简捷性、多学科耦合系统计算效率以及梯度信息的计算精度，因此，下面将对典型多学科耦合伴随方法的关键环节进行论述和总结。

1.2.1 气动结构耦合伴随方程研究现状

考虑气动弹性变形的柔性机翼若采用传统差分的梯度优化、进化算法开展灵敏度分析或多学科多目标优化，其计算量非常庞大，当前计算条件难以忍受，设计效率极为低下。未来飞机发展的一个重要方向是重量较轻的复合材料结构柔性机翼设计 (如 B787、B747-8 等宽体客机)，此时，气动、结构耦合效应将更加明显，基于气动/结构多学科耦合伴随方法的耦合灵敏度分析在综合设计上将具有更加突出的优势，为多学科优化提供有力技术支持。

气动/结构优化中有四种原因引起的耦合灵敏度效应：第一，气动外形设计变量变化引起气动力的变化；第二，气动外形设计变量变化引起气动力载荷、结构属性的变化，导致弹性变形变化，从而引起结构应力变化；第三，有限元结构设计变量变化引起结构属性的变化，导致弹性变形变化，从而引起气动力变化；第四，有限元结构设计变量变化引起结构属性的变化，导致弹性变形变化，从而引起结构应力变化。以上四点是气动结构耦合复杂程度的最直观体现，也是气动/结构综合优化成为最为复杂、困难问题的原因之一。将式 (1.1) 中残差、状态变量直接展开为气动、结构对应的残差、状态变量的向量形式，可以直接得到气动结构耦合伴随方程，实现气动、结构多学科多物理场耦合灵敏度的极高效率计算，被世界知名航空航天研究机构重视，是极具发展前途的方向之一。

　　针对该研究方向，国外研究机构开展了较为系统的研究。密歇根大学 Martins 等基于结构网格 CFD 求解器及有限元方法发展了气动/结构延迟耦合伴随 LCA(Lagged Coupled Adjoint) 方法，实现了板壳单元条件下气动结构一体化设计 [52-55](图 1-9)；德国宇航中心 Abu-Zurayk 基于非结构化求解器 TAU[56]，斯坦福大学 Kasidit 和 Antony 基于耦合伴随方法进行了机翼平面形状与剖面的气动结构多学科优化 [57](图 1-10)；Meryem 等 [58] 开展了气动结构伴随优化，法国宇航院 Ghazlane、Marcelet 等基于 CFD 代码 elsA 发展了气动结构耦合伴随优化方法 [59,60]；伦敦玛丽女王大学 Mülle 和 Verstraete[61] 基于多学科耦合伴随方法开展了叶片气动结构综合优化 (图 1-11)，在保证应力约束条件下提高了叶片气动效率；怀俄明大学 Mishra 和 Mani[62] 基于气动结构伴随方程开展了直升机四桨叶旋翼非定常气动优化等 (图 1-12)。

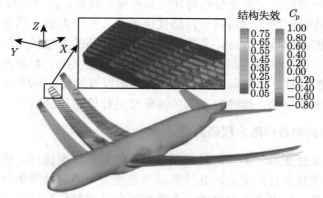

图 1-9　气动结构耦合伴随优化 [54]

　　国内中国空气动力研究与发展中心立足自主研发，建立了气动结构耦合伴随优化平台 [63,64]，基于自主研发的大规模并行化结构化网格雷诺平均 Navier-Stokes (RANS) 求解器 PMB3D 以及流固耦合代码 FSC3D 发展了飞行器静气动弹性数值模拟技术，进一步基于并行化伴随方程求解器 PADJ3D，开展了 Navier-Stokes 方程与结构动力学方程耦合离散伴随的推导、构造。对各个学科伴随变量进行延

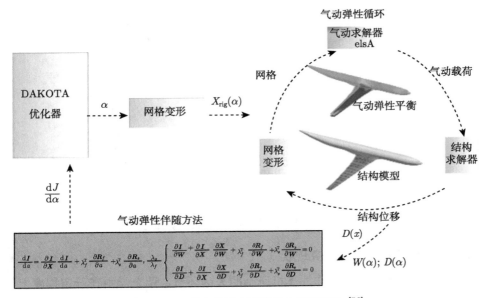

图 1-10 考虑弹性变形的耦合伴随优化 [56]

迟处理，进行耦合伴随系统的解耦，学科之间的影响通过右端强迫项的形式在方程中体现，通过松耦合形式进行各个学科方程右端项数据传递，各个学科的伴随方程一定程度上能够相对独立，进一步实现了基于 LDLT 方法的结构伴随方程的高效求解；对典型客机柔性机翼进行梯度信息求解，并与考虑气动弹性影响的差分结果进行对比分析。其数值模拟结果表明，延迟耦合伴随形式更有利于保持原有程序结构形式及程序的模块化，梯度计算精度完全满足优化设计需要，为柔性机翼飞行器气动/结构多学科优化设计提供了研究基础与技术平台。

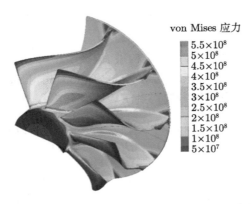

图 1-11 叶片气动结构综合优化 [61]

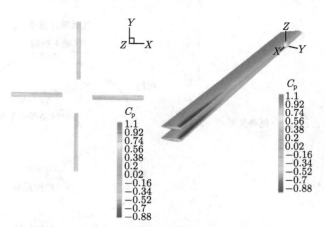

图 1-12   基于气动结构伴随的旋翼气动优化 [62]

1.2.2   气动电磁伴随方程研究现状

气动隐身一体化始终是作战飞机研制的关键环节，两个学科在一定程度上是矛盾体。由后面章节推导可知，气动电磁多学科伴随方程两个完全解耦，不存在耦合，这对研发体系来讲难度大大降低，两个伴随方程完全独立求解，其核心仍然是各个学科伴随方程的构建。基于高可信度流场电磁伴随优化的气动隐身一体化设计的研究，从发表文献上看几乎是空白，一个主要原因是学科跨度较大，变分困难，计算量庞大。在流场伴随与电磁伴随优化基础上，本书作者构建了气动隐身高可信度优化平台，为气动隐身综合优化设计奠定了技术基础 [45]，第 5 章将展开详细论述。

1.2.3   流场噪声耦合伴随方程研究现状

流动控制方程与声学预测方程组合求解是当前评估飞行器噪声的一个重要途径。该方面的研究主要集中在直升机旋翼噪声、发动机喷流噪声、低速构型流动噪声、超声速客机声爆抑制等方向上。

对于亚声速流动噪声问题，如增升构型、旋翼噪声，大多数研究工作基于 FWH 方程及时域线性欧拉方程 (Linearlised Euler Equation, LEE) 进行，对 FWH 声辐射方程前向模式转置可以很方便得到 FWH 伴随方程 [65]：

$$\frac{\mathrm{d}L_{\mathrm{FWH}}}{\mathrm{d}D}^{\mathrm{T}} = \sum_n \frac{\partial U^n}{\partial D}^{\mathrm{T}} \frac{\partial L_{\mathrm{FWH}}}{\partial U^n}^{\mathrm{T}} + \frac{\partial X^n}{\partial D}^{\mathrm{T}} \frac{\partial L_{\mathrm{FWH}}}{\partial X^n}^{\mathrm{T}} \tag{1.7}$$

进一步与流场伴随方程进行耦合求解，最终获得设计变量对远场噪声的梯度。国外针对该方向开展了一系列研究工作，例如，怀俄明大学 Fabiano 等 [65] 基于流场与噪声耦合伴随方法进行了直升机旋翼噪声降噪研究，显著降低了观测点噪声水平，如图 1-13 和图 1-14 所示。基于 LEE 的伴随方程构造略微复杂，国内邱昇[66] 基于流场数值模拟及多模态线性欧拉方程进行了多模态伴随优化方法研究，图 1-15 和图 1-16 给出了初始外形以及最优外形近场传播模态。

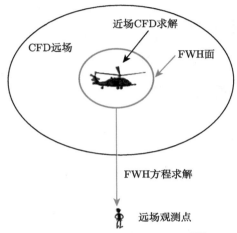

图 1-13　直升机噪声观测点 [65]

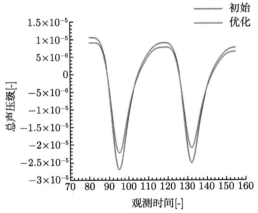

图 1-14　优化前后声压级对比 [65]

噪声优化的另一个重要方向就是超声速民机的声爆抑制，该方向目前是一个研究热点。超声速民机面临的最大挑战之一就是民航对其超声速飞行时声爆水平的严格限制，目前用于预测远场声爆信号的方法主要包含波形参数法与 Burgers 方程，两者在声爆预测中具有良好的表现。波形参数法[67,68] 存在无法预测激波上升阶段、预测解存在间断导致声爆信号不可微等问题，无法进行 FFT (快速傅里叶变换)，并且在梯度优化体系中应用受限。基于伴随方程的声爆优化分为两个

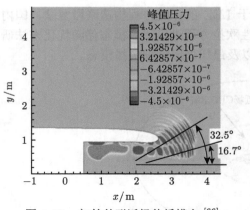

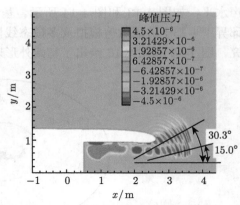

图 1-15 初始外形近场传播模态 [66]   图 1-16 最优外形近场传播模态 [66]

方向: 近场声压变分伴随与流场/声爆伴随方程, 既可以对地面声爆信号进行变分, 也可以对近场进行变分。近场变分 [69] 实现方式更为简单, 但无法直接设计地面声爆信号。流场声爆耦合伴随核心是构造声爆伴随方程, 声爆伴随求解过程是声传播的一个反向过程, 利用最终的伴随变量可以很方便地获取远场目标信号对近场信号的梯度, 并作用于流场伴随方程求解。

与气动结构耦合伴随方程不同, 流场/声爆耦合伴随方程求解问题在当前优化问题上, 只需要耦合一次即可。国外在该方面起步较早, 开展了一系列具有代表性的研究工作, 且较为系统, Rallabhandi 等基于 FUN3D 求解器结合自适应网格进行了超声速飞机流场声爆耦合伴随优化 (图 1-17~ 图 1-22), 开展了声爆反设计与压力敏感性分析研究 [70], 验证了流场声爆耦合伴随方程对远场声爆信号进行直接反设计的有效性、高效性。

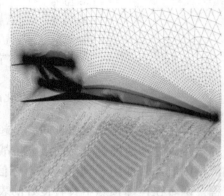

图 1-17 NASA 超声速民机布局 [70]   图 1-18 基于自适应网格的声爆计算 [70]

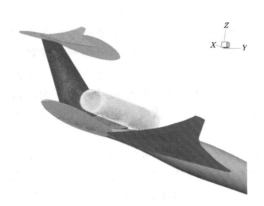

图 1-19　超声速民机参数化部件 [70]

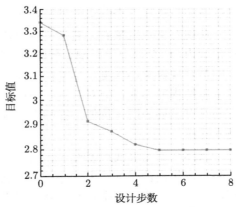

图 1-20　伴随优化历程 [70]

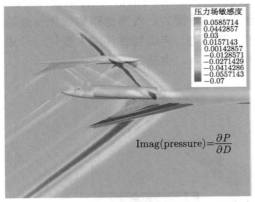

图 1-21　压力场对机翼厚度的敏感度云图 [70]

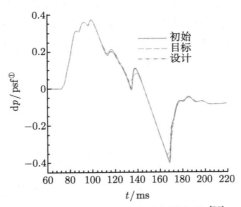

图 1-22　伴随反设计前后声爆信号 [70]

国内在声爆预测、优化设计方面也开展了一定的研究，取得了一定的进展，大多研究工作是基于进化算法以及波形参数方法开展的 [71-73]，在基于伴随方法的可导型声爆优化上的研究非常少。本书作者开展了基于广义 Burgers 方程的声爆预测、流场/声爆耦合伴随优化研究 [74,75]，在伴随方程推导中，引入网格划分规则、不同坐标系之间插值准则大幅简化了耦合变分的难度，并对中型公务机开展了优化，验证了耦合伴随方法的有效性与高效率。

1.3　多学科耦合伴随方程发展趋势

结合伴随方程求解灵敏度的工作量与目标函数相关，与设计变量无关，且多学科伴随方法具有高效求解耦合灵敏度的优势，可以预测，耦合伴随方法将在更

---

① pounds per square foot, 磅/平方英尺，是英制压力单位，1psf $= 4.8825$ kg/m$^2 = 47.8486$Pa。

高维多学科优化、不确定度分析、学科对系统影响定量评估方面发挥重要作用。

从现有文献上来看，多学科耦合伴随方法的研究工作一般主要集中在两个学科范围内，两个以上学科耦合伴随方法研究较少。实际上，工程型号中两个学科以上的耦合现象并不少见，尽管在实际应用中两个学科以上的耦合分析较少，也通常采用解耦的形式，但对于复杂系统耦合灵敏度分析这一基础科学问题来说，该方向具有重要的研究价值，能够为高维度多学科耦合灵敏度分析、设计提供重要技术支持。

以超声速飞机低声爆设计为例，流场、声爆传播进行耦合伴随能够为气动力、声爆一体化设计提供技术支持，若考虑结构优化引起的弹性变形，又将产生一系列耦合现象，这是一个重要的基础科学问题。NASA Glenn 研究中心 Silva 等分析了弹性变形对声爆信号的影响 [76]，如图 1-23 和图 1-24 所示，可以看出弹性外形和刚性外形对应的地面声爆信号有着较为明显的区别。因此，在详细设计阶段，必须考虑结构弹性变形的影响，才能充分挖掘设计潜力。若考虑结构优化引起的弹性变形，又将导致结构应力、载荷分布、气动力、声爆特性等发生变化，形成一系列耦合现象，这是当前一体化设计面临的难点，也是关键技术。

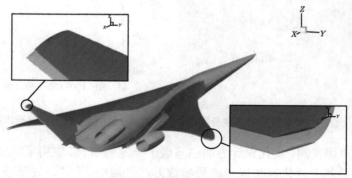

图 1-23　超声速客机气动弹性变形 [76]

如果能够快速获取各个子系统灵敏度和气动/结构/声爆耦合灵敏度，将为超声速民机气动外形多学科综合设计提供有力的技术支撑。不仅如此，对于复杂系统的耦合灵敏度计算本身，也是一个极具挑战性且具有重要研究意义的基础科学问题，多学科耦合伴随理论为之提供了一个有效的解决途径。

然而，考虑气动/结构/声爆耦合伴随方程的研究工作较少，针对该问题，我们结合不同学科的伴随算子进行了对应的耦合伴随方程推导：

$$L = I_{\mathrm{b}} + \boldsymbol{\lambda}_{\mathrm{f}}^{\mathrm{T}} \boldsymbol{R} + \boldsymbol{\lambda}_{\mathrm{b}}^{\mathrm{T}} \boldsymbol{R}_{\mathrm{b}} + \boldsymbol{\lambda}_{\mathrm{s}}^{\mathrm{T}} \boldsymbol{R}_{\mathrm{s}} \tag{1.8}$$

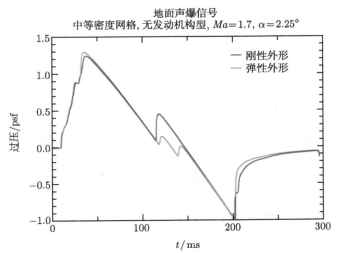

图 1-24 弹性外形与刚性外形声爆信号对比 [76]

式中，$\boldsymbol{R}_\mathrm{b} = \boldsymbol{p}_0 - \boldsymbol{T}$，对式 (1.8) 进行求导展开

$$
\begin{aligned}
\frac{\partial L}{\partial \boldsymbol{D}} =& \frac{\partial I_\mathrm{b}}{\partial \boldsymbol{p}_0}\frac{\partial \boldsymbol{p}_0}{\partial \boldsymbol{D}} + \boldsymbol{\lambda}_\mathrm{f}^\mathrm{T}\frac{\partial \boldsymbol{R}}{\partial \boldsymbol{X}}\frac{\partial \boldsymbol{X}}{\partial \boldsymbol{D}} + \boldsymbol{\lambda}_\mathrm{f}^\mathrm{T}\frac{\partial \boldsymbol{R}}{\partial \boldsymbol{W}}\frac{\partial \boldsymbol{W}}{\partial \boldsymbol{D}} + \boldsymbol{\lambda}_\mathrm{f}^\mathrm{T}\frac{\partial \boldsymbol{R}}{\partial \boldsymbol{d}}\frac{\partial \boldsymbol{d}}{\partial \boldsymbol{D}} \\
&+ \boldsymbol{\lambda}_\mathrm{b}^\mathrm{T}\frac{\partial \boldsymbol{p}_0}{\partial \boldsymbol{D}} - \boldsymbol{\lambda}_\mathrm{b}^\mathrm{T}\frac{\partial \boldsymbol{T}}{\partial \boldsymbol{W}}\frac{\partial \boldsymbol{W}}{\partial \boldsymbol{D}} + \boldsymbol{\lambda}_\mathrm{b}^\mathrm{T}\frac{\partial \boldsymbol{p}_0}{\partial \boldsymbol{d}}\frac{\partial \boldsymbol{d}}{\partial \boldsymbol{D}} - \boldsymbol{\lambda}_\mathrm{b}^\mathrm{T}\frac{\partial \boldsymbol{T}}{\partial \boldsymbol{d}}\frac{\partial \boldsymbol{d}}{\partial \boldsymbol{D}} \\
&+ \boldsymbol{\lambda}_\mathrm{s}^\mathrm{T}\frac{\partial \boldsymbol{R}_\mathrm{s}}{\partial \boldsymbol{X}}\frac{\partial \boldsymbol{X}}{\partial \boldsymbol{D}} + \boldsymbol{\lambda}_\mathrm{s}^\mathrm{T}\frac{\partial \boldsymbol{R}_\mathrm{s}}{\partial \boldsymbol{W}}\frac{\partial \boldsymbol{W}}{\partial \boldsymbol{D}} + \boldsymbol{\lambda}_\mathrm{s}^\mathrm{T}\frac{\partial \boldsymbol{R}_\mathrm{s}}{\partial \boldsymbol{d}}\frac{\partial \boldsymbol{d}}{\partial \boldsymbol{D}}
\end{aligned}
\tag{1.9}
$$

显然，式 (1.9) 右端第 7、8 项为零。整理包含 $\dfrac{\partial \boldsymbol{p}_0}{\partial \boldsymbol{D}}, \dfrac{\partial \boldsymbol{d}}{\partial \boldsymbol{D}}, \dfrac{\partial \boldsymbol{W}}{\partial \boldsymbol{D}}$ 的同类项，令其为 0 便可得到气动/结构/声爆耦合伴随方程：

$$
\begin{aligned}
&\frac{\partial I_\mathrm{b}}{\partial \boldsymbol{p}_0} + \boldsymbol{\lambda}_\mathrm{b}^\mathrm{T} = 0 \\
&\boldsymbol{\lambda}_\mathrm{f}^\mathrm{T}\frac{\partial \boldsymbol{R}}{\partial \boldsymbol{W}} - \boldsymbol{\lambda}_\mathrm{b}^\mathrm{T}\frac{\partial \boldsymbol{T}}{\partial \boldsymbol{W}} + \boldsymbol{\lambda}_\mathrm{s}^\mathrm{T}\frac{\partial \boldsymbol{R}_\mathrm{s}}{\partial \boldsymbol{W}} = 0 \\
&\boldsymbol{\lambda}_\mathrm{s}^\mathrm{T}\frac{\partial \boldsymbol{R}_\mathrm{s}}{\partial \boldsymbol{d}} + \boldsymbol{\lambda}_\mathrm{f}^\mathrm{T}\frac{\partial \boldsymbol{R}}{\partial \boldsymbol{d}} = 0
\end{aligned}
\tag{1.10}
$$

实际上，利用学科残差对状态变量变分的雅可比矩阵，也能够很方便组装出该三学科耦合伴随方程：

$$
\begin{bmatrix}
\dfrac{\partial \boldsymbol{R}}{\partial \boldsymbol{W}} & \dfrac{\partial \boldsymbol{R}}{\partial \boldsymbol{p}_0} & \dfrac{\partial \boldsymbol{R}}{\partial \boldsymbol{d}} \\[2mm]
\dfrac{\partial \boldsymbol{R}_{\mathrm{b}}}{\partial \boldsymbol{W}} & \dfrac{\partial \boldsymbol{R}_{\mathrm{b}}}{\partial \boldsymbol{p}_0} & \dfrac{\partial \boldsymbol{R}_{\mathrm{b}}}{\partial \boldsymbol{d}} \\[2mm]
\dfrac{\partial \boldsymbol{R}_{\mathrm{s}}}{\partial \boldsymbol{W}} & \dfrac{\partial \boldsymbol{R}_{\mathrm{s}}}{\partial \boldsymbol{p}_0} & \dfrac{\partial \boldsymbol{R}_{\mathrm{s}}}{\partial \boldsymbol{d}}
\end{bmatrix}^{\mathrm{T}}
\begin{bmatrix}
\boldsymbol{\lambda}_a \\[1mm] \boldsymbol{\lambda}_{\mathrm{b}} \\[1mm] \boldsymbol{\lambda}_{\mathrm{s}}
\end{bmatrix}
=
\begin{bmatrix}
\dfrac{\partial I_{\mathrm{b}}}{\partial \boldsymbol{w}} \\[2mm]
\dfrac{\partial I_{\mathrm{b}}}{\partial \boldsymbol{p}_0} \\[2mm]
\dfrac{\partial I_{\mathrm{b}}}{\partial \boldsymbol{d}}
\end{bmatrix}
\tag{1.11}
$$

将式 (1.11) 展开可以得到与式 (1.10) 一致的结果。进一步进行高效耦合灵敏度计算：

$$
\frac{\mathrm{d}I_{\mathrm{b}}}{\mathrm{d}D} = \boldsymbol{\lambda}_{\mathrm{f}}^{\mathrm{T}}\frac{\partial \boldsymbol{R}}{\partial \boldsymbol{X}}\frac{\partial \boldsymbol{X}}{\partial \boldsymbol{D}} + \boldsymbol{\lambda}_{\mathrm{s}}^{\mathrm{T}}\frac{\partial \boldsymbol{R}_{\mathrm{s}}}{\partial \boldsymbol{X}}\frac{\partial \boldsymbol{X}}{\partial \boldsymbol{D}}
$$

除了在流、固、声耦合灵敏度分析领域，在其他领域该思想也能够进行有效拓展、推广，例如，对于大展弦比隐身作战飞机来讲，气动、结构、电磁等多学科耦合伴随方法能够为综合设计提供高效的耦合灵敏度计算途径；对于尾喷管部件设计，气动/电磁/红外耦合伴随同样能够为综合设计提供高效的耦合灵敏度计算途径，为充分挖掘飞行器多学科综合设计潜力提供技术支撑。因此，高维度多学科耦合伴随体系是值得关注的研究方向。

多个学科耦合伴随方程的构建关键是进行学科交叉导数雅可比的推导与组装，其推导工作量、存储量与学科数目和学科类型紧密相关，没有显式变分关系的学科之间交叉雅可比将自动为零。多个学科耦合伴随方法同样也带来庞大的存储问题，这点可以参照延迟处理方式来缓解该方面压力；对于不同的目标函数产生不同的右端项，将对应不同的耦合伴随方程，计算量随学科个数增加而线性增长，实际工程中大多数问题是目标函数个数远远小于设计变量，因此对于耦合伴随来讲，学科耦合数目带来的计算量基本可以承受。可以预见，随着多学科分析方法 (MDA) 与高性能计算机设备的发展，高维度多学科耦合伴随方法将在飞行器气动外形多学科优化 (MDO) 设计领域发挥重要作用。

1.4　多学科耦合伴随在不确定性分析中的应用前景

如前面所述，耦合伴随方法在多学科优化中起到了举足轻重的作用，不仅如此，在不确定分析中同样也正在发挥重要作用。例如，基于不确定性的气动结构耦合设计中，基于气动结构耦合伴随方程的敏感性分析途径将会大大减少计算花费 [77]，尤其是对于高维不确定性问题。Beran 等 [78] 阐述了气弹系统不确定分析的方法及目前他们的进展和难点，如维度灾难问题，并强调了基于耦合伴随敏感性分析构建梯度加强随机代理模型将会有效缓解不确定分析维度灾难问题 [79]。Allen 和 Maute[80,81]、Stanford 和 Bera [82]、Mani 和 Mavriplis [83]、Nikbay 和 Kurut [84]

早期开展了基于一阶可靠性分析的气动结构耦合可靠性优化设计，他们使用基于气动结构耦合伴随方法快速求解关于耦合系统的可靠性指标的敏感性，如极限环振荡和抖振速度的可靠性分析等。设计结果证明了他们的方法相对于确定性设计兼顾了效率和工程实用性。图 1-25 是 Stanford 和 Beran[85] 给出的金属薄板抖振速度的物理和正规空间分布，其中最大概率点采用一阶可靠性分析给出。他们对比了抖振速度在物理和正规空间的分布，其最大概率点采用一阶可靠性分析给出。然而一阶可靠性分析用于近似复杂失败概率空间时，分析精度往往难以满足。因此，Verhoosel 等 [86] 使用二阶可靠性近似以提高抖振问题可靠性分析精度，Manan 和 Cooper[87]、Scarth 等 [88]、Hosder 等 [89] 和 Missoum 等 [90] 使用多项式混沌展开的方法来直接积分获得可靠性指标，以提供更为准确的结果 [91]。图 1-26 给出了蒙特卡罗方法与多项式展开方法近似临界速度的对比。结合伴随敏感性分析，Keshavarzzadeh 等 [92] 基于多项式混沌展开提出了稳健性和可靠性指标梯度计算

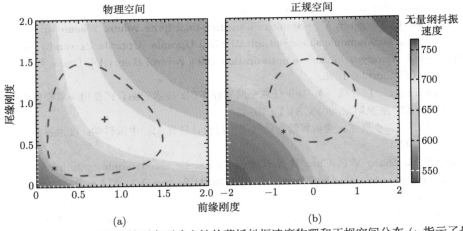

图 1-25　考虑前后缘扭转刚度不确定性的薄板抖振速度物理和正规空间分布 (* 指示了最大概率点)[85]

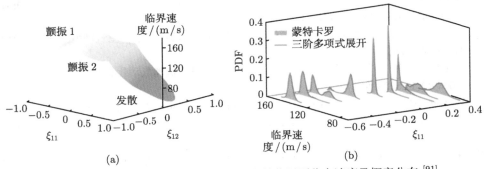

图 1-26　考虑不确定参数的某一范围内的临界不稳定速度及概率分布 [91]

准则。目前，基于多项式展开不确定分析方法结合气动结构耦合伴随敏感性分析正得到更多的关注，尤其对于复杂气动结构耦合问题。虽然大量的气动结构耦合系统不确定优化应用正在开展研究，但其难点仍然集中在高维设计变量与高维不确定变量带来的巨大计算花费问题，即维度灾难问题 [93]。通过前述可以发现，目前有希望的解决途径是基于气动结构耦合伴随敏感性分析以提高高维不确定分析的效率和精度，以及基于气动结构耦合伴随敏感性的不确定优化过程。

参 考 文 献

[1] Jameson A. Aerodynamic design via control theory[J]. Journal of Scientific Computing, 1988, 3: 233-260.

[2] Giles M B, Duta M C. Algorithm developments for discrete adjoint methods[J]. AIAA Journal, 2003, 41(2): 198-205.

[3] Carpentier G. An adjoint-based shape-optimization method for aerodynamic design[D]. Delft: Delft Technische Universiteit, 2009.

[4] Amoignon O, Berggren M. Adjoint of a median-dual finite-volume scheme application to transonic aerodynamic shape optimization[R]. Uppsala: Uppsala University, 2006.

[5] Reuther J. Aerodynamic shape optimization using control theory[D]. Davis, CA: University of California, 1996.

[6] 黄江涛, 高正红, 白俊强, 等. 基于任意空间属性 FFD 技术的融合式翼稍小翼稳健型气动优化设计 [J]. 航空学报, 2013, 34(1): 37-45.

[7] 王超, 高正红. 小展弦比薄机翼精细化气动优化设计研究 [J]. 中国科学: 技术科学, 2015, 45(6):643-653.

[8] Fang X M, Zhang Y F, Chen H X. Transonic nacelle aerodynamic optimization based on hybrid genetic algorithm[C]. AIAA-2016-3833. Reston, VA: AIAA, 2016.

[9] Han Z H, Xu C Z, Zhang L, et al. Efficient aerodynamic shape optimization using variable-fidelity surrogate models and multilevel computational grids[J]. Chinese Journal of Aeronautics, 2020, 33(1): 31-47.

[10] Zhang Y, Han Z H, Zhang K S. Variable-fidelity expected improvement for efficient global optimization of expensive functions[J]. Structural and Multidisciplinary Optimization, 2018, 58(4): 1431-1451.

[11] 黄礼铿, 高正红, 张德虎. 基于变可信度代理模型的气动优化 [J]. 空气动力学学报, 2013, 31(6): 783-788.

[12] 韩忠华, 张瑜, 许晨舟, 等. 基于代理模型的大型民机机翼气动优化设计 [J]. 航空学报, 2019, 40(1):522398.

[13] Walther B, Nadarajah S. Constrained adjoint-based aerodynamic shape optimization of a single stage transonic compressor[J]. Journal of Turbomachinery, 2013, 135(2): 021017.

[14] Nielsen E J, Anderson W K. Recent improvements in aerodynamic design optimization on unstructrued meshes[J]. AIAA Journal, 2002, 40(6): 1155-1163.

[15] Dwight R P, Brezillon J. Effect of various approximations of the discrete adjoint on gradient-based optimization[C]. AIAA-2006-0690. Reston, VA: AIAA, 2006.

[16] Carrier G, Destarag D. Gradient-based aerodynamic optimization with the elsA software[C]. AIAA-2014-0568. Reston, VA: AIAA, 2014.

[17] Qin N, Wong W S, Moigne A L. Three-dimensional contour bumps for transonic wing drag reduction[J]. Proceedings of the Institution of Mechanical Engineers, Part G: Journal of Aerospace Engineering, 2008, 222(5): 619-629.

[18] Liou M F, Kim H. Aerodynamic design of integrated propulsion-airframe configuration of the hybrid wingbody aircraft[C]. AIAA 2017-3411. Reston, VA: AIAA, 2017.

[19] Vincent P, Siva N. Efficient reduced-radial basis function-based mesh deformation within an adjoint-based aerodynamic optimization framework[J]. Journal of Aircraft, 2016, 53(6): 1905-1921.

[20] Lyu Z J, Kenway G K W, Martins J R R A. Aerodynamic shape optimization investigations of the common research model wing benchmark[J]. AIAA Journal, 2015, 53(4): 968-984.

[21] Lee B J, Liou M S. Optimizing a boundary-layer-ingestion offset inlet by discrete adjoint approach[J]. AIAA Journal, 2010, 48(9): 2008-2016.

[22] Yi J, Kim C. Adjoint-based design optimization of vortex generator in an S-shaped subsonic inlet[J]. AIAA Journal, 2012, 48(9): 2492-2507.

[23] Heather K, Francisco P. Adjoint-based optimization of a hypersonic inlet[C]. AIAA-2015-3060. Reston, VA: AIAA, 2015.

[24] Heath C M, Gray J S, Park M A, et al. Aerodynamic shape optimization of a dual-stream supersonic plug nozzle[C]. Aiaa Aerospace Sciences Meeting, AIAA 2015-1047, 2015.

[25] Benjamin W, Siva N. Constrained adjoint-based aerodynamic shape optimization in a multistage turbomachinery environment[C]. AIAA-2012-0062. Reston, VA: AIAA, 2012.

[26] 左英桃, 高正红, 詹浩. 基于 N-S 方程和离散共轭方法的气动设计方法研究 [J]. 空气动力学学报, 2009, 27(1): 67-72.

[27] 熊俊涛, 乔志德, 杨旭东, 等. 基于黏性伴随方法的跨声速机翼气动优化设计 [J]. 航空学报, 2007, 28(2): 281-285.

[28] 屈崑, 李记超, 蔡晋生. CFD 数学模型的线性化方法及其应用 [J]. 航空学报, 2015, 36(10): 3218-3227.

[29] 黄江涛, 刘刚, 周铸, 等. 基于离散伴随方程求解梯度信息的若干问题研究 [J]. 空气动力学学报, 2017, 35(4): 554-562.

[30] 黄江涛, 周铸, 高正红, 等. 大型民用飞机气动外形典型综合设计方法分析 [J]. 航空学报, 2019, 40(2): 522369.

[31] 高宜胜, 伍贻兆, 夏健. 基于非结构网格离散型伴随方法的翼型优化 [J]. 空气动力学学报, 2013, 31(2): 244-265.

[32] 李彬, 邓有奇, 唐静, 等. 基于三维非结构混合网格的离散伴随优化方法 [J]. 航空学报,

2014, 35(3): 674-686.

[33] 黄江涛, 周铸, 余婧, 等. 考虑飞行器动力系统进排气效应的设计参数灵敏度分析研究 [J]. 推进技术, 2019, 40(2): 250-258.

[34] 宋红超, 李鑫, 季路成. 基于离散型伴随方法的单边膨胀喷管优化设计研究 [J]. 工程热物理学报, 2017, 38(9): 1849-1854.

[35] 张朝磊, 厉海涛, 丰镇平, 等. 基于离散伴随方法的透平叶栅气动优化 [J]. 工程热物理学报, 2012, 33(1): 47-50.

[36] 唐方明, 余佳, 李伟伟, 等. 采用排间界面静压约束伴随方法的多级压气机叶片优化 [J]. 航空动力学报, 2015, 30(8): 1869-1874.

[37] 刘浩, 张雷, 李霄琳. 基于伴随方法的叶片三维气动外形优化设计 [J]. 中南大学学报 (自然科学版), 2016, 47(2): 436-442.

[38] 马灿, 苏欣荣, 袁新. 单级跨音压气机非定常伴随气动优化 [J]. 工程热物理学报, 2017, 38(3): 504-508.

[39] Luo J Q, Liu F. Multi-objective design optimization of a transonic compressor rotor using an adjoint equation method[C]. AIAA-2013-2732. Reston, VA: AIAA, 2013.

[40] 阮颖铮. 雷达截面与隐身技术 [M]. 北京: 国防工业出版社, 1998.

[41] 李洁, 刘战合, 王英, 等. 飞行器目标 RCS 计算方法适用性研究 [J]. 战术导弹技术, 2012, (1): 38-42.

[42] Gao Z H, Wang M L. An efficient algorithm for calculating aircraft RCS based on the geometrical characteristics[J]. Chinese Journal of Aeronautics, 2008, 21(4): 296-303.

[43] Georgieva N K, Glavic S, Bakr M H, et al. Feasible adjoint sensitivity technique for EM design optimization[J]. IEEE Transactions on Microwave Theory & Techniques, 2002, 50(12): 2751-2758.

[44] Nikolova N K, Safian R, Soliman E A, et al. Accelerated gradient based optimization using adjoint sensitivities[J]. IEEE Transactions on Antennas & Propagation, 2004, 52(8): 2147-2157.

[45] 张玉, 赵勋旺, 陈岩. 计算电磁学中的超大规模并行矩量法 [M]. 西安: 西安电子科技大学出版社, 2016.

[46] Zhou L, Huang J T. Radar cross section gradient calculation based on adjoint equation of method of moment[C]. Asia-Pacific International Symposium on Aerospace Technology, 2018.

[47] 宋文萍, 余雷, 韩忠华. 飞机机体气动噪声计算方法综述 [J]. 航空工程进展, 2010, 1(2): 125-131.

[48] 李晓东, 江旻, 高军辉, 等. 计算气动声学进展与展望 [J]. 中国科学: 物理学力学天文学, 2014, 44(3): 234-248.

[49] Rallabhandi S K. Advanced sonic boom prediction using augmented Burger's equation[C]. AIAA-2011-1278. Reston, VA: AIAA, 2011.

[50] 钱炜祺, 何开锋. 三维非稳态热传导逆问题反演算法研究 [J]. 力学学报, 2008, 40(5): 611-618.

[51] Kouhi M, Houzeaux G. Implementation of discrete adjoint method for parameter sensitivity analysis in chemically reacting flows[C]. 57th AIAA/ASCE/AHS/ASC Structures, Structural Dynamics, and Materials Conference, 2016.

[52] Martins J R R A. A coupled-adjoint method for high-fidelity aero-structural optimization[D]. Stanford: Stanford University, 2002.

[53] Mader C A, Kenway G K W, Martins J R R A. Towards high-fidelity aerostructural optimization using a coupled adjoint approach[C]. 12th AIAA/ISSMO Multidisciplinary Analysis and Optimization Conference, 2008.

[54] Kenway G K W, Martins J R R A. Multipoint high-fidelity aerostructural optimization of a transport aircraft configuration[J]. Journal of Aircraft, 2014, 51(1): 144-160.

[55] Abu-Zurayk M. An aeroelastic coupled adjoint approach for multi-point designs in viscous flows[D]. Braunschweig: Institute of Aerodynamics and Flow Technology of the DLR, 2016.

[56] Abu-Zurayk M, Brezillon J. Shape optimization using the aerostructural coupled adjoint approach for viscous flows. evolutionary and deterministic methods for design, optimization and control[C]. CIRA, Capua, Italy, 2011.

[57] Kasidit L, Antony J. Case studies in aero-structural wing planform and section optimization[C]. AIAA-2004-5372. Reston, VA: AIAA, 2004.

[58] Meryem M, Jacques P, G'Erald C. Sensitivity analysis of a strongly coupled aerostructural system using direct and adjoint methods[C]. AIAA-2008-5863. Reston, VA: AIAA, 2008.

[59] Ghazlane I, Carrier G, Dumont A. Aerostructural adjoint method for flexible wing optimization[C]. AIAA-2012-1924. Reston, VA: AIAA, 2012.

[60] Marcelet M, Peter J, Carrier G. Sensitivity analysis of a strongly coupled aero-structural system using direct and adjoint methods[C]. AIAA-2008-5863. Reston, VA: AIAA, 2008.

[61] Mülle L, Verstraete T. Multidisciplinary adjoint optimization of trubomachinery components including aerodynamic and stress performance[C]. AIAA-2017-4083. Reston, VA: AIAA, 2017.

[62] Mishea A, Mani K. Time dependent adjoint-based optimization for coupled fluid-structure problems[J]. Journal of Computational Physics, 2015, 292: 253-271.

[63] 黄江涛, 周铸, 刘刚, 等. 飞行器气动/结构多学科延迟耦合伴随系统数值研究 [J]. 航空学报, 2018, 39(5): 121731.

[64] Huang J T, Yu J, Gao Z H, et al. multi-disciplinary optimization of large civil aircraft using a coupled aero-structural adjoint approach[C]. Asia-Pacific International Symposium on Aerospace Technology, 2018.

[65] Fabiano E, Mishra A, Mavriplis D. Time-dependent aero-acoustic adjoint-based shape optimization of helicopter rotors in forward flight[C]. AIAA-2016-1910. Reston, VA: AIAA, 2016.

[66] 邱昇. 基于伴随方法、梯度增强 Kriging 方法的涡扇发动机进气道减噪高效优化方法 [J]. 科学技术与工程, 2018, 18(19): 289-295.

[67]   Thomas C. Extrapolation of sonic boom pressure signatures by the waveform parameter method: NASA TN D-6832[D]. Washington, D.C.: NASA,1972.

[68]   Plotkin K J. Computer Models for Sonic Boom Analysis: PCBoom4, CABoom, BooMap, COR-Boom[M]. New York: Wiley, 2002.

[69]   Nadarajah S K, Jameson A, Alonso J J. Sonic boom reduction using an adjoint method for wing-body configurations in supersonic flow[C]. AIAA-2002-5547. Reston, VA: AIAA, 2002.

[70]   Rallabhandi S K. Sonic boom adjoint methodology and its applications[C]. AIAA-2011-3497. Reston, VA: AIAA, 2011.

[71]   冯晓强, 李占科, 宋笔锋. 超声速客机低音爆布局反设计技术研究 [J]. 航空学报, 2011, 32(11): 1980-1986.

[72]   冯晓强, 宋笔锋, 李占科, 等. 超声速飞机低声爆布局混合优化方法研究 [J]. 航空学报, 2013, 34(8): 1768-1777.

[73]   王刚, 马博平, 雷知锦, 等. 典型标模音爆的数值预测与分析 [J]. 航空学报, 2018, 39(1): 121458.

[74]   张绎典, 黄江涛, 高正红. 基于增广 Burgers 方程的音爆远场计算及应用 [J]. 航空学报, 2018, (7): 122039.

[75]   黄江涛, 张绎典, 高正红. 基于流场/声爆耦合伴随方程的超声速公务机声爆优化 [J]. 航空学报, 2019, 40(5): 122505.

[76]   Silva W A, Sanetriky M D, Chwalowskiz P. Using FUN3D for Aeroelastic, Sonic Boom, and AeroPropulsoServoElastic (APSE) analyses of a supersonic configuration[C]. Dynamics Specialists Conference, 2015.

[77]   Mani K, Mavriplis D J. Adjoint-based sensitivity formulation for fully coupled unsteady aeroelasticity problems[J]. AIAA Journal, 2009, 47(8): 1902-1915.

[78]   Beran P, Stanford B, Schrock C. Uncertainty quantification in aeroelasticity[J]. Annual Review of Fluid Mechanics, 2017, 49: 361-386.

[79]   Roderick O, Anitescu M, Fischer P. Polynomial regression approaches using derivative information for uncertainty quantification[J]. Nuclear Science and Engineering, 2010, 164(2): 122-139.

[80]   Allen M, Maute K. Reliability-based shape optimization of structures undergoing fluid-structure interaction phenomena[J]. Computer Methods in Applied Mechanics and Engineering, 2005, 194(30-33): 3472-3495.

[81]   Allen M, Maute K. Reliability-based design optimization of aeroelastic structures[J]. Structural and Multidisciplinary Optimization, 2004, 27(4): 228-242.

[82]   Stanford B, Bera P. Direct flutter and limit cycle computations of highly flexible wings for efficient analysis and optimization[J]. Journal of Fluids and Structures, 2013, 36: 111-123.

[83]   Mani K, Mavriplis D J. Unsteady discrete adjoint formulation for two-dimensional flow problems with deforming meshes[J]. AIAA Journal, 2008, 46(6): 1351-1364.

[84]   Nikbay M, Kurut M N. Reliability based multidisciplinary optimization of aeroelastic

systems with structural and aerodynamic uncertainties[J]. Journal of Aircraft, 2013, 50(3): 708-715.

[85] Stanford B, Beran P. Minimum-mass panels under probabilistic aeroelastic flutter constraints[J]. Finite Elements in Analysis and Design, 2013, 70-71: 15-26.

[86] Verhoosel C V, Scholcz T P, Hulshoff J, et al. Uncertainty and reliability analysis of fluid-structure stability boundaries[J]. AIAA Journal, 2009, 47(1): 91-104.

[87] Manan A, Cooper J. Design of composite wings including uncertainties: A probabilistic approach[J]. Journal of Aircraft, 2009, 46(2): 601-607.

[88] Scarth C, Cooper J E, Weaver P M. et al. Uncertainty quantification of aeroelastic stability of composite plate wings using lamination parameters[J]. Composite Structures, 2014, 116: 84-93.

[89] Hosder S, Walters R, Balch M. Efficient uncertainty quantification applied to the aeroelastic analysis of a transonic wing[C]. 46th AIAA Aerospace Sciences Meeting and Exhibit. Reston, VA: AIAA, 2008.

[90] Missoum S, Dribusch C, Beran P. Reliability-based design optimization of nonlinear aeroelasticity problems[J]. Journal of Aircraft, 2010, 47(3): 992-998.

[91] Xiu D B, Karniadakis G E. The Wiener-Askey polynomial chaos for stochastic differential equations[J]. Siam Journal on Scientific Computing, 2002, 24(2): 619-644.

[92] Keshavarzzadeh V, Meidani H, Tortorelli D A. Gradient based design optimization under uncertainty via stochastic expansion methods[J]. Computer Methods in Applied Mechanics and Engineering, 2016, 306: 47-76.

[93] Zhao H, Gao Z, Xu F, et al. Review of robust aerodynamic design optimization for air vehicles[J]. Archives of Computational Methods in Engineering, 2019, 26(3): 685-732.

第 2 章 基于梯度算法的飞行器气动综合优化基本要素

基于梯度算法的飞行器气动外形优化，与全局优化算法进行对比，尽管理论上得到的是局部最优解，但其极高的搜索效率使其成为解决实际问题的重要途径。然而，全局优化算法也存在自身瓶颈，其概率转移规则、随机性决定了随着输入、输出的增加其计算量非线性增加等问题，在大规模设计变量空间问题上仍然力不从心。对于梯度类算法优化，基本上属于确定性问题，不存在随机性、概率性等不确定问题，如果通过某种方式能够高效求解梯度信息，将具有全局算法无法比拟的优点，同时也能够在一定程度上与全局算法实现优势互补。进一步与飞行器气动外形参数化建模、约束处理以及目标函数模块结合构成了基于梯度算法的飞行器气动综合优化基本要素。

2.1 梯度类优化算法

梯度类优化算法的优点是收敛较快，并且可以处理大规模设计变量的优化问题，但这类算法十分依赖于目标函数的梯度信息，只有当目标函数和约束条件为凸函数，并且是可微时，梯度类优化算法才能够获得全局最优解。对于高度非线性、多峰值的气动优化问题，梯度类优化算法常常得到局部最优解。非梯度类算法具有较好的全局性，在理论上可以收敛到气动优化问题的全局最优解，然而，该类方法计算量很大，尤其是当进行精细化设计时，需要大规模的设计变量，此时选择非梯度算法将消耗大量计算资源。

基于梯度类优化算法和非梯度类优化算法的这些特点，工程上常需要根据具体问题，而采用不同的优化策略。例如，采用两轮优化设计的策略，即先采用具有较好全局性的非梯度类优化算法进行全局优化，缩小优化范围，再将第一轮优化结果作为初始值，采用梯度类优化算法进行进一步优化。

梯度类算法，就是根据目标函数信息和目标函数对设计变量的梯度信息来判断优化搜索方向的算法。最常用的梯度类算法有最速下降法、牛顿法、共轭梯度法和序列二次规划法 [1-3]，梯度类算法的核心是获取准确的导数信息及合理的下降步长。梯度类算法需要在计算目标函数对设计变量的梯度 (或叫灵敏度) 的基础上，外形根据梯度信息来改变寻优。

梯度类算法对目标空间有着极强的数学特性要求，且无法跳出局部最优的缺点，同时计算效率很大程度上依赖于梯度信息的获取方法，如传统的复变量方法和有限差分法。然而对于飞行器气动外形精细化设计来讲，优化问题包含了成千上万个设计变量，此时，传统的梯度计算手段可行性大大下降。基于伴随思想的导数计算以其与设计变量无关的优势，结合梯度类算法，近年来在气动设计上发挥着重要作用，是今后值得关注的一个研究方向。

所谓最优化问题，就是求解一个多元函数在某个给定集合上的极值。优化问题的一般表达式为

$$\begin{aligned} \min \quad & f(x) \\ \text{s.t.} \quad & h_i(x) = 0, \quad i = 1, \cdots, l \\ & g_i(x) \geqslant 0, \quad i = 1, \cdots, m \end{aligned} \tag{2.1}$$

其中，函数 $f: \mathrm{R}^n \to \mathrm{R}$ 是二阶连续函数，$f(x)$、$h_i(x)$ 及 $g_i(x)$ 都是定义在 R^n 上的连续可微的多元实值函数，n 是优化问题的维数。求解此类问题，梯度优化算法一般采用迭代思想：从某个初始点 $\boldsymbol{x}_0$ 出发，由某种算法逐步进行迭代，生成点列 $\{\boldsymbol{x}_k\}$，使点列 $\{\boldsymbol{x}_k\}$ 中的某个点或者某个极限点是优化问题的解或稳定点，其迭代格式为

$$\boldsymbol{x}_{k+1} = \boldsymbol{x}_k + \alpha_k \boldsymbol{d}_k \tag{2.2}$$

其中，步长 α_k 由线搜索准则确定，$\boldsymbol{d}_k$ 称为搜索方向。用不同的方式确定搜索方向或搜索步长，就会得到不同的算法。针对此类优化问题，目前已经有很多有效的求解方法，如最速下降法、牛顿法、拟牛顿法、共轭梯度法、序列二次规划法等。限于篇幅，本章主要对几类典型的梯度优化算法进行简要介绍。

2.1.1 无约束优化求解算法

1) 最速下降法

最速下降法是求解无约束优化问题最基本的算法，是研究其他无约束优化算法的基础，许多算法都是以它为基础改进或修正而得到的[4]。最速下降法搜索方向为负梯度方向。设 $f(\boldsymbol{x})$ 在 $\boldsymbol{x}_k$ 附近连续可导，$\boldsymbol{d}_k$ 是搜索方向向量，最速下降法的搜索方向定义为

$$\boldsymbol{d}_k = -\nabla f(\boldsymbol{x}_k) \tag{2.3}$$

最速下降法的具体计算步骤如下。

步骤 1：选取初始点 $\boldsymbol{x}_0 \in \mathrm{R}^n$，容许误差 $0 \leqslant \varepsilon \ll 1$，令 $k = 1$。

步骤 2：计算 $\nabla f(\boldsymbol{x}_k)$，如果 $\|\nabla f(\boldsymbol{x}_k)\| \leqslant \varepsilon$，停止，输出 $\boldsymbol{x}_k$ 作为近似最优解。

步骤 3：取方向 $\boldsymbol{d}_k = -\nabla f(\boldsymbol{x}_k)$。

步骤 4：由线搜索技术确定步长因子 α_k。

步骤 5：令 $\boldsymbol{x}_{k+1} = \boldsymbol{x}_k + \alpha_k \boldsymbol{d}_k$，$k = k + 1$，转步骤 2。

2) 有限记忆 BFGS 算法

牛顿法基本思想是用迭代点 $\boldsymbol{x}_k$ 处的一阶导数 (梯度) 和二阶导数对目标函数进行二次函数近似，然后把二次模型的极小点作为新的迭代点，并重复直到求得满足精度的近似点。牛顿法最突出的优点是收敛速度快，具有局部二阶收敛性，缺点是要求目标函数每个迭代点处的二阶导数是正定的。为克服其缺点，出现了很多修正方法，如拟牛顿法、BFGS 算法，其核心思想是在二阶导数 Hesse 矩阵的计算过程中，用近似矩阵替代。由于 BFGS 算法存在内存占用多、不利于处理大规模优化问题的缺点，其改进算法有限记忆 BFGS(LBFGS) 算法应运而生，这里对其算法步骤进行简要介绍。用 $g(\boldsymbol{x}_k)$ 表示 $f(\boldsymbol{x})$ 在点 $\boldsymbol{x}_k$ 处的梯度，并简记为 $\boldsymbol{g}_k = g(\boldsymbol{x}_k)$。有限记忆 BFGS 算法的流程如下。

步骤 1：取初始点 $\boldsymbol{x}_0$ 和正整数 m，$0 < \beta' < 1/2$，$\beta' < \beta < 1$，以及一个对称正定矩阵 $\boldsymbol{H}_0$，令 $k = 0$。

步骤 2：如果 $\|\boldsymbol{g}_k\|$ 满足终止条件，算法终止。

步骤 3：由 $\boldsymbol{d}_k = -\boldsymbol{H}_k\boldsymbol{g}_k$ 计算搜索方向 $\boldsymbol{d}_k$。

步骤 4：确定 α_k 满足下面的 Wolfe-Powell 条件

$$f(\boldsymbol{x}_k + \alpha_k\boldsymbol{d}_k) \leqslant f(\boldsymbol{x}_k) + \beta'\alpha_k\boldsymbol{g}_k^{\mathrm{T}}\boldsymbol{d}_k \tag{2.4}$$

$$g(\boldsymbol{x}_k + \alpha_k\boldsymbol{d}_k)^{\mathrm{T}}\boldsymbol{d}_k \geqslant \beta\boldsymbol{g}_k^{\mathrm{T}}\boldsymbol{d}_k \tag{2.5}$$

且令 α_k 的初始值为 1。

步骤 5：令 $m_k = \min\{k, m-1\}$。利用 $\{s_i, y_i\}_{i=k-m_k}^{k}$ 通过下式修正 $\boldsymbol{H}_0$ 矩阵 $m_k + 1$ 次，得矩阵 $\boldsymbol{H}_{k+1}$。

$$\boldsymbol{s}_k = \boldsymbol{x}_{k+1} - \boldsymbol{x}_k \tag{2.6}$$

$$\boldsymbol{y}_k = \boldsymbol{g}_{k+1} - \boldsymbol{g}_k \tag{2.7}$$

$$\rho_k = 1/(\boldsymbol{y}_k^{\mathrm{T}}\boldsymbol{s}_k) \tag{2.8}$$

$$\boldsymbol{V}_k = \boldsymbol{I} - \rho_k\boldsymbol{y}_k\boldsymbol{s}_k^{\mathrm{T}} \tag{2.9}$$

$$
\begin{aligned}
\boldsymbol{H}_{k+1} = &(\boldsymbol{V}_k^{\mathrm{T}} \cdots \boldsymbol{V}_{k-m_k}^{\mathrm{T}})\boldsymbol{H}_0(\boldsymbol{V}_{k-m_k} \cdots \boldsymbol{V}_k) \\
&+ \rho_{k-m_k}(\boldsymbol{V}_k^{\mathrm{T}} \cdots \boldsymbol{V}_{k-m_k+1}^{\mathrm{T}})\boldsymbol{s}_{k-m_k}\boldsymbol{s}_{k-m_k}^{\mathrm{T}}(\boldsymbol{V}_{k-m_k+1} \cdots \boldsymbol{V}_k) \\
&+ \rho_{k-m_k+1}(\boldsymbol{V}_k^{\mathrm{T}} \cdots \boldsymbol{V}_{k-m_k+2}^{\mathrm{T}})\boldsymbol{s}_{k-m_k+1}\boldsymbol{s}_{k-m_k+1}^{\mathrm{T}}(\boldsymbol{V}_{k-m_k+2} \cdots \boldsymbol{V}_k) \\
&\vdots \\
&+ \rho_k\boldsymbol{s}_k\boldsymbol{s}_k^{\mathrm{T}}
\end{aligned}
\tag{2.10}
$$

步骤 6：令 $k = k + 1$，转入步骤 2。

3) 共轭梯度法

共轭梯度 (CG) 法具有超线性收敛速度，是一种无约束优化算法。共轭梯度法的基本思想是在求解 n 维正定二次目标函数极小点时，产生一组共轭方向作为搜索方向，在精确线搜索条件下算法至多迭代 n 步即能求得极小点 [3,4]。用 $g(\boldsymbol{x}_k)$ 表示 $f(\boldsymbol{x})$ 在点 $\boldsymbol{x}_k$ 处的梯度，并简记 $\boldsymbol{g}_k = g(\boldsymbol{x}_k)$。共轭梯度法的流程如下。

步骤 1：取初始点 $\boldsymbol{x}_0$，精度 ε，$\boldsymbol{g}_0 = \nabla f(\boldsymbol{x}_0)$，$\boldsymbol{d}_0 = -\boldsymbol{g}_0$，$k = 0$。

步骤 2：如果 $\|\boldsymbol{g}_k\|$ 满足终止条件，算法终止。

步骤 3：计算步长因子 α_k 和搜索方向 $\boldsymbol{d}_k$。α_k 是由采用的线搜索方法决定，搜索方向由下式决定：

$$\boldsymbol{d}_k = \begin{cases} -\boldsymbol{g}_0, & k = 0 \\ -\boldsymbol{g}_k + \beta_k \boldsymbol{d}_{k-1}, & k \geqslant 1 \end{cases} \tag{2.11}$$

其中，β_k 是参数，不同的共轭梯度法对应不同的 β_k 计算方法。以 FR 方法 (Fletcher-Reeves，简称 FR 公式) 为例：

$$\beta_k = \frac{\|\boldsymbol{g}_{k+1}\|^2}{\|\boldsymbol{g}_k\|^2} \tag{2.12}$$

步骤 4：$\boldsymbol{x}_{k+1} = \boldsymbol{x}_k + \alpha_k \boldsymbol{d}_k$。

步骤 5：令 $k = k + 1$，转入步骤 2。

2.1.2 带约束优化求解算法

前述三种算法都是用于处理无约束优化问题的算法。实际应用中，多为带约束的优化问题，经典的处理思路是：根据约束条件的特点，将其转化为某种惩罚函数加到目标函数中去，从而将约束优化问题转化为一系列的无约束优化问题进行求解。经典的约束处理方法有：外罚函数法和乘子法。乘子法是 Powell 和 Hestenes 于 1969 年针对等式约束优化问题同时独立提出的一种优化算法，后于 1973 年经 Rockfellar 推广到求解不等式约束优化问题，其基本思想是从原问题的拉格朗日函数出发，再加上适当的罚函数，从而将原问题转化为求解一系列的无约束优化子问题 [4]。序列二次规划法就是基于乘子法对约束问题进行处理，本节重点介绍序列二次规划算法。

序列二次规划 (Sequential Quadratic Programming，SQP) 是求解约束优化问题最有效算法之一，其约束处理方式就是采用乘子法，其基本思想是在每一迭代步通过求解一个二次规划子问题来确立一个下降方向，以减少价值函数来取得步长，重复这些步骤直到求得原问题的解 [4-6]。

一般非线性优化问题为

$$\begin{aligned}
\min \quad & f(\boldsymbol{x}) \\
\text{s.t.} \quad & h_i(\boldsymbol{x}) = 0, \quad i \in E \\
& g_i(\boldsymbol{x}) \geqslant 0, \quad i \in I
\end{aligned} \tag{2.13}$$

其拉格朗日形式是

$$L(\boldsymbol{x}, \mu, \lambda) = f(\boldsymbol{x}) - \mu^{\mathrm{T}} h(\boldsymbol{x}) - \lambda^{\mathrm{T}} g(\boldsymbol{x}) \tag{2.14}$$

式 (2.13) 和式 (2.14) 的 KT 优化条件 (极小值的一阶必要条件, 也就是 Kuhn-Tucker 条件) 是

$$\begin{cases}
\nabla_x L\left(\boldsymbol{x}^*, \mu^*, \lambda^*\right) = 0 & \\
h_i(\boldsymbol{x}^*) = 0, & i \in E \\
g_i(\boldsymbol{x}^*) \geqslant 0, & i \in I \\
\lambda_i^* \geqslant 0, & i \in I \\
\lambda_i^* g_i(\boldsymbol{x}^*) = 0, & i \in I
\end{cases} \tag{2.15}$$

为求解非线性优化问题, 首先需要将其线性化, 求解二次规划子问题。式 (2.13) 在点 $(\boldsymbol{x}_k, \mu_k, \lambda_k)$ 的二次规划子问题可写为

$$\begin{cases}
\min \quad F(\boldsymbol{d}_k) = \nabla f(\boldsymbol{x}_k)\boldsymbol{d}_k + \dfrac{1}{2}\boldsymbol{d}_k^{\mathrm{T}}\boldsymbol{B}_k\boldsymbol{d}_k & \\
\text{s.t.} \quad H_i(\boldsymbol{d}_k) = h_i(\boldsymbol{x}_k) + \boldsymbol{A}_{i,k}^E\boldsymbol{d}_k = 0, & i \in E \\
\quad\quad G_i(\boldsymbol{d}_k) = g_i(\boldsymbol{x}_k) + \boldsymbol{A}_{i,k}^I\boldsymbol{d}_k \geqslant 0, & i \in I
\end{cases} \tag{2.16}$$

其中, $\boldsymbol{B}_k$ 是正定矩阵, $\boldsymbol{A}_k^E = \nabla h(\boldsymbol{x}_k)$, $\boldsymbol{A}_k^I = \nabla g(\boldsymbol{x}_k)$。

式 (2.16) 的 KT 优化条件是

$$\begin{cases}
\nabla_d L\left(\boldsymbol{d}^*, \mu^*, \lambda^*\right) = 0 & \\
H_i(\boldsymbol{d}^*) = 0, & i \in E \\
G_i(\boldsymbol{d}^*) \geqslant 0, & i \in I \\
\lambda_i^* \geqslant 0, & i \in I \\
\lambda_i^* G_i(\boldsymbol{d}^*) = 0, & i \in I
\end{cases} \tag{2.17}$$

可等价为

$$\begin{cases}
\boldsymbol{M}_1(\boldsymbol{d}, \mu, \lambda) = \boldsymbol{B}_k\boldsymbol{d} - (\boldsymbol{A}_k^E)^{\mathrm{T}}\mu - (\boldsymbol{A}_k^I)^{\mathrm{T}}\lambda + \nabla f(\boldsymbol{x}_k) = 0 \\
\boldsymbol{M}_2(\boldsymbol{d}, \mu, \lambda) = h(\boldsymbol{x}_k) + \boldsymbol{A}_k^E\boldsymbol{d} = 0 \\
\lambda \geqslant 0 \\
g(\boldsymbol{x}_k) + \boldsymbol{A}_k^I\boldsymbol{d} \geqslant 0 \\
\lambda^{\mathrm{T}}(g(\boldsymbol{x}_k) + A_k^I\boldsymbol{d}) = 0
\end{cases} \tag{2.18}$$

式 (2.18) 的后三个公式可以看作线性问题 ($\varepsilon > 0$):

$$\varphi(\varepsilon, a, b) = a + b - \sqrt{a^2 + b^2 + 2\varepsilon^2} \tag{2.19}$$

令

$$\Phi(\varepsilon, \boldsymbol{d}, \boldsymbol{\lambda}) = (\varphi_1(\varepsilon, \boldsymbol{d}, \boldsymbol{\lambda}), \varphi_2(\varepsilon, \boldsymbol{d}, \boldsymbol{\lambda}), \cdots, \varphi_m(\varepsilon, \boldsymbol{d}, \boldsymbol{\lambda}))^{\mathrm{T}} \tag{2.20}$$

$$\varphi_i(\varepsilon, \boldsymbol{d}, \boldsymbol{\lambda}) = \lambda_i + [g_i(\boldsymbol{x}_k) + (\boldsymbol{A}_k^I)_i \boldsymbol{d}] - \sqrt{\lambda_i^2 + [g_i(\boldsymbol{x}_k) + (\boldsymbol{A}_k^I)_i \boldsymbol{d}]^2 + 2\varepsilon^2} \tag{2.21}$$

其中，$(\boldsymbol{A}_k^I)_i$ 表示矩阵 $\boldsymbol{A}_k^I$ 的第 i 行。令 $\boldsymbol{z} = (\varepsilon, \boldsymbol{d}, \boldsymbol{\mu}, \boldsymbol{\lambda})$，则式 (2.18) 可改写为

$$\boldsymbol{M}(\boldsymbol{z}) = M(\varepsilon, \boldsymbol{d}, \boldsymbol{\mu}, \boldsymbol{\lambda}) = \begin{bmatrix} \varepsilon \\ M_1(\boldsymbol{d}, \boldsymbol{\mu}, \boldsymbol{\lambda}) \\ M_2(\boldsymbol{d}, \boldsymbol{\mu}, \boldsymbol{\lambda}) \\ \Phi(\varepsilon, \boldsymbol{d}, \boldsymbol{\lambda}) \end{bmatrix} = 0 \tag{2.22}$$

$\boldsymbol{M}(\boldsymbol{z})$ 的雅可比矩阵是

$$\boldsymbol{M}'(\boldsymbol{z}) = \begin{bmatrix} 1 & 0 & 0 & 0 \\ 0 & \boldsymbol{B}_k & -(\boldsymbol{A}_k^E)^{\mathrm{T}} & -(\boldsymbol{A}_k^I)^{\mathrm{T}} \\ 0 & \boldsymbol{A}_k^E & 0 & 0 \\ \upsilon & \boldsymbol{D}_2(z)\boldsymbol{A}_k^I & 0 & \boldsymbol{D}_1(z) \end{bmatrix} \tag{2.23}$$

其中

$$\boldsymbol{\upsilon} = \nabla_\varepsilon \Phi(\varepsilon, \boldsymbol{d}, \boldsymbol{\lambda}) = (v_1, v_2, \cdots, v_m)^{\mathrm{T}} \tag{2.24}$$

$$v_i = -\frac{2\varepsilon}{\sqrt{\lambda_i^2 + [g_i(x_k) + (\boldsymbol{A}_k^I)_i d]^2 + 2\varepsilon^2}} \tag{2.25}$$

$$D_1(z) = \mathrm{diag}(a_1(z), \cdots, a_m(z)) \tag{2.26}$$

$$D_2(z) = \mathrm{diag}(b_1(z), \cdots, b_m(z)) \tag{2.27}$$

$$a_i(z) = 1 - \frac{\lambda_i}{\sqrt{\lambda_i^2 + [g_i(\boldsymbol{x}_k) + (\boldsymbol{A}_k^I)_i \boldsymbol{d}]^2 + 2\varepsilon^2}} \tag{2.28}$$

$$b_i(z) = 1 - \frac{g_i(\boldsymbol{x}_k) + (\boldsymbol{A}_k^I)_i \boldsymbol{d}}{\sqrt{\lambda_i^2 + [g_i(\boldsymbol{x}_k) + (\boldsymbol{A}_k^I)_i \boldsymbol{d}]^2 + 2\varepsilon^2}} \tag{2.29}$$

求解式 (2.18)，可以得到近似下降方向 $\boldsymbol{d}_k$ 与对应的 $\boldsymbol{\lambda}$ 和 $\boldsymbol{\mu}$。

令约束处理后的优化目标为

$$\phi(\boldsymbol{x}, \sigma) = f(\boldsymbol{x}) + \sigma^{-1}(\|h(\boldsymbol{x})\|_1 + \|g(\boldsymbol{x})_-\|_1) \tag{2.30}$$

其中，$g(\boldsymbol{x}) \triangleq \max\{0, -g_i(\boldsymbol{x})\}$，$\sigma > 0$ 是责罚值。

对应的 SQP 算法求解步骤如下 [6]。

步骤 1：给出初值 $(\boldsymbol{x}_0, \boldsymbol{\mu}_0, \boldsymbol{\lambda}_0)$ 和对称正定矩阵 $\boldsymbol{B}_0$。计算 $f(\boldsymbol{x}_0)$，$\nabla f(\boldsymbol{x}_0)$，$\boldsymbol{A}_0^E = \nabla h(\boldsymbol{x}_0)^{\mathrm{T}}$，$\boldsymbol{A}_0^I = \nabla g(\boldsymbol{x}_0)^{\mathrm{T}}$，$\boldsymbol{A}_0 = \begin{bmatrix} \boldsymbol{A}_0^E \\ \boldsymbol{A}_0^I \end{bmatrix}$。令 $k = 0$。

步骤 2：检测是否满足约束，如果不满足，转到步骤 3，满足转到步骤 8。

步骤 3：求解点 $\boldsymbol{x}_k$ 处的二次规划子问题，得到 $\boldsymbol{d}_k$，$\boldsymbol{\mu}_k$ 和 $\boldsymbol{\lambda}_k$。

步骤 4：通过下述方法，选择合适的参数 $\boldsymbol{\sigma}_k$。

令 $\tau = \max(\|\boldsymbol{\mu}_k\|, \|\boldsymbol{\lambda}_k\|)$，那么 $\sigma_k = \begin{cases} \sigma_{k-1}, & \sigma_{k-1}^{-1} \geqslant \tau + \delta \\ (\tau + 2\delta)^{-1}, & \sigma_{k-1}^{-1} < \tau + \delta \end{cases}$，其中 $\delta > 0$ 是一个随机数。

步骤 5：进行线搜索，计算步长。α_k 满足如下条件：

$$\phi(\boldsymbol{x}_k + \alpha_k \boldsymbol{d}_k, \sigma_k) - \phi(\boldsymbol{x}_k, \sigma_k) \leqslant c\alpha_k \phi'(\boldsymbol{x}_k, \sigma_k) \tag{2.31}$$

其中，c 是一个常数。

步骤 6：令 $\boldsymbol{x}_{k+1} = \boldsymbol{x}_k + \alpha_k \boldsymbol{d}_k$，计算 $\nabla f(\boldsymbol{x}_{k+1})$，$\boldsymbol{A}_{k+1}^E$ 和 $\boldsymbol{A}_{k+1}^I$。采用拟牛顿法求解 $\boldsymbol{B}_{k+1}$。

步骤 7：令 $k = k + 1$，然后转到步骤 2。

步骤 8：结束。

SQP 算法具有良好的求解非线性优化问题的能力，可处理非线性的等式和非等式约束，是目前最常用的梯度优化算法，图 2-1 给出了 SQP 算法的基本流程示意图。

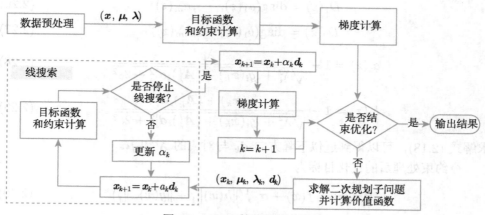

图 2-1　SQP 算法的基本流程

2.2 约束处理方式

在气动优化设计中，经常包含约束条件。许多优化算法，如最速下降法、牛顿法、共轭梯度法等，在推导过程中都没有考虑约束情况，因此需要通过一些约束处理方法，将有约束的优化问题转化为无约束的优化问题。目前，最常用的约束处理方法主要有外罚函数法、内点法和乘子法 [7]。

2.2.1 外罚函数法

外罚函数法，又称为外点法，其基本原理是 [8]：根据约束条件特点，利用目标函数和约束函数构造辅助函数，使得约束项成为辅助函数中的项，从而将约束问题转化为无约束问题；该辅助函数值在不可行点处为很大的正值，而在可行点，与约束相关的项都为 0，从而辅助函数值与目标函数值一致。在求辅助函数最小值的过程中，不可行点将自动被排除，从而辅助函数最小值所对应的点即原有约束问题的最优解。

此辅助函数即为罚函数，对于带约束优化问题，可定义罚函数：

$$P(\boldsymbol{X}, \sigma, \zeta) = f(\boldsymbol{X}) + \sigma \sum_{i=1}^{q} h_i^2(\boldsymbol{X}) + \zeta \sum_{i=1}^{p} \left[\max\left(0, -g_i(\boldsymbol{X})\right)\right]^2 \tag{2.32}$$

式中，σ 和 ζ 为很大的正数，称为惩罚因子。式 (2.32) 右端第二项、第三项分别是对于等式约束和不等式约束的处理。当 $\boldsymbol{X}$ 符合约束条件时，不难证明 $\sigma \sum_{i=1}^{q} h_i^2(\boldsymbol{X}) = 0$，$\zeta \sum_{i=1}^{p} \left[\max\left(0, -g_i(\boldsymbol{X})\right)\right]^2 = 0$；否则，这两项均为很大的正值。

因此，原优化问题转化为针对罚函数 $P(\boldsymbol{X}, \sigma, \varsigma)$ 的优化问题，即

$$\min_{\boldsymbol{X}} P(\boldsymbol{X}, \sigma, \varsigma) \tag{2.33}$$

当 $\boldsymbol{X}$ 不是可行解时，罚函数值为很大的正数，因此，在优化过程中不可行解将被自动剔除。

利用外罚函数法求解有约束优化问题的步骤如下。

步骤 1：给定初始点 $\boldsymbol{X}_0$ 和允许误差 $\varepsilon > 0$，选择序列 $\{\sigma_k\}$ 和 $\{\varsigma_k\}$，σ_k 和 ς_k 递增，且都趋于 $+\infty$，置 $k = 1$。

步骤 2：以 $\boldsymbol{X}_{k-1}$ 作为初始点，求解无约束问题

$$\min_{\boldsymbol{X}} P(\boldsymbol{X}, \sigma, \zeta) = f(\boldsymbol{X}) + \sigma \sum_{i=1}^{q} h_i^2(\boldsymbol{X}) + \zeta \sum_{i=1}^{p} \left[\max\left(0, -g_i(\boldsymbol{X})\right)\right]^2 \tag{2.34}$$

将得到的最优解作为 $\boldsymbol{X}_k$。

步骤 3：若 $\sigma_k \sum_{i=1}^{q} h_i^2(\boldsymbol{X}_k) + \varsigma_k \sum_{i=1}^{p} \left[\max\left(0, -g_i\left(\boldsymbol{X}_k\right)\right) \right]^2 < \varepsilon$，停止计算，将得到的 $\boldsymbol{X}_k$ 作为约束问题的最优解；否则，令 $k = k + 1$，转至步骤 2。

使用外罚函数法求解最优化问题，实际上是求得最优解的过程中，不断排除不符合约束条件的点，从而在剩下符合条件的点中选择最优解，相当于求解过程是从可行域外部开始向内部进行，因此，被称为外罚函数法。根据外罚函数的特点，惩罚因子的选择很重要，过大的惩罚因子将增加计算难度，过小的惩罚因子将降低计算效率。因此，在实际计算过程中，需要根据实际情况适当调整惩罚因子的初值和加速度。

2.2.2 障碍罚函数法

与外罚函数法不同的是，障碍罚函数法从可行域内部开始搜索，并通过构造罚函数，使得可行域边界上的函数值陡然增大，从而使得搜索范围始终限制在可行域内部，因此也将障碍罚函数法称为内点法 [9]。

根据内点法的特点，这种惩罚策略只能用于不等式约束问题，等式约束无法在可行域边界构造障碍。此外，还要求可行域的内点集非空。若每个可行点都是边界点，则相应的罚函数都为很大的正数，则障碍罚函数法失效。

将带约束的优化问题简化得到仅包含不等式约束的优化问题：

$$\begin{aligned} \min_{\boldsymbol{X}} \quad & f(\boldsymbol{X}) \\ \text{s.t.} \quad & g_i(\boldsymbol{X}) \geqslant 0, \quad i = 1, \cdots, p \end{aligned} \tag{2.35}$$

由式 (2.35) 构造如下形式的罚函数：

$$P(\boldsymbol{X}, r) = f(\boldsymbol{X}) + rB(\boldsymbol{X}) \tag{2.36}$$

式中，$rB(\boldsymbol{X})$ 为惩罚项，$B(\boldsymbol{X})$ 为障碍罚函数，r 为障碍因子。$B(\boldsymbol{X})$ 是连续函数，当点 $\boldsymbol{X}$ 趋向可行域边界时，$B(\boldsymbol{X}) \to +\infty$。$B(\boldsymbol{X})$ 有以下两种重要的构造形式：

$$B(\boldsymbol{X}) = \sum_{i=1}^{p} \frac{1}{g_i(\boldsymbol{X})} \tag{2.37}$$

$$B(\boldsymbol{X}) = -\sum_{i=1}^{p} \ln\left(g_i(\boldsymbol{X})\right) \tag{2.38}$$

r 取很小的正数，因此，当点 $\boldsymbol{X}$ 趋向可行域边界时，$P(\boldsymbol{X}, r) \to +\infty$；反之，由于 r 取值很小，则 $P(\boldsymbol{X}, r)$ 的取值近似于 $f(\boldsymbol{X})$。因此，可以通过求解下列无约

束问题得到原约束问题的近似解：

$$
\begin{aligned}
&\min \quad P(\boldsymbol{X}, r) \\
&\text{s.t.} \quad \boldsymbol{X} \in D
\end{aligned}
\tag{2.39}
$$

2.2.3 乘子法

外罚函数法和障碍罚函数法都存在固有缺点，随着惩罚因子趋向其极限，罚函数的 Hesse 矩阵的条件数无限增大，将变得越来越病态，从而给极小化带来很大困难。为了克服这个缺点，Hestenes[10] 和 Powell[11] 于 1969 年提出了乘子法。这种方法的基本思想是把罚函数与拉格朗日函数结合起来，借助于罚函数的优点，并结合拉格朗日乘子的性质，构造出更合适的新目标函数，使得在惩罚因子适当大的情况下就能逐步达到原约束问题的最优解。乘子法也称为广义拉格朗日乘子法。

对于带约束优化问题，定义增广拉格朗日函数为

$$
\begin{aligned}
L(\boldsymbol{X}, \boldsymbol{\lambda}, \sigma) = {}& f(\boldsymbol{X}) + \frac{1}{4\sigma} \sum_{i=1}^{p} \left\{ [\max(0, \lambda_i + 2\sigma g_i(\boldsymbol{X}))]^2 - \lambda_i^2 \right\} \\
& - \sum_{i=1}^{q} \lambda_i h_i(\boldsymbol{X}) + \sigma \sum_{i=1}^{q} h_i^2(\boldsymbol{X})
\end{aligned}
\tag{2.40}
$$

式中，右端第二项为对不等式约束的处理，第三项和第四项为对等式约束的处理。参数 σ 取充分大的值，并通过修正第 k 次迭代中的乘子 $\boldsymbol{\lambda}_k$，得到第 $k+1$ 次迭代中的乘子 $\boldsymbol{\lambda}_{k+1}$，修正公式如下：

$$
\begin{cases}
\lambda_{i,k+1} = \max(0, \lambda_{i,k} + 2\sigma_k g_i(\boldsymbol{X}_k)), & i = 1, \cdots, p \\
\lambda_{i,k+1} = \lambda_{i,k} + 2\sigma_k h_i(\boldsymbol{X}_k), & i = 1, \cdots, q
\end{cases}
\tag{2.41}
$$

当 $\boldsymbol{X}$ 在可行域中时，$L(\boldsymbol{X}, \boldsymbol{\lambda}, \sigma)$ 与 $f(\boldsymbol{X})$ 近似；而当 $\boldsymbol{X}$ 在可行域之外时，增广拉格朗日函数值将为很大的正值，从而自动排除相应的 $\boldsymbol{X}$ 值。因此可以将原有约束的优化问题转化为有关增广拉格朗日函数的无约束优化问题。

2.3 几何外形参数化建模

参数化方法对外形的描述能力决定了所生成飞行器几何外形的光顺程度。不同的参数化方法几何模型确定了不同的优化搜索空间。因此，几何外形参数化建模直接影响着优化设计的结果，是飞行器外形优化设计的关键技术之一。目前，几何外形参数化建模技术实现了从简单曲线参数化到全机复杂外形一体化参数化的发展。本节给出典型常用的参数化方法介绍。

2.3.1　剖面参数化建模方法

翼型以及机身剖面的性能特性对飞行器的整体性能特性有重要影响,因此,对剖面优化设计有重要意义。剖面参数化建模应用最广泛的有 Hicks-Henne 型函数法以及类函数/形函数变形技术 (Class Function/Shape Function Transformation, CST)。

1) Hicks-Henne 型函数法

Hicks-Henne 型函数法是典型的翼型参数化方法,在翼型和机翼设计中非常有效,应用也最多。最早由 Hicks 和 Henne 在 1978 年提出 [12],其基本原理是:选定一个基准翼型,之后用参数化方法描述这个基准翼型 y 方向上的变化量,从而实现对新翼型的参数化描述。该方法形式简单,具备足够的设计空间,可以对翼型进行精细化设计。Hicks-Henne 型函数法的数学描述如下。

令基准翼型上下翼面的描述函数分别为 $y_{\mathrm{base\_up}}(x)$ 和 $y_{\mathrm{base\_down}}(x)$,根据 Hicks-Henne 型函数法,新翼型的上下翼面函数可分别表示为

$$y_{\mathrm{new\_up}}(x) = y_{\mathrm{base\_up}}(x) + \sum_{i}^{n} a_i f_i(x) \tag{2.42}$$

$$y_{\mathrm{new\_down}}(x) = y_{\mathrm{base\_down}}(x) + \sum_{i}^{n} b_i f_i(x) \tag{2.43}$$

式 (2.42) 和式 (2.43) 中,n 表示设计变量个数;a_i 和 b_i 为 Hicks-Henne 基函数系数,取值范围为 $-0.005 \sim 0.005$;$f_i(x)$ 为 Hicks-Henne 基函数,可以根据需求取不同的表达形式,这里给出其中的一种表达形式供参考 [13]:

$$f_i(x) = \begin{cases} x^{0.25}(1-x)\,\mathrm{e}^{-20x}, & i = 1 \\ \sin^3\left(\pi x^{e(i)}\right), & 1 \leqslant i \leqslant n-1 \\ ax(1-x)\,\mathrm{e}^{-\beta(1-x)}, & i = n \end{cases} \tag{2.44}$$

式中,$i = 1$ 时表示机翼前缘;$i = n$ 时表示机翼后缘。a 用于控制斜率的变化量,考虑到实际使用中 Hicks-Henne 参数一般都是 0.001 量级,基函数与 Hicks-Henne 参数相乘后会使得后缘变小,因此,a 在实际使用中的取值范围为 $5 \sim 15$;$\mathrm{e}^{-\beta(1-x)}$ 项使远离后缘的地方函数迅速衰减,β 为衰减系数。$e(i)$ 定义如下:

$$e(i) = \frac{\log 0.5}{\log x_i}, \quad 0 < x_i < 1 \tag{2.45}$$

式中,x_i 为参数点的坐标值,控制对应扰动函数峰值位置。

2) 类函数/形函数变形技术参数化方法

类函数/形函数变形技术参数化方法由 Kulfan[14] 提出，CST 参数化的基函数由类函数 $C(x)$ 和形函数 $S(x)$ 的乘积构成，其数学公式可表示为

$$\zeta(\psi) = C(\psi)S(\psi) + \psi\zeta_T \tag{2.46}$$

式中，ψ 表示设计变量，$C(\psi)$ 表示类函数，$S(\psi)$ 表示形函数，其数学表达形式如下：

$$C(\psi) = (\psi)^a (1-\psi)^b \tag{2.47}$$

$$S(\psi) = \frac{\zeta(\psi) - \psi\zeta_T}{\sqrt{\psi(1-\psi)}} = \sum_{i=0}^{n} [A_i \psi_i] \tag{2.48}$$

对于类函数 $C(\psi)$，当 a,b 取不同的值时，可以定义不同分类的基本形状，图 2-2 给出了不同类函数情况下的外形定义。

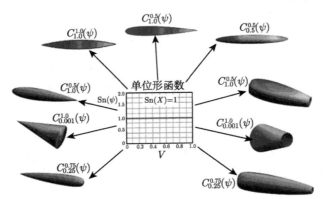

图 2-2 类函数对不同类型外形的定义 [15]

在翼型参数化过程中，为了生成更复杂更实用的翼型，可以把单位形函数分解为一个伯恩斯坦多项式。伯恩斯坦多项式的每个分量可表示为

$$BP_{i,n}(\psi) = K_i \psi^i (1-\psi)^{n-i} \tag{2.49}$$

式中，K_i 是形函数分量系数，n 是伯恩斯坦多项式的阶数。K_i 可以用如下公式表示：

$$K_i \equiv \left(\begin{array}{c} n \\ i \end{array} \right) = \frac{n!}{i!(n-i)!} \tag{2.50}$$

用式 (2.50) 中的伯恩斯坦多项式分量代替形函数分量，式 (2.49) 可以进一步表示为

$$S(\psi) = \sum_{i=1}^{n} A_i BP_{i,n}(\psi) \tag{2.51}$$

在优化过程中，可以通过拟合方法拟合初始外形剖面，得到形函数的权重系数 A_i，然后将 A_i 作为初始设计变量进行设计。

2.3.2　曲面参数化建模方法

曲面参数化建模方法典型的代表有非均匀有理 B 样条 (NURBS) 曲面和基于 Bezier 曲线的 Bezier 曲面。

1. NURBS 曲面参数方法

NURBS 曲面法由 NURBS 曲线参数化方法推广而来。NURBS 曲线参数化是一种通用的几何外形建模方法，具有极强的几何外形描述能力。

一段 k 次 NURBS 曲线的表达式为 [16,17]

$$P(u) = \frac{\sum\limits_{i=0}^{n} \omega_i \boldsymbol{d}_i N_{i,k}(u)}{\sum\limits_{i=0}^{n} \omega_i N_{i,k}(u)} \tag{2.52}$$

式中，ω_i 为权因子，分别与控制顶点 $\boldsymbol{d}_i$ 相联系。ω_0、$\omega_n > 0$，表示首末权因子，其余 $\omega_i \geqslant 0$。$N_{i,k}(u)$ 是由节点矢量 $\boldsymbol{U}(u)$ 按德布尔–考克斯 (de Boor-Cox) 递推公式决定的 k 次规范 B 样条基函数，其中节点矢量 $\boldsymbol{U}(u)$ 定义如下：

$$\boldsymbol{U}(u) = [u_0, u_1, \cdots, u_n, \cdots, u_{n+k+1}] \tag{2.53}$$

德布尔–考克斯递推公式定义如下：

$$\begin{cases} N_{i,0}(u) = \begin{cases} 1, & u_i \leqslant u < u_{i+1} \\ 0, & u < u_i \text{ 或 } u \geqslant u_{i+1} \end{cases} \\ N_{i,k}(u) = \dfrac{u - u_i}{u_{i+k} - u_i} N_{i,k-1}(u) + \dfrac{u_{i+k+1} - u}{u_{i+k+1} - u_{i+1}} N_{i+1,k-1}(u) \\ \text{Define } \dfrac{0}{0} = 0, \quad i = 0, 1, \cdots, n \end{cases} \tag{2.54}$$

对于非周期 NURBS 曲线，常将两端点的重复度取为 $k+1$，即 $u_0 = u_1 = \cdots = u_k$，$u_{n+1} = u_{n+2} = \cdots = u_{n+k+1}$，且在大多数实际应用里，端节点值分别

取为 0 与 1，因此，有曲线定义域 $u \in (u_k, u_{n+1}) = [0, 1]$。对于任意给定的参数 u，可先计算 B 样条基函数，之后按照式 (2.52) 计算出 u 在曲线上对应点的坐标。

NURBS 曲面可由以下公式表示：

$$\boldsymbol{P}(u, v) = \frac{\sum_{i=0}^{n} \sum_{j=0}^{m} B_{i,k}(u) B_{j,l}(v) W_{i,j} \boldsymbol{V}_{i,j}}{\sum_{i=0}^{n} \sum_{j=0}^{m} B_{i,k}(u) B_{j,l}(v) W_{i,j}} \tag{2.55}$$

式中，$\boldsymbol{V}_{i,j}$ 为控制顶点，$W_{i,j}$ 为权因子，$B_{i,k}(u)$ 和 $B_{j,l}(v)$ 分别为沿着 u 向的 k 次和沿 v 向的 l 次 B 样条基函数。u、v 的取值范围均为 $[0, 1]$。

在构建 NURBS 曲面的过程中，先沿某一参数方向，例如 v 向进行，以所给的参数值对 v 向的 $m + 1$ 个控制多边形及其联系的权因子执行用于计算 NURBS 曲线上点的算法，求得 $m + 1$ 个中间控制顶点及其对应权因子。然后以所给的 u 参数值对这些中间控制顶点及其权因子执行用于 NURBS 曲线上点的算法，所得一点即为 NURBS 曲面上的点 $p(u, v)$。图 2-3 给出了 Samareh[18] 基于 NURBS 曲面参数化生成的曲面对运输机整流包参数化的示意图。

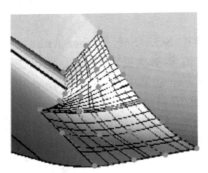

图 2-3　NURBS 曲面参数化方法生成的曲面及控制点 [18]

2. Bezier 曲面参数化方法

Bezier 曲线的表达式为 [16,17]

$$\boldsymbol{P}(u) = \sum_{i=0}^{m} B_{m,i}(u) \boldsymbol{V}_i \tag{2.56}$$

式中，$\boldsymbol{V}_i$ 为控制点或特征多边形的顶点，$B_{m,i}(u)$ 为 m 阶伯恩斯坦多项式：

$$B_{m,i}(u) = \frac{m!}{i!(m-i)!} u^i (1-u)^{m-i}, \quad u \in [0, 1] \tag{2.57}$$

Bezier 曲线可以看成 NURBS 曲线的一种特例,Bezier 曲线的表达更为简洁。然而,由式 (2.57) 可知,Bezier 曲线的次数与控制顶点数密切相关。当待描述曲线比较复杂时,需要增加 Bezier 曲线的次数。

与 NURBS 曲面参数化相似,Bezier 曲面参数化可由 Bezier 曲线参数化推广而来:

$$\boldsymbol{P}(u,v) = \sum_{i=0}^{m} \sum_{j=0}^{n} B_{m,i}(u) B_{n,j}(v) \boldsymbol{V}_{i,j}, \quad u,v \in [0,1] \tag{2.58}$$

式中,$B_{m,i}(u)$ 和 $B_{n,j}(v)$ 分别为 u 方向和 v 方向上的伯恩斯坦基函数族,$\boldsymbol{V}_{i,j}$ 为控制顶点。根据前面所述的 Bezier 曲线参数化的特点,当利用 Bezier 曲面参数化方法构建复杂曲面时,常需要将多片曲面进行拼接。因此,需要根据曲面的几何特点选择合理的曲面参数化方法。

2.3.3　基于 FFD 方法的参数化建模方法

NURBS 曲面法和 Bezier 曲面法等曲面参数化方法基于离散数据进行参数化,存在着节点矢量选取依赖于计算流体力学 (CFD) 网格分布、总体参数化能力弱等问题,而自由式变形 (FFD) 方法通过将物体嵌入弹性框架内实现弹性领域属性下的自由变形,在很大程度上消除了复杂外形带来的网格拓扑、部件组合处理难的问题。

FFD 是计算机图形学中 SOA(Soft Object Animation) 算法的一个分支,由 Sederberg 和 Parry 于 1986 年首次提出 [19],目前已在计算机几何造型与动画设计中得到了广泛应用。该方法最早由 Yeh 和 Vance [20] 引入优化设计领域,进行了几何实体的参数化,形成自由变形参数化方法。在对几何外形进行数值优化时,一般都有一个初始外形,优化后的外形与初始外形的区别并不大。基于这一点,2004 年 Samareh 对自由变形参数化方法作了进一步的发展 [18],采用曲面来建模优化过程中几何外形相对于初始外形的变化量,将该变化量叠加到初始外形上获得新的外形。目前,FFD 方法已经在飞行器几何外形参数化建模中得到了越来越广泛的应用,对于复杂拓扑外形也具有良好的通用性。

FFD 技术的最显著特征就是围绕设计对象的控制框架,通过控制框架构建了一个局部参考系,如图 2-4 所示,常用的控制框架有六面体框架和柱形控制体框架。最早的控制框架是规则均匀的,如图 2-5 所示,这种规则均匀的控制框架最大的优点是可以直接求解出设计外形的局部坐标,显而易见其缺点是变形操作能力差,在进行复杂和不规则外形参数化建模时力不从心。因此人们对控制框架进行了扩展,发展了非规则的控制框架 (图 2-6),进一步释放了自由变形技术的应用限制,使得其参数化能力更强。当飞行器的部件增多时,单一的控制框架无法进行有效的变形设计,因而人们发展了多区域控制框架技术,进一步提高了 FFD

技术灵活性和适应性。近年来发展了一种贴体的二维控制框架，可以进行局部外形的精准变形控制。

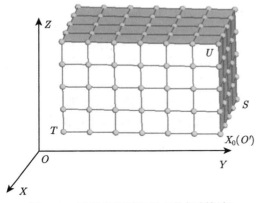

图 2-4 局部坐标系及长方体控制框架

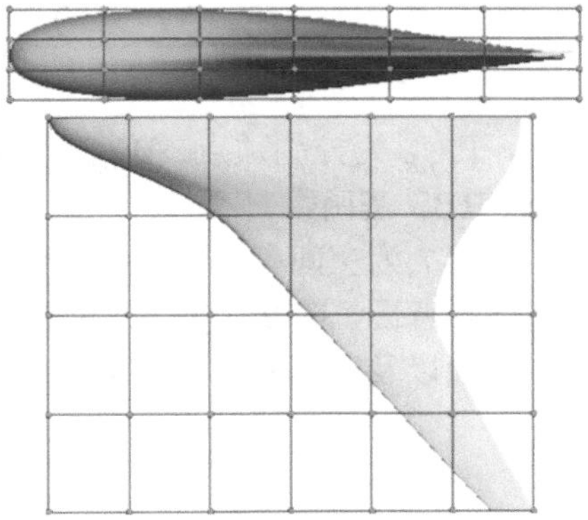

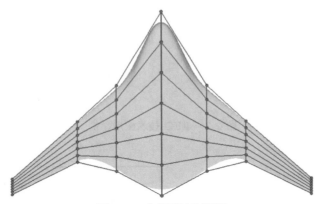

图 2-5 规则 FFD 框架的缺陷

图 2-6 非规则控制框架

对于任意空间，构建任意形状框架以及任意控制顶点，将待变形的物体整体嵌入框架中，假设物体具备较好的弹性，与 FFD 空间属性一致，在外力的作用下进行无约束变形，即可以通过控制顶点对物体进行任意变形 [16]。

FFD 参数化方法可以采用 B 样条基函数或伯恩斯坦多项式作为运算基函数构建空间属性，即建立了任意空间向正则空间 $\mathbf{R}^3 \rightarrow \mathbf{R}'^3$ 的映射函数 $\boldsymbol{X} = F(\boldsymbol{x})$，使模型的构造具备直观性、交互性以及透明性。

以基于非均匀有理 B 样条基函数的 FFD 为例，说明 FFD 外形参数化方法的基本原理 [21,22]。若原控制体内任一点 $\boldsymbol{X}$ 所对应的局部坐标为 $L_p(s,t,u)$，则该点在框架变形后所对应的笛卡儿坐标可由以下公式计算得到

$$X'(s,t,u) = \frac{\sum\limits_{i=0}^{p_1}\sum\limits_{j=0}^{p_2}\sum\limits_{k=0}^{p_3} P'_{i,j,k} W_{i,j,k} B_{i,p_1}(s) B_{j,p_2}(t) B_{k,p_3}(u)}{\sum\limits_{i=0}^{p_1}\sum\limits_{j=0}^{p_2}\sum\limits_{k=0}^{p_3} W_{i,j,k} B_{i,p_1}(s) B_{j,p_2}(t) B_{k,p_3}(u)} \tag{2.59}$$

式中，$P'_{i,j,k}$ 为控制顶点，$W_{i,j,k}$ 为对应的权因子，$B_{i,p_1}(s)$、$B_{j,p_2}(t)$ 和 $B_{k,p_3}(u)$ 为 NURBS 基函数。

图 2-7 为空间 FFD 技术应用举例，图 2-7 (a) 为对宽体飞机全机复杂构型的参数化示意图，图 2-7 (b) 为飞翼布局飞行器参数化，图 2-8(a)、(b) 给出了 FFD 控制剖面以及不同基函数变形控制效果。

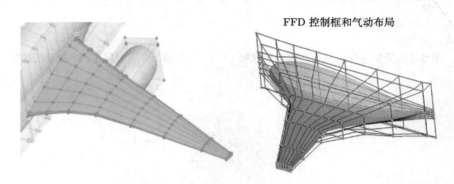

(a) 翼身组合体参数化[21]　　　　　　(b) 变形后的 FFD 控制框[22]

图 2-7　FFD 技术应用举例

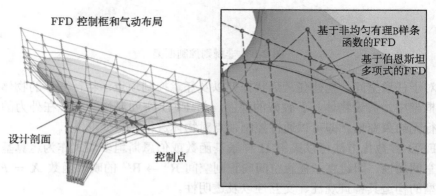

(a) 初始 FFD 控制框和几何外形　　　　(b) 变形后的 FFD 控制框和几何外形

图 2-8　空间 FFD 方法对复杂外形进行参数化变形 [22]

2.4 典型网格变形技术

利用高可信度 CFD 技术以及结构有限元分析进行气动、结构性能评估时，空间网格重构技术是一个非常重要且具有挑战性的环节。在优化体系中，网格重构的鲁棒性、计算效率以及质量直接决定了设计平台的设计效率、设计品质以及设计能力，与传统进化算法不同，对于伴随优化算法，动网格算法的计算效率与梯度计算效率息息相关：一方面，对于伴随方程求解得到伴随变量后，通过反复调用变形网格技术进行梯度求解时，主要计算量体现在变形网格运算效率上；另一方面，对于全过程伴随方程构造与求解，变形网格算法如果便于构造网格伴随方程，也是构造全过程伴随方程的首选考虑因素。

针对伴随优化问题，研究人员发展了典型的变形网格方法，对于结构网格包括径向基–无限插值方法、反距离加权 (IDW) 方法等 [23-29]；非结构网格最常用的动网格技术弹簧法 [30]、线弹性体方法，这些方法已经应用于许多领域，新型、改进型动网格方法也在不断发展中。对于不同优化设计问题，对变形网格的要求也不尽相同，布局形式优化要求网格变形具有强鲁棒性，局部精细化设计对变形网格的要求是高质量，一体化设计则对两个方面均有较高要求。本节重点对伴随优化中典型的几种变形网格技术进行论述。

2.4.1 线弹性体变形网格技术

线弹性体变形网格技术是非结构网格中最常用的方法，最早由 Tezduyar 等 [23] 提出，假定 $\boldsymbol{u}$ 是网格的位移矢量，其应变张量定义为

$$\varepsilon_{ij} = \frac{1}{2}\left(\frac{\partial u_i}{\partial x_j} + \frac{\partial u_j}{\partial x_i}\right) \tag{2.60}$$

结合柯西应力张量 $\boldsymbol{\sigma}$ 满足的物理方程关系式：$\sigma_{ij} = \lambda\varepsilon_{kk}\delta_{ij} + 2\mu\varepsilon_{ij}$，其中 λ, μ 以及 δ_{ij} 分别代表拉梅系数以及克罗内克符号，可以进一步给出线弹性方程

$$\nabla \cdot \boldsymbol{\sigma} = \nabla[\mu(\nabla\boldsymbol{u} + \nabla\boldsymbol{u}^{\mathrm{T}}) + \lambda(\nabla \cdot \boldsymbol{u})\boldsymbol{I}] = f \tag{2.61}$$

令 ν 代表泊松比常数，E 代表杨氏模量，则拉梅系数的定义为

$$\lambda = \frac{\nu E}{(1+\nu)(1-2\nu)}\mu = \frac{E}{2(1+\nu)} \tag{2.62}$$

其中，杨氏模量定义通常有两种方式：由壁面距离 d 定义 $E = 1/d$，由网格单元体积 V 定义 $E = 1/V$，显然，杨氏模量和泊松比常数直接决定了弹性体的刚度以及可压缩程度，在网格变形中作用至关重要。

　　线弹性方程离散后可以得到大型稀疏矩阵线性方程组，求解极为耗时，可以采用广义极小残差法 (GMRES) 求解。线弹性体方法存在一定的缺陷，尤其在物面发生较大变形时，边界附近的网格极易发生较大的扭曲，限制了网格变形能力，Nielsen 和 Anderson 通过改变泊松比 [24] 大幅度提升了线弹性体方法网格变形质量。图 2-9 和图 2-10 给出了线弹性体变形网格技术在飞行器气动弹性与气动优化中的典型应用，能够在较大程度上保证网格变形的鲁棒性。

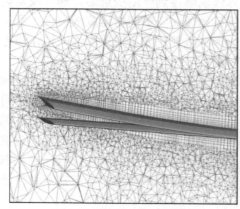

图 2-9　气动弹性变形网格

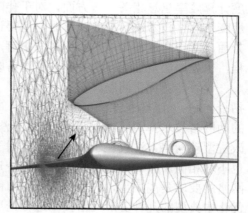

图 2-10　气动优化中的变形网格

2.4.2　RBF-TFI 变形网格技术

　　径向基函数–无限插值方法 (RBF-TFI) 具有极高的网格变形效率，是结构化网格变形技术的典型代表，其基本原理是采用 RBF 径向基插值技术来计算各个网格块顶点的位移，从而保证在大范围的几何外形变形时，多块结构网格拓扑结构保持不变的同时产生合理的空间分区形状。在计算出多块结构网格各个块顶点的位移后，多块结构网格中每一个网格块内的网格位移量就可以通过无限插值方法计算出来。

　　RBF 基本概念由 Buhmann 和 Wendland 提出 [25,26]，该技术在精确插值、神经网络构建、数据预测等方面获取了广泛的应用。基于 RBF 方法的插值技术数学模型可以表示为

$$\mathrm{RBF}(x) = \sum_{i=1}^{N} \alpha_i \varphi(\|x - x_i\|) + p(x) \tag{2.63}$$

N 为径向基中心矢量维数，$p(x)$ 的建立不仅能够精确地描述物体或网格的平移以及旋转运动方式，且能够保证进行径向基插值的输入点系统 "力平衡" 及 "力矩平衡"。其中，x_i 为径向基中心，α_i 为插值系数。$\|x - x_i\|$ 为 x 到中心 x_i 的径向距离。且径向基函数 φ 具有以下性质：

$$\varphi(-r) = \varphi(r), \qquad \lim_{r \to \pm\infty} \varphi(r) = 0$$

σ 表示径向基函数的宽度。其中高斯函数 $\varphi(r) = \mathrm{e}^{-(\frac{r^2}{\sigma^2})}$ 最为常用。

以输入数据为 RBF 技术构建基础，可以写为如下矩阵形式：

$$\boldsymbol{\Phi}\boldsymbol{\Gamma}^{\mathrm{T}} = \boldsymbol{Y} \tag{2.64}$$

其中，$\boldsymbol{\Phi} = [\varphi_{ij}]$，$\varphi_{ij} = \varphi(\|x_i - x_j\|)$，$i, j = 1, 2, \cdots, N$，$\boldsymbol{\Phi}$ 为插值矩阵，$\boldsymbol{\Gamma}^{\mathrm{T}} = \boldsymbol{\Phi}^{-1}\boldsymbol{Y}$，$\boldsymbol{\Gamma} = [\lambda_1, \lambda_2, \cdots, \lambda_N]$。从而实现 RBF 框架构建，RBF (x) 则为通过所有输入点的连续可微函数。

在物面边界上，网格点沿三个坐标方向上的运动位移是已知的，根据网格点坐标可构造基函数，通过求解矩阵方程

$$\begin{aligned} \Delta\boldsymbol{X}_S &= \boldsymbol{\Phi}\boldsymbol{W}_X \\ \Delta\boldsymbol{Y}_S &= \boldsymbol{\Phi}\boldsymbol{W}_Y \\ \Delta\boldsymbol{Z}_S &= \boldsymbol{\Phi}\boldsymbol{W}_Z \end{aligned} \tag{2.65}$$

能够得到权重系数序列 $\boldsymbol{\alpha}_X = \left\{\alpha_{N_1}^x, \cdots, \alpha_{N_b}^x\right\}^{\mathrm{T}}$，$\boldsymbol{\alpha}_Y = \left\{\alpha_{N_1}^y, \cdots, \alpha_{N_b}^y\right\}^{\mathrm{T}}$ 和 $\boldsymbol{\alpha}_Z = \left\{\alpha_{N_1}^z, \cdots, \alpha_{N_b}^z\right\}^{\mathrm{T}}$。然后利用空间网格点对物面网格点构造径向基函数，进而确定整个计算域内网格点的位移变化量。对于三维复杂外形的网格变形，由于网格量较大，使用所有物面节点作为插值基点会导致内存消耗量和计算量庞大，然而对于结构网格来讲物面特征点通常采用分布在物面上的网格角点，避免了大规模基点选择，准确描述物面变形与空间变形的映射关系的同时，也能够充分保证网格拓扑一致性与唯一性。也就是说，基于物面网格变形的信息，利用上式求解可以求出网格块顶点的位移，从而保持网格拓扑。

运用径向基函数插值方法解决三维网格变形问题时，主要分两步：①根据物面边界网格节点位移构造 RBF 权重系数序列；②由所得 RBF 序列插值获得所有计算网格节点的位移变化量，进而更新计算网格。

按照笛卡儿坐标系将式 (2.65) 改写为如下形式：

$$\begin{aligned} \Delta x_j &= \sum_{i=N_1}^{N_b} \alpha_i^x \varphi(\|\boldsymbol{r}_j - \boldsymbol{r}_{bi}\|) \\ \Delta y_j &= \sum_{i=N_1}^{N_b} \alpha_i^y \varphi(\|\boldsymbol{r}_j - \boldsymbol{r}_{bi}\|) \\ \Delta z_j &= \sum_{i=N_1}^{N_b} \alpha_i^z \varphi(\|\boldsymbol{r}_j - \boldsymbol{r}_{bi}\|) \end{aligned} \tag{2.66}$$

　　本节基于径向基函数与曲线长度的一维、二维和三维无限插值来计算不在参数曲面上的边、面和块内网格点的位移，而对于飞行器设计曲面网格的更新，由参数化建模完成，并作为网格变形输入。物面网格节点的信息根据网格文件与边界条件信息文件进行提取，主要提取网格块编号、JKL 编号及初始坐标等信息。进一步利用无限插值进行网格变形。

　　基于已知的网格块顶点的位移，进行一维、二维以及三维曲线的无限插值计算就可以得到块内网格点位移，首先对边进行一维无限插值。例如，对于沿 i 方向的一维无限插值可如下表示 [27,28]：

$$\Delta \boldsymbol{E}(i,0,0) = (1 - s_{i,0,0})\Delta \boldsymbol{P}(0,0,0) + s_{i,0,0}\Delta \boldsymbol{P}(NI,0,0) \tag{2.67}$$

$\Delta \boldsymbol{E}$ 为边的位移，$\Delta \boldsymbol{P}(0,0,0)$ 和 $\Delta \boldsymbol{P}(NI,0,0)$ 为边上两个顶点的位移，s 为沿 i 方向的归一化曲线参数。

$$s_{i,j,k} = \frac{\sum\limits_{m=1}^{i} \|\boldsymbol{x}_{m,j,k} - \boldsymbol{x}_{m-1,j,k}\|_2}{\sum\limits_{m=1}^{NI} \|\boldsymbol{x}_{m,j,k} - \boldsymbol{x}_{m-1,j,k}\|_2} \tag{2.68}$$

　　进一步采用 TFI 方法进行块内网格更新。TFI 方法已经被广泛地用来实现网格变形。本节采用 TFI 方法计算网格块内网格点的位移，该方法是一个三步递推算法。第一步采用线性插值来计算 ξ 方向的内部位移。

$$\mathrm{d}\boldsymbol{x}^1(\xi,\eta,\gamma) = (1 - s_{\xi,\eta,\gamma})\mathrm{d}\boldsymbol{x}(0,\eta,\gamma) + s_{\xi,\eta,\gamma}\mathrm{d}\boldsymbol{x}(NI,\eta,\gamma)$$

然后将位移叠加到 η 方向

$$\begin{aligned}\mathrm{d}\boldsymbol{x}^2(\xi,\eta,\gamma) =&\mathrm{d}\boldsymbol{x}^1(\xi,\eta,\gamma) + (1 - t_{\xi,\eta,\gamma})(\mathrm{d}\boldsymbol{x}(\xi,0,\gamma) \\ &- \mathrm{d}\boldsymbol{x}^1(\xi,0,\gamma)) + t_{\xi,\eta,\gamma}(\mathrm{d}\boldsymbol{x}(\xi,NJ,\gamma) - \mathrm{d}\boldsymbol{x}^1(\xi,NJ,\gamma))\end{aligned} \tag{2.69}$$

类似地，在 γ 方向上

$$\begin{aligned}\mathrm{d}\boldsymbol{x}^3(\xi,\eta,\gamma) =&\mathrm{d}\boldsymbol{x}^2(\xi,\eta,\gamma) + (1 - u_{\xi,\eta,\gamma})(\mathrm{d}\boldsymbol{x}(\xi,\eta,0) \\ &- \mathrm{d}\boldsymbol{x}^2(\xi,\eta,0)) + t_{\xi,\eta,\gamma}(\mathrm{d}\boldsymbol{x}(\xi,\eta,NK) - \mathrm{d}\boldsymbol{x}^2(\xi,\eta,NK))\end{aligned} \tag{2.70}$$

式中，NI, NJ, NK 为网格块中的网格点维数，$s_{\xi,\eta,\gamma}$、$t_{\xi,\eta,\gamma}$、$u_{\xi,\eta,\gamma}$ 的表达式为

$$s_{\xi,\eta,\gamma} = \frac{\displaystyle\sum_{m=1}^{\xi} \|\boldsymbol{x}_{m,j,k} - \boldsymbol{x}_{m-1,j,k}\|}{\displaystyle\sum_{m=1}^{NI} \|\boldsymbol{x}_{m,j,k} - \boldsymbol{x}_{m-1,j,k}\|}$$

$$t_{\xi,\eta,\gamma} = \frac{\displaystyle\sum_{m=1}^{\xi} \|\boldsymbol{x}_{i,m,k} - \boldsymbol{x}_{i,m-1,k}\|}{\displaystyle\sum_{m=1}^{NJ} \|\boldsymbol{x}_{i,m,k} - \boldsymbol{x}_{i,m-1,k}\|}$$

$$u_{\xi,\eta,\gamma} = \frac{\displaystyle\sum_{m=1}^{\xi} \|\boldsymbol{x}_{i,j,m} - \boldsymbol{x}_{i,j,m-1}\|}{\displaystyle\sum_{m=1}^{NK} \|\boldsymbol{x}_{i,j,m} - \boldsymbol{x}_{i,j,m-1}\|}$$

基于上述步骤, 完成网格变形 $\mathrm{d}\boldsymbol{x}(\xi, \eta, \gamma) = \mathrm{d}\boldsymbol{x}^3(\xi, \eta, \gamma)$, 图 2-11 为采用 RBF-TFI 算法进行的气动弹性大幅度网格变形, 可以看出 RBF-TFI 具有保持网格一致性的能力; 图 2-12 给出了 RBF-TFI 方法网格变形前后对比。

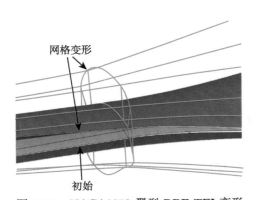

图 2-11 NACA0012 翼型 RBF-TFI 变形后网格

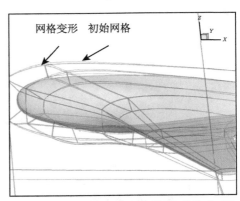

图 2-12 RBF-TFI 方法网格变形前后对比

为了提高变形速率, 本节在网格变形中采用计算机并行处理 [31](图 2-13), 对空间网格分层变形, 其具体并行机制如下:

```
Call MPI_Init(ierr)                                对MPI并行环境初始化
Call MPI_Comm_size(MPI_COMM_WRLD,numprocs,ierr)    获取通信域进程数
Call MPI_Comm_rank(MPI_COMM_WORLD,myid,ierr)       获取当前进程号
if (myid .eq. myhost) then
Call GridBCread()                                  主节点网格、边界条件文件读入
```

```
Call RBFpointExtract()                              提取网格边界、空间角点
Call RBFpointUpdate()                               主节点进行空间网格角点更新计算
endif
call MPI_Bcast(buff,count,datatype,myhost,comm,ierr)    向其他进程"广播"
call task_dist(numprocs, ng)                        负载分配
do ng=1,ngrid                                       当前进程多区域网格循环
if(taskid(ng).eq. myid) then
  call TFI_grid()                                   当前进程无限插值运算、网格变形
  endif
if (myid .eq. taskid(ng)) then                      信息发送(阻塞式通信)
    call MPI_send(A,1,MPI_real, 1, 99, myhost,ierr)
else if(myid .eq. myhost) then                      信息接收(阻塞式通信)
call MPI_recv(A,1,MPI_real, 0, 99, taskid(ng),ierr )
endif
enddo
if(myid .eq. myhost) then
Call New_grid_output()                              新网格文件输出
endif
call MPI_Finalize(ierr)                             MPI并行环境
结束
```

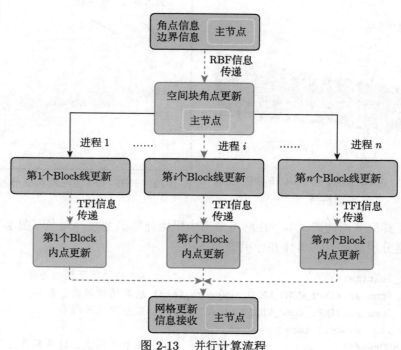

图 2-13　并行计算流程

参 考 文 献

[1] 陈宝林. 最优化理论与算法 [M]. 北京: 清华大学出版社, 2002: 98-106.

[2] 袁亚湘, 孙文瑜. 最优化理论与方法 [M]. 北京: 科学出版社, 1999.

[3] Hestens M R, Stiefel E L. Methods of conjugate gradients for solving linear systems [J]. Journal of Research of the National Bureau of Standards, 1952, 49(6): 99-147.

[4] 马昌凤. 最优化方法及其 Matlab 程序设计 [M]. 北京: 科学出版社, 2010.

[5] Nocedal J, Wright S J. Numerical Optimization[M]. Berlin: Springer, 2006.

[6] Yu J, Huang J T, Hao D, et al. Aerodynamic shape optimization of the common research model based on improved SQP algorithm[C]. 2018 Asia-Pacific International Symposium on Aerospace Technology (APISAT2018) Chengdu, China. Oct 16-18, 2018, https://doi.org/10.1007/978-981-13-3305-7_90.

[7] Fiacco A V, McCormick G P. Nonlinear Programming: Sequential Unconstrained Minimization Technique[M]. Philadelphia: Society for Industrial and Applied Mathematics, 1990.

[8] Courant R. Variational methods for the solution of problems with equilibrium and vibration [J]. Bull. Amer. Math. Soc., 1943, 49: 1-23.

[9] Stroud W J, Dexter C B, Stein M. Automated procedure for design of wing structures to satisfy strength and flutter requirements[R]. NASA TN D-6534, No.L-8592, 1973.

[10] Hestenes M R. Multipliter and gradient methods[J]. Journal of Optimization Theory and Applications, 1969, 4: 303-320.

[11] Powell M J D. A Method for Nonlinear Constraints in Minimization Problem, Optimization[M]. New York: Academic Press, 1969: 283-298.

[12] Hicks R M, Henne P A. Wing design by numerical optimization[J]. Journal of Aircraft, 1978, 15(7): 407-412.

[13] Kirkpatrick S, Gelatt C D, Vecchi M P. Optimi-zation by simulated annealing[J]. Science, 1983, 220: 671-680.

[14] Kulfan B M. A universal parametric geometry representation method — 'CST'[C]. AIAA Paper 2007-62, 2007.

[15] Kulfan B M, Bussoletti J E. Fundamental parametric geometry representations for aircraft component shapes[C]. AIAA-2006-6948, 11th AIAA/ISSMO Multidisciplinary Analysis and Optimization Conference: The Modeling and Simulation Frontier for Multidisciplinary Design Optimization, 6-8 September, 2006.

[16] 朱心雄, 等. 自由曲线曲面造型技术 [M]. 北京: 科学出版社, 2000.

[17] 施法中. 计算机辅助几何设计与非均匀有理 B 样条 (CAGD&NURBS)[M]. 北京: 北京航空航天大学出版社, 1994.

[18] Samareh J A. Aerodynamic shape optimization based on free-form deformation[C]. AIAA Paper 2004-4630, 2004.

[19] Sederberg T W, Parry S R. Freeform deformation of solid geometric models. computer graphics[J]. SIGGRAPH Comput. Graph., 1986, 22(4): 151-160.

[20] Yeh T P, Vance J M. Applying virtual reality techniques to sensitivity based structural shape design[C]. Proceedings of 1997 ASME Design Engineering Technical Conferences, 1997: 1-9.

[21] Huang J T, Zhou Z, Gao Z H. Aerodynamic many objective integrated optimization based on principle components analysis[J]. Chinese Journal of Aeronautics, 2017, 30(4): 1336-1348.

[22] Gao Z H, Zhao K, Wang C. Aerodynamic shape optimization of BWB aircraft based on multizone collaborative optimization design method[C]. AIAA 2015-2878, 2015.

[23] Tezduyar T E, Behr M, Liou J. A new strategy for finite element computations involving moving boundaries and interfaces-the deforming-spatial domain/space-time procedure: I. the concept and the preliminary tests[J]. Computer Method in Applied Mechanics and Engineering, 1992, 94(3): 393-351.

[24] Nielsen E J, Anderson W K. Recent improvements in aerodynamic design optimization on unstructured meshes[J]. AIAA Journal, 2001, 40(6): 1155-1163.

[25] Buhmann M. Radial Basis Functions[M]. Cambridge: Cambridge University Press, 2005.

[26] Wendland H. Fast evaluation of radial basis functions: methods based on partition of unity[M]//Schumaker J J. Approximation Theory X: Wavelets, Splines, and Applications. Nashville, Texas, USA: Vanderbilt University Press, 2002: 473-483.

[27] Spekreijse S P, Boerstoel J W, An Algorithm to check the topological validity of multi-block domain decompositions[C]. Proceeding's 6th International Conference on Numerical Grid Generation in Computational Field Simulations, Greenwich, 1998.

[28] Smith R E. Transfinite Interpolation (TFI) Generation Systems[M]//Weatherill N P, Thompson J F, Soni B K. Handbook of Grid Generation. Boca Raton: CRC Press,1999.

[29] Rendall T C S, Allen C B. Unified fluid-structure interpolation and mesh motion using radial basis functions[J]. International Journal for Numerical Methods in Engineering, 2008, 74(10): 1519-1559.

[30] Boer A, Schoot M S, Faculty H B. Mesh deformation based on radial basis function interpolation[J]. Computers and Structures, 2007, 85(11): 784-795.

[31] Snir M, Otto S, Huss-Lederman S, et al. MPI: The Complete Reference[M]. London: The MIT Press, 1996.

第 3 章　基于流场离散伴随方程的梯度求解

基于流动变分思想的分析手段以其独有的优势，在气动设计、网格误差修正等领域扮演着重要角色，针对不同形式的主控方程，CFD 学者们发展出了连续伴随和离散伴随方程 [1-5]，并进行了相应的求解方式研究，以期高效地获得气动特性对设计变量的梯度信息，由于该项技术求解梯度信息的工作量几乎与设计变量个数无关，因此，备受 CFD 研究人员以及气动优化设计研究人员的重视。其中，由于离散伴随方程与 Navier-Stokes 方程 (简称 N-S 方程) 清晰的导数关系，实现起来比较方便，梯度信息更为准确等优点，离散伴随方程在伴随系统研究领域最为关注，也是国内外空气动力学研究机构重点发展的研究方向，各科研机构均基于自身研发的大型并行 CFD 计算代码发展了离散伴随优化系统，例如，NASA Langley 研究中心利用自动微分工具开发了基于结构化求解器 CFL3D、非结构化求解器 FUN3D 的离散伴随优化系统 [6,7]；德国宇航中心基于结构化求解器 Flower、非结构化求解器 TAU 发展了离散伴随优化系统 [8]，法国航空航天研究院基于 CFD 代码 elsA 开发了离散伴随优化系统 [9]，Qin 等 [10] 开展了基于结构化网格的并行离散伴随优化。

国内在离散伴随方程求解器自主研发方面也取得了一定的进展，例如，西北工业大学左英桃等基于结构化网格求解器开展了 M6 机翼离散伴随优化 [11]；熊俊涛等 [12] 基于显式时间推进实现了离散伴随方程的求解，屈崑等利用 Tapenade 自动微分工具进行通量变分，按照矩阵模式组装到全局稀疏矩阵，实现了稳态 CFD 的伴随系统求解 [13]；西安交通大学张朝磊等基于离散伴随理论和自动微分技术构建了离散伴随系统，应用于透平叶栅的气动优化 [14]；南京航空航天大学关键基于非结构求解器进行了翼型离散伴随无黏优化 [15]；中国空气动力研究与发展中心李彬等基于非结构求解器实现了离散伴随系统的开发 [16]。

对于离散伴随优化设计系统的研究，本章将对离散伴随方程求解梯度信息的若干问题开展系统的研究，基于中国空气动力研究与发展中心自主研发的大型并行结构化网格 RANS 求解器 PMB3D[17]，开展离散伴随系统构造的关键问题梳理和阐释。

3.1　离散伴随方程求解梯度的基本原理

对于任意学科，包括流体、结构、噪声、电磁、热力学分析等，其对应的设计

目标函数的最小化优化问题 [1,2] 为

$$\min_{w.r.t.\ \boldsymbol{X}} I\left(\boldsymbol{W},\boldsymbol{X}\right) \tag{3.1}$$

其中，$\boldsymbol{W},\boldsymbol{X}$ 分别为学科场变量和设计变量，针对各个学科分析，在学科残差 $\boldsymbol{R}(\boldsymbol{W},\boldsymbol{X})=0$ 约束条件下，引入拉格朗日算子可以构造以下目标函数：

$$L = I + \boldsymbol{\Lambda}^{\mathrm{T}} \boldsymbol{R} \tag{3.2}$$

对式 (3.2) 进行求导可得

$$\begin{aligned}
\frac{\mathrm{d}I}{\mathrm{d}\boldsymbol{X}} &= \frac{\mathrm{d}}{\mathrm{d}\boldsymbol{X}} \left(I\left(\boldsymbol{W},\boldsymbol{X}\right) + \boldsymbol{\Lambda}^{\mathrm{T}} \boldsymbol{R}\left(\boldsymbol{W},\boldsymbol{X}\right) \right) \\
&= \left\{ \frac{\partial I}{\partial \boldsymbol{W}} \cdot \frac{\mathrm{d}\boldsymbol{W}}{\mathrm{d}\boldsymbol{X}} + \frac{\partial I}{\partial \boldsymbol{X}} \right\} + \boldsymbol{\Lambda}^{\mathrm{T}} \left\{ \frac{\partial \boldsymbol{R}}{\partial \boldsymbol{W}} \cdot \frac{\mathrm{d}\boldsymbol{W}}{\mathrm{d}\boldsymbol{X}} + \frac{\partial \boldsymbol{R}}{\partial \boldsymbol{X}} \right\} \\
&= \left\{ \frac{\partial I}{\partial \boldsymbol{W}} + \boldsymbol{\Lambda}^{\mathrm{T}} \frac{\partial \boldsymbol{R}}{\partial \boldsymbol{W}} \right\} \frac{\mathrm{d}\boldsymbol{W}}{\mathrm{d}\boldsymbol{X}} + \left\{ \frac{\partial I}{\partial \boldsymbol{X}} + \boldsymbol{\Lambda}^{\mathrm{T}} \frac{\partial \boldsymbol{R}}{\partial \boldsymbol{X}} \right\}
\end{aligned} \tag{3.3}$$

从式 (3.3) 可以看出，若找到合适的 $\boldsymbol{\Lambda}$ 使得右端第一项为 0，可完全消除 $\frac{\mathrm{d}\boldsymbol{W}}{\mathrm{d}\boldsymbol{X}}$ 的计算量，即

$$\frac{\partial I}{\partial \boldsymbol{W}} + \boldsymbol{\Lambda}^{\mathrm{T}} \frac{\partial \boldsymbol{R}}{\partial \boldsymbol{W}} = 0 \tag{3.4}$$

式 (3.4) 就是各个学科对应的伴随方程，通过求解 $\boldsymbol{\Lambda}$ 后，则可进行各个学科对设计变量的梯度信息快速求解，即

$$\frac{\mathrm{d}I}{\mathrm{d}\boldsymbol{X}} = \left\{ \frac{\partial I}{\partial \boldsymbol{X}} + \boldsymbol{\Lambda}^{\mathrm{T}} \frac{\partial \boldsymbol{R}}{\partial \boldsymbol{X}} \right\} \tag{3.5}$$

$$\begin{cases} \dfrac{\partial I}{\partial \boldsymbol{X}} \approx \dfrac{I(\boldsymbol{W},\boldsymbol{X}+\Delta\boldsymbol{X}) - I(\boldsymbol{W},\boldsymbol{X})}{\Delta \boldsymbol{X}} \\[2mm] \dfrac{\partial \boldsymbol{R}}{\partial \boldsymbol{X}} \approx \dfrac{\boldsymbol{R}(\boldsymbol{W},\boldsymbol{X}+\Delta\boldsymbol{X}) - \boldsymbol{R}(\boldsymbol{W},\boldsymbol{X})}{\Delta \boldsymbol{X}} \end{cases} \tag{3.6}$$

可以看出，伴随方程实质是对学科分析及其对应的物理场进行变分，通过链式求导进行灵敏度求解，其根本目的是避免学科分析大规模迭代、直接求解问题带来的灵敏度分析计算量，消除灵敏度分析计算量与设计变量个数的关系，其计算量仅仅与目标函数个数相关。其核心环节、难点是伴随方程雅可比构造及右端项目标函数对物理场的变分。

3.2 Navier-Stokes 方程数值求解

3.2.1 流动控制方程

目前, 基于雷诺平均的 N-S 方程求解器是进行飞行器气动设计评估的主流方法, 已经广泛应用到航空航天领域。本章的流场求解器采用有限体积方法的 RANS 方程方法进行流场数值模拟。三维笛卡儿坐标系下的守恒形式流场控制方程 (N-S 方程) 具有以下表达形式 [18]:

$$\frac{\partial}{\partial t}\left(\boldsymbol{W}\right) + \frac{\partial}{\partial x}\left(\boldsymbol{f} - \boldsymbol{f}_v\right) + \frac{\partial}{\partial y}\left(\boldsymbol{g} - \boldsymbol{g}_v\right) + \frac{\partial}{\partial z}\left(\boldsymbol{h} - \boldsymbol{h}_v\right) = 0 \tag{3.7}$$

其中, t 为时间, 守恒变量 $\boldsymbol{W}$ 为

$$\boldsymbol{W} = \begin{pmatrix} \rho \\ \rho u \\ \rho v \\ \rho w \\ \rho E \end{pmatrix} \tag{3.8}$$

对流通量项定义为

$$\boldsymbol{f} = \begin{pmatrix} \rho u \\ \rho u^2 + p \\ \rho uv \\ \rho uw \\ u\left(\rho E + p\right) \end{pmatrix}, \quad \boldsymbol{g} = \begin{pmatrix} \rho v \\ \rho v^2 + p \\ \rho vu \\ \rho vw \\ v\left(\rho E + p\right) \end{pmatrix}, \quad \boldsymbol{h} = \begin{pmatrix} \rho w \\ \rho w^2 + p \\ \rho wu \\ \rho wv \\ w\left(\rho E + p\right) \end{pmatrix} \tag{3.9}$$

其中, ρ 为密度, u, v, w 为笛卡儿速度分量, p 为压力, E 为总能量。黏性通量项定义为

$$\boldsymbol{f}_v = \begin{pmatrix} 0 \\ \tau_{xx} \\ \tau_{xy} \\ \tau_{xz} \\ (\tau U)_x - q_x \end{pmatrix}, \quad \boldsymbol{g} = \begin{pmatrix} 0 \\ \tau_{yx} \\ \tau_{yy} \\ \tau_{yz} \\ (\tau U)_y - q_y \end{pmatrix}, \quad \boldsymbol{h} = \begin{pmatrix} 0 \\ \tau_{zx} \\ \tau_{zy} \\ \tau_{zz} \\ (\tau U)_z - q_z \end{pmatrix} \tag{3.10}$$

剪切应力张量 $\boldsymbol{\tau}$ 为

$$\tau_{xx} = \frac{2}{3}\mu \left(2\frac{\partial u}{\partial x} - \frac{\partial v}{\partial y} - \frac{\partial w}{\partial z} \right)$$

$$\tau_{yy} = \frac{2}{3}\mu \left(-\frac{\partial u}{\partial x} + 2\frac{\partial v}{\partial y} - \frac{\partial w}{\partial z} \right)$$

$$\tau_{zz} = \frac{2}{3}\mu \left(-\frac{\partial u}{\partial x} - \frac{\partial v}{\partial y} + 2\frac{\partial w}{\partial z} \right)$$

$$\tau_{xy} = \tau_{yx} = \mu \left(\frac{\partial v}{\partial x} + \frac{\partial u}{\partial y} \right) \tag{3.11}$$

$$\tau_{xz} = \tau_{zx} = \mu \left(\frac{\partial w}{\partial x} + \frac{\partial u}{\partial z} \right)$$

$$\tau_{zy} = \tau_{yz} = \mu \left(\frac{\partial v}{\partial z} + \frac{\partial w}{\partial y} \right)$$

其中，μ 为黏性系数。能量方程中的黏性耗散项可以由下式求解：

$$(\tau U)_x = \tau_{xx} u + \tau_{xy} v + \tau_{xz} w$$

$$(\tau U)_y = \tau_{yx} u + \tau_{yy} v + \tau_{yz} w \tag{3.12}$$

$$(\tau U)_z = \tau_{zx} u + \tau_{zy} v + \tau_{zz} w$$

传导引起的热通量可以通过以下公式进行求解：

$$q_x = -k\frac{\partial T}{\partial x}$$

$$q_y = -k\frac{\partial T}{\partial y} \tag{3.13}$$

$$q_z = -k\frac{\partial T}{\partial z}$$

其中，T 为温度，k 为热传导系数。对于量热完全气体，黏性系数 μ 可以通过 Sutherland 公式由下式求解

$$\frac{\mu}{\mu_\infty} = \left(\frac{T}{T_\infty} \right)^{3/2} \frac{T_\infty + S_1}{T + S_1} \tag{3.14}$$

式中，μ_∞ 为参考温度 T_∞ 对应的黏性系数，S_1 为常数，对于空气取 110.3K。假设普朗特数为常数 (对于空气 $Pr=0.72$)，则热传导系数 k 可以写为

$$k = \mu c_p / Pr \tag{3.15}$$

对于量热理想气体，等容比热和等压比热为常数，并可以通过 $c_v = R/(\gamma - 1)$ 和 $c_p = \gamma c_v$ 进行求解，其中 $\gamma = 1.4$，R 为气体常数，对于空气其值为 287J/(kg·K)。

为了使以上方程组封闭，必须将压力 p 与状态矢量 $\boldsymbol{W}$ 相关联，这种关系取决于气体的热力学特性，对于量热理想气体，有以下状态方程：

$$p = \rho e\,(\gamma - 1) = \rho c_v T\,(\gamma - 1) = \rho R T \tag{3.16}$$

其中，e 为内能，内能与总能量具有以下关系

$$e = E - \frac{1}{2}\left(u^2 + v^2 + w^2\right) \tag{3.17}$$

上面的 N-S 方程是一组二阶非线性偏微分方程组，很难给出解析解，通常需要进行数值求解，对于可压缩 N-S 方程，求解难点在于流场中会出现激波间断的现象，经过研究，有限体积方法在处理间断问题时具有很强的鲁棒性和计算精度。因此本节采用半离散有限体积方法进行 N-S 方程求解，空间通量项采用中心差分格式进行离散，时间推进采用 LU-SGS(Lower-Upper Symmetric Gauss Seidel) 方法 [19]。

如图 3-1 所示，在空间体 Ω 内对方程 (3.7) 进行积分，可得到如下积分形式 N-S 方程：

$$\int_{\Omega} \frac{\partial \boldsymbol{W}}{\partial t}\,\mathrm{d}V + \int_{\Omega} \mathrm{div}\boldsymbol{H}\,\mathrm{d}V = 0 \tag{3.18}$$

其中，$\boldsymbol{H} = (\boldsymbol{f} - \boldsymbol{f}_v, \boldsymbol{g} - \boldsymbol{g}_v, \boldsymbol{h} - \boldsymbol{h}_v)$ 为通量张量，对上式采用高斯定理可得

$$\int_{\Omega} \frac{\partial \boldsymbol{W}}{\partial t}\,\mathrm{d}V + \oint_{\partial\Omega} \boldsymbol{H} \cdot \boldsymbol{n}\,\mathrm{d}S = 0 \tag{3.19}$$

式中，$\boldsymbol{n}$ 为边界微元 $\mathrm{d}\Omega$ 的指向外侧的单位法向量。假设域 Ω 为图 3-2 中编号 $i, j,$ k 的单元，并且 $\boldsymbol{W}_{i,j,k}$ 位于单元中心，其值为整个单元的 W 的均值，则方程 (3.7) 可近似写为

$$\frac{\mathrm{d}}{\mathrm{d}t}\left(V_{i,j,k}\boldsymbol{W}_{i,j,k}\right) + \boldsymbol{Q}_{i,j,k} = 0 \tag{3.20}$$

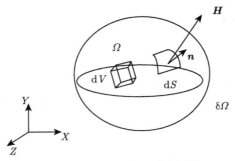

图 3-1　任意计算域示意图 [18]

$V_{i,j,k}$ 为单元的体积，$Q_{i,j,k}$ 为流入流出单元边界的净通量。

$$Q_{i,j,k} = h_{i+1/2,j,k} - h_{i-1/2,j,k} + h_{i,j+1/2,k} - h_{i,j-1/2,k} + h_{i,j,k+1/2} - h_{i,j,k-1/2} \quad (3.21)$$

其中，$h_{i-1/2,j,k}$ 为从 I 方向通过单元左侧边界 $ABCD$ 的通量，$h_{i-1/2,j,k}$，$h_{i,j-1/2,k}$，$h_{i,j,k-1/2}$ 三个通量为负号，是因为其法向量的方向与坐标方向相反。通量 $h_{i-1/2,j,k}$ 可以进一步表达为

$$h_{i-1/2,j,k} = \int_{ABCD} \boldsymbol{H} \cdot \boldsymbol{n} \mathrm{d}S = \boldsymbol{H}_{ABCD} \cdot \int_{ABCD} \boldsymbol{n} \mathrm{d}S \quad (3.22)$$

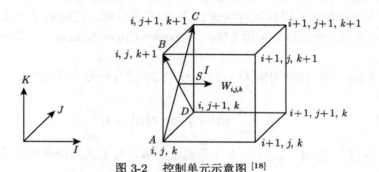

图 3-2 控制单元示意图 [18]

这表明面 $ABCD$ 上的通量等于该面上的通量矢量与面积矢量的标量乘积，也就是通量矢量在该面上的投影，而面积矢量可以通过矢量运算进行求解：

$$\int_{ABCD} \boldsymbol{n} \mathrm{d}S = \frac{1}{2} \boldsymbol{a}^1 \times \boldsymbol{a}^2 = \frac{1}{2} \begin{vmatrix} \boldsymbol{e}_x & \boldsymbol{e}_y & \boldsymbol{e}_z \\ a_x^1 & a_y^1 & a_z^1 \\ a_x^2 & a_y^2 & a_z^2 \end{vmatrix} = \frac{1}{2} \begin{bmatrix} a_y^1 a_z^2 - a_z^1 a_y^2 \\ a_z^1 a_x^2 - a_x^1 a_z^2 \\ a_x^1 a_y^2 - a_y^1 a_x^2 \end{bmatrix} = \begin{bmatrix} S_x^I \\ S_y^I \\ S_z^I \end{bmatrix}$$
$$(3.23)$$

其中，e_x, e_y, e_z 分别为 x, y, z 方向上的单位法向量，而向量 $\boldsymbol{a}^1$ 和 $\boldsymbol{a}^2$ 可以分别由下式给出：

$$\boldsymbol{a}^1 = \begin{bmatrix} a_x^1 \\ a_y^1 \\ a_z^1 \end{bmatrix} = \begin{bmatrix} x_{i,j+1,k+1} - x_{i,j,k} \\ y_{i,j+1,k+1} - y_{i,j,k} \\ z_{i,j+1,k+1} - z_{i,j,k} \end{bmatrix} \quad (3.24)$$

$$\boldsymbol{a}^2 = \begin{bmatrix} a_x^2 \\ a_y^2 \\ a_z^2 \end{bmatrix} = \begin{bmatrix} x_{i,j,k+1} - x_{i,j+1,k} \\ y_{i,j,k+1} - y_{i,j+1,k} \\ z_{i,j,k+1} - z_{i,j+1,k} \end{bmatrix} \quad (3.25)$$

以上介绍了 I 方向的通量及面积矢量的求解方法，而 J, K 方向与其类似，此处不再赘述。通过上面的分析，最终只需要再求解出各个面上的通量张量 $\boldsymbol{H}$ 就可以结合面积矢量计算出式 (3.20) 中的净通量 $\boldsymbol{Q}_{i,j,k}$，而通常需要将通量分为无黏通量和黏性通量两部分进行求解。

3.2.2 空间离散

本节采用 Jameson 中心差分格式 [20] 进行无黏通量项求解。对于 I 方向通量项 $\boldsymbol{H}^I$ 可以采用下式进行计算：

$$\boldsymbol{H}^I_{i+1/2} = \boldsymbol{H}^I \left(\frac{1}{2} \left[\boldsymbol{W}_{i,j,k} + \boldsymbol{W}_{i+1,j,k} \right] \right) \tag{3.26}$$

可见上式是通过交接面的状态矢量的平均值来计算无黏通量张量。

对于中心格式，为了更好地捕捉激波间断，同时消除违反熵条件的非物理解，通常需要添加二阶人工黏性项。此外，为了消除解中的奇偶振荡现象，需要添加四阶人工黏性项，除了激波和驻点等压力梯度很大的地方，流场中其他区域的二阶黏性项作用都很小；四阶差分项只在二阶人工黏性以外的地方使用，以防止在这些区域产生振荡。添加人工黏性项后方程离散形式可表达为 [21]

$$\frac{\mathrm{d}}{\mathrm{d}t} \left(V_{i,j,k} \boldsymbol{W}_{i,j,k} \right) + \boldsymbol{Q}_{i,j,k} - \boldsymbol{D}_{i,j,k} = 0 \tag{3.27}$$

其中，$\boldsymbol{D}_{i,j,k}$ 为人工黏性算子，其可以分解为

$$\boldsymbol{D}_{i,j,k} = \boldsymbol{d}_{i+1/2,j,k} - \boldsymbol{d}_{i-1/2,j,k} + \boldsymbol{d}_{i,j+1/2,k} - \boldsymbol{d}_{i,j-1/2,k} + \boldsymbol{d}_{i,j,k+1/2} - \boldsymbol{d}_{i,j,k-1/2} \tag{3.28}$$

单元的 $i-1/2, j, k$ 一侧的 I 方向耗散通量可由下式计算：

$$
\begin{aligned}
\boldsymbol{d}_{i-1/2,j,k} = {} & r_{i-1/2,j,k} \varepsilon^{(2)}_{i-1/2,j,k} \left(\boldsymbol{W}_{i,j,k} - \boldsymbol{W}_{i-1,j,k} \right) \\
& - r_{i-1/2,j,k} \varepsilon^{(4)}_{i-1/2,j,k} \left(\boldsymbol{W}_{i+1,j,k} - 3\boldsymbol{W}_{i,j,k} + 3\boldsymbol{W}_{i-1,j,k} - \boldsymbol{W}_{i-2,j,k} \right)
\end{aligned} \tag{3.29}
$$

J 和 K 方向也有相似的人工黏性形式。上式中 r 为比例因子，用来根据对流通量值大小来调整人工黏性。$\varepsilon^{(2)}$ 和 $\varepsilon^{(4)}$ 用来将人工黏性通量自适应地添加到对流通量中。

为了保证二阶人工黏性在激波间断等区域发挥作用，通常二阶黏性项需要与压力梯度直接相关，对于 I 方向，压力梯度通常可以采用如下的二阶差分表示：

$$\mu_{i,j,k} = \left| \frac{p_{i+1,j,k} - 2p_{i,j,k} + p_{i-1,j,k}}{p_{i+1,j,k} + 2p_{i,j,k} + p_{i-1,j,k}} \right| \tag{3.30}$$

定义以下开关项

$$\nu_{i-1/2,j,k} = \max\left(\mu_{i-1,j,k}, \mu_{i,j,k}\right) \tag{3.31}$$

二阶项和四阶项的系数 $\varepsilon^{(2)}$ 和 $\varepsilon^{(4)}$ 定义为

$$\varepsilon^{(2)}_{i-1/2,j,k} = k^{(2)} \nu_{i-1/2,j,k} \tag{3.32}$$

$$\varepsilon^{(4)}_{i-1/2,j,k} = \max\left(0.0, k^{(4)} - \varepsilon^{(2)}_{i-1/2,j,k}\right) \tag{3.33}$$

上述构造方式使得四阶人工黏性在间断区域附近自动关闭。对于 J 和 K 方向具有类似的表达式。式中参数 $k^{(2)}$ 和 $k^{(4)}$ 是用来调节耗散项的常数，一般取 $k^{(2)} = 1.0$，$k^{(4)} = 0.05$。

比例因子 r 的构造类似于通量分裂公式。定义 I 方向的比例因子为 [22]

$$r_{i-1/2,j,k} = \frac{1}{2}\left(\lambda^I_{i,j,k} + \lambda^I_{i-1,j,k}\right) \tag{3.34}$$

其中，λ^I 为通过单元面通量的雅可比矩阵的谱半径，其表达式为

$$\lambda^I = \left|S^I_x u + S^I_y v + S^I_z w\right| + c\sqrt{\left(S^I_x\right)^2 + \left(S^I_y\right)^2 + \left(S^I_z\right)^2} \tag{3.35}$$

在黏性区域，为了减小人工黏性对计算精度的影响，需要在靠近物面附近关闭人工黏性，设计如下阻尼函数：

$$\boldsymbol{d}_{i-1/2,j,k} = \left(\frac{|\boldsymbol{U}|}{|\boldsymbol{U}_\infty|}\right)^{(2n)} \cdot \boldsymbol{d}_{i-1/2,j,k} \tag{3.36}$$

其中 $n = 1, 2$ 或 3。通常可以只在垂直物面法向采用阻尼函数，因为在此方向上黏性通量很大，足以保证格式稳定。

黏性通量的计算比较简单，直接采用式 (3.10) 进行计算即可，其中应力张量中的速度梯度和热通量矢量中的温度梯度直接在单元面心进行计算，采用梯度理论并用下式进行计算：

$$\nabla\phi = \int \nabla\phi \mathrm{d}V / \mathrm{d}V = \frac{1}{\Omega} \int \phi \mathrm{d}S \tag{3.37}$$

3.2.3 时间推进

经过上面的离散和处理之后，可得到以下常微分方程组

$$\frac{\mathrm{d}}{\mathrm{d}t}\left(V_{i,j,k}\boldsymbol{W}_{i,j,k}\right) + \boldsymbol{R}_{i,j,k} = 0 \tag{3.38}$$

其中，$\boldsymbol{R}$ 为残差，包含了流出单元 i,j,k 的净通量及附加的人工黏性项。如果网格单元体积不发生变化，式 (3.38) 可以进一步简化为

$$\frac{\mathrm{d}}{\mathrm{d}t}\left(\boldsymbol{W}_{i,j,k}\right) + \frac{1}{V_{i,j,k}}\boldsymbol{R}_{i,j,k} = 0 \tag{3.39}$$

式 (3.39) 的求解通常采用显式推进和隐式推进两种方法，显式推进比较简单，易于编程实现且计算效率高，但是其最大的缺点是受限于时间步长，推进起来比较慢，导致求解收敛缓慢，且非常不稳定。为了克服显式时间推进的困难，本章节采用 LU-SGS 隐式时间推进方法求解。在第 n 层时间步对残差进行线性化处理[19]：

$$\left(\frac{V}{\Delta t}\boldsymbol{I} + \frac{\partial \boldsymbol{R}}{\partial \boldsymbol{W}}\right)\Delta \boldsymbol{W} = -\boldsymbol{R}\left(\boldsymbol{W}^{n}\right) \tag{3.40}$$

其中，$\boldsymbol{I}$ 为单位矩阵，上式是一个典型的大型稀疏线性系统，需要在每一时间步求解；$\partial\boldsymbol{R}/\partial\boldsymbol{W}$ 代表由通量线性化产生的雅可比矩阵。直接求解以上线性方程组需要进行大型稀疏带状矩阵的求逆，无论从计算耗费和存储等各方面都不现实。可以采用迭代求解方法进行方程组的求解。

首先，需要对式 (3.40) 进行对角占优化处理以满足松弛法的稳定性要求。这可以通过对一阶 Steger 和 Warming 通量矢量分裂的数值通量进行线性化来实现：

$$\left[\frac{V}{\Delta t}\boldsymbol{I} + \boldsymbol{A}^{+}_{i+1/2} - \boldsymbol{A}^{-}_{i-1/2} + \boldsymbol{A}^{+}_{j+1/2} - \boldsymbol{A}^{-}_{j-1/2} + \boldsymbol{A}^{+}_{k+1/2} - \boldsymbol{A}^{-}_{k-1/2}\right]\Delta \boldsymbol{W}_{i,j,k}$$

$$+ \boldsymbol{A}^{-}_{i+1/2}\Delta \boldsymbol{W}_{i+1,j,k} + \boldsymbol{A}^{-}_{j+1/2}\Delta \boldsymbol{W}_{i,j+1,k} + \boldsymbol{A}^{-}_{k+1/2}\Delta \boldsymbol{W}_{i,j,k+1}$$

$$- \boldsymbol{A}^{+}_{i-1/2}\Delta \boldsymbol{W}_{i-1,j,k} + \boldsymbol{A}^{+}_{j-1/2}\Delta \boldsymbol{W}_{i,j-1,k} + \boldsymbol{A}^{+}_{k-1/2}\Delta \boldsymbol{W}_{i,j,k-1} = -\boldsymbol{R}\left(\boldsymbol{W}^{n}\right)_{i,j,k} \tag{3.41}$$

采用以下近似方法求解分裂雅可比矩阵

$$\boldsymbol{A}^{\pm} = \frac{1}{2}\left(\boldsymbol{A} \pm r_{A}\boldsymbol{I}\right) \tag{3.42}$$

其中

$$r_{A} = \kappa \max\left(|\lambda_{A}|\right) \tag{3.43}$$

其中，λ_{A} 为雅可比矩阵 $\boldsymbol{A}$ 的特征值；常数 κ 大于等于 1，用来控制收敛和稳定特性。式 (3.41) 中的隐式算子可以进一步简化为

$$\left(\boldsymbol{A}^{+}_{i+1/2} - \boldsymbol{A}^{-}_{i-1/2}\right)_{i,j,k} = \left(\widetilde{r}_{A}\right)_{i,j,k}\boldsymbol{I} \tag{3.44}$$

$\widetilde{r}_A$ 可以通过式 (3.43) 采用面平均矢量 $1/2\left(s_{i+1/2} - s_{i-1/2}\right)$ 在单元格心求解。为了避免显式求解 $\boldsymbol{A}$，采用下式代替 $\boldsymbol{A}^{\pm}\Delta\boldsymbol{W}$

$$\boldsymbol{A}^{\pm}\Delta\boldsymbol{W} = \frac{1}{2}\left(\Delta\boldsymbol{F} \pm r_A\Delta\boldsymbol{W}\right) \tag{3.45}$$

其中，$\Delta\boldsymbol{F}$ 代表对流通量的时间增量。将式 (3.41) 中的隐式算子分解整理为三个矩阵和的形式

$$(\boldsymbol{E} + \boldsymbol{D} + \boldsymbol{F})\,\Delta\boldsymbol{W} = -\boldsymbol{R}^n \tag{3.46}$$

其中

$$\boldsymbol{E} = \left(\boldsymbol{A}_{i-1/2}^{+}\right)_{i-1,j,k} - \left(\boldsymbol{A}_{j-1/2}^{+}\right)_{i,j-1,k} - \left(\boldsymbol{A}_{k-1/2}^{+}\right)_{i,j,k-1}$$
$$\boldsymbol{F} = \left(\boldsymbol{A}_{i+1/2}^{-}\right)_{i+1,j,k} - \left(\boldsymbol{A}_{j+1/2}^{-}\right)_{i,j+1,k} - \left(\boldsymbol{A}_{k+1/2}^{-}\right)_{i,j,k+1}$$
$$\boldsymbol{D} = \frac{V}{\Delta t}\boldsymbol{I} + \left(\boldsymbol{A}_{i+1/2}^{+} - \boldsymbol{A}_{i-1/2}^{-} + \boldsymbol{A}_{j+1/2}^{+} - \boldsymbol{A}_{j-1/2}^{-} + \boldsymbol{A}_{k+1/2}^{+} - \boldsymbol{A}_{k-1/2}^{-}\right)_{i,j,k}$$
$$\tag{3.47}$$

$\boldsymbol{E}$ 仅包含下三角部分，$\boldsymbol{F}$ 仅含有上三角部分，$\boldsymbol{D}$ 为隐式算子的主对角部分。式 (3.46) 可以采用对称逐次超松弛 (SSOR) 方法来进行求逆。SSOR 方法每次迭代执行两次扫描，一次前向扫描和一次后向扫描，写成算子形式：

$$(\boldsymbol{E} + \boldsymbol{D})\,\Delta\boldsymbol{W}^{k+1/2} = -\boldsymbol{R}^n - \boldsymbol{F}\Delta\boldsymbol{W}^k$$
$$(\boldsymbol{F} + \boldsymbol{D})\,\Delta\boldsymbol{W}^{k+1} = -\boldsymbol{R}^n - \boldsymbol{E}\Delta\boldsymbol{W}^{k+1/2} \tag{3.48}$$

其中，k 为迭代索引，通过在斜平面上扫描，非对角线项 $\boldsymbol{E}\Delta\boldsymbol{W}^{k+1/2}$ 和 $\boldsymbol{F}\Delta\boldsymbol{W}^k$ 分别成为已知并添加到右手边。进一步引入式 (3.46)，方程进一步简化为标量对角阵，对方程进一步因式分解：

$$(\boldsymbol{E} + \boldsymbol{D})\,\boldsymbol{D}^{-1}\,(\boldsymbol{F} + \boldsymbol{D})\,\Delta\boldsymbol{W} = -\boldsymbol{R}^n \tag{3.49}$$

LU-SGS 格式采用由前向和后向扫描进行求逆

$$(\boldsymbol{E} + \boldsymbol{D})\,\Delta\boldsymbol{W}^* = -\boldsymbol{R}^n$$
$$(\boldsymbol{F} + \boldsymbol{D})\,\Delta\boldsymbol{W} = \boldsymbol{D}\Delta\boldsymbol{W}^* \tag{3.50}$$

扫描的完成方式与已经描述的 SSOR 方法完全相同。事实上，将 $\boldsymbol{D}\Delta\boldsymbol{W}^* = -\boldsymbol{R}^n - \boldsymbol{E}\Delta\boldsymbol{W}^*$ 代入上式将变成如下的 LU-SSOR 格式：

$$(\boldsymbol{E} + \boldsymbol{D})\,\Delta\boldsymbol{W}^* = -\boldsymbol{R}^n$$
$$(\boldsymbol{F} + \boldsymbol{D})\,\Delta\boldsymbol{W} = -\boldsymbol{R}^n - \boldsymbol{E}\Delta\boldsymbol{W}^* \tag{3.51}$$

通过以上的分解和迭代，大幅简化了矩阵方程求逆的过程。

3.2.4 边界条件与湍流模型

边界条件分别采用远场边界、壁面边界和对接面边界。其中远场采用基于特征不变量的远场边界，壁面为无滑移壁面，对于对称面、进排气等边界条件在后续章节将结合伴随方程边界处理进行详细说明。

为了模拟流场中的湍流运动，本节采用了基于 RANS 方程耦合涡黏湍流模型的方法进行湍流模拟，主要采用了一方程湍流模型 SA(Spalart-Allmaras)[23] 和 Menter 的 SST(Shear Strees Transport)[24] 两方程湍流模型。

3.3 流场伴随方程的构建及灵敏度求解

对于飞行器空气动力学外形优化设计问题，我们不妨令 I 为气动性能参数，包含飞行器的升力、阻力、力矩、热流、进气道总压恢复、喷管推力损失等一切与流动相关的参数，目标函数 I 是关于流场 $\boldsymbol{W}$ 和设计变量 $\boldsymbol{X}$ 的函数:

$$\min_{w.r.t.D} I(\boldsymbol{W}, \boldsymbol{X}) \tag{3.52}$$

考虑流场残差约束 $\boldsymbol{R}(\boldsymbol{W}, \boldsymbol{X}) = 0$，同时回顾 3.1 节的推导，直接可以构造出流场伴随方程:

$$\frac{\partial I}{\partial \boldsymbol{W}} + \boldsymbol{\Lambda}^{\mathrm{T}} \frac{\partial \boldsymbol{R}}{\partial \boldsymbol{W}} = 0 \tag{3.53}$$

式 (3.53) 就是流场伴随方程，通过迭代方法求解 $\boldsymbol{\Lambda}$ 之后，可以通过式 (3.5) 进行梯度信息快速求解。下面章节将详细给出典型推导过程 [3]。

显然，离散伴随方程构造核心是对 N-S 方程右端残差项进行变分推导，我们以中心格式为推导案例，涉及对流项、人工黏性项、黏性项部分，以及边界条件的处理。对各项的变分可以进行手工推导，也可以借助自动微分工具 (如 Tapenade、ADIFOR 等) 的后向模式来完成，前者的优点是程序运行效率较高、不依赖于第三方库支持，缺点是工作烦琐，容易出错；后者的优点是简捷方便，缺点是依赖于第三方库支持、计算效率略低及内存需求偏大等。为方便程序管理、简化程序编译调试选项，加深对离散伴随方程推导构造过程的理解，本节采用手工推导方式。

关于离散伴随方程对流项的处理。离散伴随方程对流项的构造主要依赖空间离散格式、插值精度的选择，不同的空间离散格式及插值精度会产生不同的模板需求，尤其对于高精度格式来讲，其无黏项的离散伴随构造将极其复杂。由于二阶精度的中心格式构造简单，在亚、跨、超声速流场数值模拟中表现鲁棒，在实际工程应用较多。

对于式 (3.53) 中的 $\boldsymbol{\Lambda}^{\mathrm{T}}\dfrac{\partial \boldsymbol{R}}{\partial \boldsymbol{W}}$ 项, 可以分解为以下几个部分:

$$\boldsymbol{\Lambda}^{\mathrm{T}}\frac{\partial \boldsymbol{R}}{\partial \boldsymbol{W}} = \boldsymbol{\Lambda}^{\mathrm{T}}\frac{\partial \boldsymbol{R}_{\mathrm{c}}}{\partial \boldsymbol{W}} - \boldsymbol{\Lambda}^{\mathrm{T}}\frac{\partial \boldsymbol{R}_{\mathrm{D}}}{\partial \boldsymbol{W}} - \boldsymbol{\Lambda}^{\mathrm{T}}\frac{\partial \boldsymbol{R}_{v}}{\partial \boldsymbol{W}} \tag{3.54}$$

式 (3.54) 右端分别代表伴随方程无黏项、人工黏性项和物理黏性项。

3.3.1 流场离散伴随方程无黏项

首先构造离散伴随方程无黏项部分 $\boldsymbol{\Lambda}^{\mathrm{T}}\dfrac{\partial \boldsymbol{R}_{\mathrm{c}}}{\partial \boldsymbol{W}}$, 由于中心格式无黏通量在曲线坐标系下 ξ, η, γ 三个方向上运算的独立性, 对于单元 (j, k, l) 离散伴随无黏项构造可以先只考虑 l 方向。为获取 $\boldsymbol{\Lambda}^{\mathrm{T}}\dfrac{\partial \boldsymbol{R}_{\mathrm{c}}}{\partial \boldsymbol{W}}$ 构造所需要的模板单元, 对式 (3.2) 无黏通量进行变分:

$$\delta \boldsymbol{L} = \delta \boldsymbol{I} + \sum_{j,k,l=2}^{j,k,l} \boldsymbol{\Lambda}_{j,k,l}^{\mathrm{T}}\delta \boldsymbol{R}(j, k, l) \tag{3.55}$$

对于 l 方向, 式 (3.55) 的右端第二项中 $\delta \boldsymbol{R}(j, k, l)$ 可以表达为

$$\begin{aligned}
\delta \boldsymbol{R}(j, k, l) &= \delta f_{l+1/2} - \delta f_{l-1/2} \\
&= (f_1 \delta \xi_x)_{l+1/2} + (\xi_x \delta f_1)_{l+1/2} \\
&\quad + (f_2 \delta \xi_y)_{l+1/2} + (\xi_y \delta f_2)_{l+1/2} \\
&\quad + (f_3 \delta \xi_z)_{l+1/2} + (\xi_z \delta f_3)_{l+1/2} \\
&\quad - ((f_1 \delta \xi_x)_{l-1/2} + (\xi_x \delta f_1)_{l-1/2}) \\
&\quad - ((f_2 \delta \xi_y)_{l-1/2} + (\xi_y \delta f_2)_{l-1/2}) \\
&\quad - ((f_3 \delta \xi_z)_{l-1/2} + (\xi_z \delta f_3)_{l-1/2})
\end{aligned} \tag{3.56}$$

其中, f_1, f_2, f_3 分别为无黏通量在笛卡儿坐标系下三个方向的分量, 对于定常问题, 式 (3.56) 中忽略对几何参数的变分后转化为

$$\begin{aligned}
\delta \boldsymbol{R}(j, k, l) &= \delta f_{l+1/2} - \delta f_{l-1/2} \\
&= (\xi_x \delta f_1)_{l+1/2} + (\xi_y \delta f_2)_{l+1/2} + (\xi_z \delta f_3)_{l+1/2} \\
&\quad - ((\xi_x \delta f_1)_{l-1/2} + (\xi_y \delta f_2)_{l-1/2} + (\xi_z \delta f_3)_{l-1/2})
\end{aligned} \tag{3.57}$$

将上式代入式 (3.56) 并考虑以下关系式:

$$f_{l+1/2} = f(\overline{\boldsymbol{W}})_{l+1/2}, \quad \delta \overline{\boldsymbol{W}} = \delta(\frac{1}{2}(\boldsymbol{W}_l + \boldsymbol{W}_{l+1})) \tag{3.58}$$

整理包含 $\delta \boldsymbol{W}_l$ 的项，可以看到，对 l 单元伴随无黏通量有贡献的模板单元有 $l-1$，l，$l+1$，拓展到三维问题，如图 3-3 所示，对 (j,k,l) 单元伴随无黏通量有贡献的模板单元有：(j,k,l)，$(j-1,k,l)$，$(j+1,k,l)$，$(j,k-1,l)$，$(j,k+1,l)$，$(j,k,l-1)$，$(j,k,l+1)$，共七个单元。综合式 (3.57)、(3.58) 进一步整理可以推导出离散伴随方程的对流项：

$$
\begin{aligned}
\boldsymbol{R}_{\mathrm{c}}(\lambda)_{j,k,l} = {} & \frac{1}{2}\left(\frac{\partial F_{\mathrm{c}}(\overline{\boldsymbol{W}})}{\partial W_{j,k,l}}\right)^{\mathrm{T}}_{j,k,l-1/2}(\lambda_{j,k,l-1}-\lambda_{j,k,l}) \\
& + \frac{1}{2}\left(\frac{\partial F_{\mathrm{c}}(\overline{\boldsymbol{W}})}{\partial W_{j,k,l}}\right)^{\mathrm{T}}_{j,k,l+1/2}(\lambda_{j,k,l}-\lambda_{j,k,l+1}) \\
& + \frac{1}{2}\left(\frac{\partial F_{\mathrm{c}}(\overline{\boldsymbol{W}})}{\partial W_{j,k,l}}\right)^{\mathrm{T}}_{j-1/2,k,l}(\lambda_{j+1,k,l}-\lambda_{j,k,l}) \\
& + \frac{1}{2}\left(\frac{\partial F_{\mathrm{c}}(\overline{\boldsymbol{W}})}{\partial W_{j,k,l}}\right)^{\mathrm{T}}_{j+1/2,k,l}(\lambda_{j+1,k,l}-\lambda_{j,k,l}) \\
& + \frac{1}{2}\left(\frac{\partial F_{\mathrm{c}}(\overline{\boldsymbol{W}})}{\partial W_{j,k,l}}\right)^{\mathrm{T}}_{j,k-1/2,l}(\lambda_{j,k-1,l}-\lambda_{j,k,l}) \\
& + \frac{1}{2}\left(\frac{\partial F_{\mathrm{c}}(\overline{\boldsymbol{W}})}{\partial W_{j,k,l}}\right)^{\mathrm{T}}_{j,k+1/2,l}(\lambda_{j,k,l}-\lambda_{j,k+1,l})
\end{aligned}
\tag{3.59}
$$

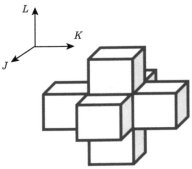

图 3-3 离散伴随无黏项模板单元

3.3.2 离散伴随方程人工黏性项

由于对单元 (j,k,l) 的伴随人工黏性通量有贡献的模板单元较多，因此，人工黏性的变分比较复杂，本节在固定人工黏性系数前提下，首先仅考虑 j 方向：

$$\delta R_{\mathrm{D}}(j,k,l) = \delta f_{d,j+1/2} - \delta f_{d,j-1/2}$$

$$= \Lambda^{(2)}_{j+1/2}(\delta W_{j+1} - \delta W_j) - \Lambda^{(4)}_{j+1/2}(\delta W_{j+2} - 3\delta W_{j+1} + 3\delta W_j - \delta W_{j-1})$$

$$- \Lambda^{(2)}_{j-1/2}(\delta W_j - \delta W_{j-1}) + \Lambda^{(4)}_{j-1/2}(\delta W_{j+1} - 3\delta W_j + 3\delta W_{j-1} - \delta W_{j-2})$$

$$\tag{3.60}$$

由式 (3.60) 可以看出，一维方向上对单元 (j,k,l) 的伴随人工黏性通量有贡献的模板单元有 5 个，推广到三维问题，模板单元有 13 个，如图 3-4 所示。

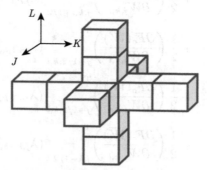

图 3-4   离散伴随人工黏性项模板单元

3.3.3   离散伴随方程黏性项

离散伴随方程黏性项的推导是最为复杂的一项，其核心是对速度导数项变分，如果直接采用完全 N-S 方程进行推导，将涉及速度导数交叉项，所需要的模板更多，推导将更加烦琐，因此，本章节采用黏性项薄层近似进行变分。

曲线坐标系下，采用如下薄层近似方式：

$$\frac{\partial u}{\partial x} \approx \frac{\partial u}{\partial \xi}\frac{\partial \xi}{\partial x} = \xi_x \frac{\partial u}{\partial \xi}$$

$$\frac{\partial u}{\partial y} \approx \frac{\partial u}{\partial \xi}\frac{\partial \xi}{\partial y} = \xi_y \frac{\partial u}{\partial \xi} \tag{3.61}$$

$$\frac{\partial u}{\partial z} \approx \frac{\partial u}{\partial \xi}\frac{\partial \xi}{\partial z} = \xi_z \frac{\partial u}{\partial \xi}$$

从式 (3.61) 可以看出对单元 (j,k,l) 的伴随黏性通量有贡献的模板单元同样是 (j,k,l)，$(j-1,k,l)$，$(j+1,k,l)$，$(j,k-1,l)$，$(j,k+1,l)$，$(j,k,l-1)$，$(j,k,l+1)$，共七个单元，这样就大大简化了方程的推导工作量，且 ξ,η,γ 三个方向 (分别对应图中的 J,K,L 三个方向) 上运算也具备独立性，如图 3-3 所示。

在式 (3.61) 的条件下，曲线坐标系下的黏性通量可以表达为

$$
f_v = \frac{M_\infty \mu}{RE_L J}
\begin{bmatrix}
0 \\
\phi_1 \dfrac{\partial u}{\partial \xi} + \xi_x \phi_2 \\
\phi_1 \dfrac{\partial v}{\partial \xi} + \xi_y \phi_2 \\
\phi_1 \dfrac{\partial w}{\partial \xi} + \xi_z \phi_2 \\
\phi_1 \dfrac{\partial p/\rho}{\partial \xi} \dfrac{1}{\gamma - 1} + u f_{v2} + v f_{v3} + w f_{v4}
\end{bmatrix}
\tag{3.62}
$$

其中，$\phi_1 = \xi_x^2 + \xi_y^2 + \xi_z^2$, $\phi_2 = \left(\xi_x \dfrac{\partial u}{\partial \xi} + \xi_y \dfrac{\partial v}{\partial \xi} + \xi_z \dfrac{\partial w}{\partial \xi} \right) \Big/ 3$。

实际上，黏性通量伴随方程变分的主要工作就是对速度矢量导数的变分，由于速度矢量导数计算采用了前向差分的方式，因此在进行 $f_{v_{j+1/2}}$、$f_{v_{j-1/2}}$ 对单元变分时，要考虑梯度变号问题，对于 $\dfrac{\partial f_{v_{j-1/2}}}{\partial W_j}$ 求导比较烦琐，文中先对原始变量进行求导 $\dfrac{\partial f_{v_{j-1/2}}}{\partial Q_j}$，依据式 (3.62)，可以推导出其表达式：

$$
\frac{\partial f_{v_{j-1/2}}}{\partial Q_j} =
\begin{bmatrix}
0 & 0 & 0 & 0 & 0 \\
0 & \phi_1 + \xi_x^2/3 & \xi_x \xi_y/3 & \xi_x \xi_z/3 & 0 \\
0 & \xi_x \xi_y/3 & \phi_1 + \xi_y^2/3 & \xi_y \xi_z/3 & 0 \\
0 & \xi_x \xi_z/3 & \xi_y \xi_z/3 & \phi_1 + \xi_z^2/3 & 0 \\
\dfrac{\phi_1}{\gamma - 1} \dfrac{p}{\rho^2} & \dfrac{\partial f_{v5}}{\partial u} & \dfrac{\partial f_{v5}}{\partial v} & \dfrac{\partial f_{v5}}{\partial w} & \dfrac{\phi_1}{\gamma - 1} \dfrac{1}{\rho}
\end{bmatrix}
\tag{3.63}
$$

其中，

$$
\begin{aligned}
\frac{\partial f_{v5}}{\partial u} &= u_{j-1/2} \frac{\partial f_{v2}}{\partial u} + v_{j-1/2} \frac{\partial f_{v3}}{\partial u} + w_{j-1/2} \frac{\partial f_{v4}}{\partial u} + \frac{1}{2} f_{v2} \\
\frac{\partial f_{v5}}{\partial v} &= u_{j-1/2} \frac{\partial f_{v2}}{\partial v} + v_{j-1/2} \frac{\partial f_{v3}}{\partial v} + w_{j-1/2} \frac{\partial f_{v4}}{\partial v} + \frac{1}{2} f_{v3} \\
\frac{\partial f_{v5}}{\partial w} &= u_{j-1/2} \frac{\partial f_{v2}}{\partial w} + v_{j-1/2} \frac{\partial f_{v3}}{\partial w} + w_{j-1/2} \frac{\partial f_{v4}}{\partial w} + \frac{1}{2} f_{v4}
\end{aligned}
\tag{3.64}
$$

进一步利用原始变量对守恒变量的转换矩阵，求出对守恒变量的导数矩阵：

$$
\frac{\partial f_{v_{j-1/2}}}{\partial W_j} = \frac{\partial f_{v_{j-1/2}}}{\partial Q_j} \frac{\partial Q_j}{\partial W_j} = \frac{\partial f_{v_{j-1/2}}}{\partial Q_j} M_j^{-1}
\tag{3.65}
$$

其中，M_j^{-1} 是原始变量对守恒变量的转换矩阵。

需要注意的是，对于 $\dfrac{\partial f_{v_{j+1/2}}}{\partial W_j}$，由于速度矢量导数前向差分的原因，和式 (3.64) 存在正负号关系，在变分推导时需要分开处理。由于采用的模板单元与无黏通量相同，因此，离散伴随黏性通量与无黏通量的表达在形式上一致：

$$
\begin{aligned}
\boldsymbol{R}_v(\lambda)_{j,k,l} ={} & \frac{1}{2}\left(\frac{\partial F_v(\boldsymbol{W})}{\partial W_{j,k,l}}\right)^{\mathrm{T}}_{j,k,l-1/2}(\lambda_{j,k,l-1}-\lambda_{j,k,l}) \\
& + \frac{1}{2}\left(\frac{\partial F_v(\boldsymbol{W})}{\partial W_{j,k,l}}\right)^{\mathrm{T}}_{j,k,l+1/2}(\lambda_{j,k,l}-\lambda_{j,k,l+1}) \\
& + \frac{1}{2}\left(\frac{\partial F_v(\boldsymbol{W})}{\partial W_{j,k,l}}\right)^{\mathrm{T}}_{j-1/2,k,l}(\lambda_{j+1,k,l}-\lambda_{j,k,l}) \\
& + \frac{1}{2}\left(\frac{\partial F_v(\boldsymbol{W})}{\partial W_{j,k,l}}\right)^{\mathrm{T}}_{j+1/2,k,l}(\lambda_{j+1,k,l}-\lambda_{j,k,l}) \\
& + \frac{1}{2}\left(\frac{\partial F_v(\boldsymbol{W})}{\partial W_{j,k,l}}\right)^{\mathrm{T}}_{j,k-1/2,l}(\lambda_{j,k-1,l}-\lambda_{j,k,l}) \\
& + \frac{1}{2}\left(\frac{\partial F_v(\boldsymbol{W})}{\partial W_{j,k,l}}\right)^{\mathrm{T}}_{j,k+1/2,l}(\lambda_{j,k,l}-\lambda_{j,k+1,l}) \quad (3.66)
\end{aligned}
$$

需要指出的是，伴随黏性通量中 $\overline{W}$ 对求导不再具有实用意义，$\overline{W}$ 仅在黏性项第 5 项变分中起到作用，且需要在边界进行特殊处理。

3.4　离散伴随方程边界条件处理

边界条件对离散伴随方程求解来讲至关重要，直接影响到梯度计算精度及求解效率，为此，该部分将对上述关键环节进行研究讨论，探讨对不同流动问题的影响程度。

首先，离散伴随无黏通量计算在边界处的模板单元与内部点的个数不一样，因此伴随方程通量模板在边界处的变分需要特殊处理，同时边界条件雅可比也需要推导处理。对于结构网格，由于 ξ, η, γ 三个方向上的独立性，对于 $\xi, \eta, \gamma = 1, JDIM$ 不同的边界，可以分开处理，显然，对于任意曲线坐标方向，边界单元无黏通量计算模板将减少一个，如图 3-5 所示。

以 $J = 1$ 边界紧邻的 $J = 2$ 单元通量计算为例，式 (3.59) 将改写为 (其他方向类似)

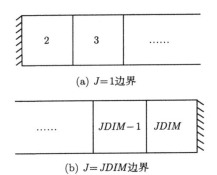

(a) $J=1$边界

(b) $J=JDIM$边界

图 3-5　边界单元的无黏通量模板单元

$$
\begin{aligned}
\boldsymbol{R}_{\mathrm{c}}(\lambda)_{j,k,l} = {} & \frac{1}{2}\left(\frac{\partial F_{\mathrm{c}}(\overline{\boldsymbol{W}})}{\partial W_{j,k,l}}\right)^{\mathrm{T}}_{j,k,l-1/2} (\lambda_{j,k,l-1} - \lambda_{j,k,l}) \\
& + \frac{1}{2}\left(\frac{\partial F_{\mathrm{c}}(\overline{\boldsymbol{W}})}{\partial W_{j,k,l}}\right)^{\mathrm{T}}_{j,k,l+1/2} (\lambda_{j,k,l} - \lambda_{j,k,l+1}) \\
& + \frac{1}{2}\left(\frac{\partial F_{\mathrm{c}}(\overline{\boldsymbol{W}})}{\partial W_{j,k,l}}\right)^{\mathrm{T}}_{j-1/2,k,l} (-\lambda_{j,k,l}) \\
& + \frac{1}{2}\left(\frac{\partial F_{\mathrm{c}}(\overline{\boldsymbol{W}})}{\partial W_{j,k,l}}\right)^{\mathrm{T}}_{j+1/2,k,l} (\lambda_{j+1,k,l} - \lambda_{j,k,l}) \\
& + \frac{1}{2}\left(\frac{\partial F_{\mathrm{c}}(\overline{\boldsymbol{W}})}{\partial W_{j,k,l}}\right)^{\mathrm{T}}_{j,k-1/2,l} (\lambda_{j,k-1,l} - \lambda_{j,k,l}) \\
& + \frac{1}{2}\left(\frac{\partial F_{\mathrm{c}}(\overline{\boldsymbol{W}})}{\partial W_{j,k,l}}\right)^{\mathrm{T}}_{j,k+1/2,l} (\lambda_{j,k,l} - \lambda_{j,k+1,l}) \quad (3.67)
\end{aligned}
$$

离散伴随人工黏性通量计算模板单元较多,在边界处的变分处理比较烦琐,为此,其核心问题仍然是推导边界条件矩阵 M_{BC},图 3-6 和图 3-7 给出了典型气动外形参数化示意图以及不同处理方式的梯度计算对比。

$$
\begin{aligned}
\delta R_{\mathrm{D}}(j,k,l) = {} & \delta f_{d,j+1/2} - \delta f_{d,j-1/2} \\
= {} & \max(\Lambda^{(2)}_{j+1/2}, \sigma\Lambda^{(4)}_{j+1/2})(\delta W_{j+1} - \delta W_j) \\
& - \max(\Lambda^{(2)}_{j-1/2}, \sigma\Lambda^{(4)}_{j-1/2})\Lambda^{(2)}_{j-1/2}(\delta W_j - \delta W_{j-1}) \\
= {} & \max(\Lambda^{(2)}_{j+1/2}, \sigma\Lambda^{(4)}_{j+1/2})(\delta W_{j+1} - \delta W_j)
\end{aligned}
$$

$$- \max(\boldsymbol{\Lambda}_{j-1/2}^{(2)}, \sigma \boldsymbol{\Lambda}_{j-1/2}^{(4)}) \boldsymbol{\Lambda}_{j-1/2}^{(2)} (\delta \boldsymbol{W}_j - \boldsymbol{M}_{BC} \delta \boldsymbol{W}_j) \qquad (3.68)$$

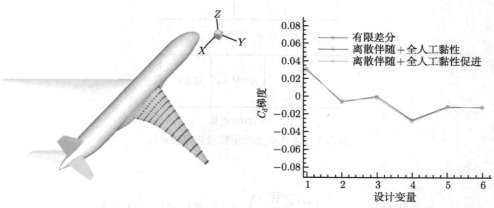

图 3-6　宽体飞机 FFD 参数化 [17]　　图 3-7　人工黏性处理方式对梯度影响比较 [17]

同理，离散伴随黏性通量的模板单元也将在边界处发生变化，由于模板分布与无黏通量一致，因此式 (3.66) 在边界处 $J = 2$ 单元退化为 (其他方向类推)：

$$
\begin{aligned}
\boldsymbol{R}_v(\lambda)_{j,k,l} = {} & \frac{1}{2} \left(\frac{\partial F_v(\boldsymbol{W})}{\partial W_{j,k,l}} \right)_{j,k,l-1/2}^{\mathrm{T}} (\lambda_{j,k,l-1} - \lambda_{j,k,l}) \\
& + \frac{1}{2} \left(\frac{\partial F_v(\boldsymbol{W})}{\partial W_{j,k,l}} \right)_{j,k,l+1/2}^{\mathrm{T}} (\lambda_{j,k,l} - \lambda_{j,k,l+1}) \\
& + \frac{1}{2} \left(\frac{\partial F_v(\boldsymbol{W})}{\partial W_{j,k,l}} \right)_{j-1/2,k,l}^{\mathrm{T}} (-\lambda_{j,k,l}) \\
& + \frac{1}{2} \left(\frac{\partial F_v(\boldsymbol{W})}{\partial W_{j,k,l}} \right)_{j+1/2,k,l}^{\mathrm{T}} (\lambda_{j+1,k,l} - \lambda_{j,k,l}) \\
& + \frac{1}{2} \left(\frac{\partial F_v(\boldsymbol{W})}{\partial W_{j,k,l}} \right)_{j,k-1/2,l}^{\mathrm{T}} (\lambda_{j,k-1,l} - \lambda_{j,k,l}) \\
& + \frac{1}{2} \left(\frac{\partial F_v(\boldsymbol{W})}{\partial W_{j,k,l}} \right)_{j,k+1/2,l}^{\mathrm{T}} (\lambda_{j,k,l} - \lambda_{j,k+1,l}) \qquad (3.69)
\end{aligned}
$$

不仅通量表达式需要特殊处理，根据边界性质的不同，雅可比 $\left(\dfrac{\partial F_{\mathrm{c}}(\overline{\boldsymbol{W}})}{\partial W_{j,k,l}} \right)_{j-1/2,k,l}^{\mathrm{T}}$

形式也需要特殊处理，依据图 3-5，W_2 是边界单元守恒变量，W_1 是边界单元对应虚网格守恒变量。

$$\frac{\partial F_c(\overline{\boldsymbol{W}})}{\partial W_2} = \frac{\partial F_c(\overline{\boldsymbol{W}})}{\partial \overline{Q}} \frac{\partial \overline{Q}}{\partial Q_2} \frac{\partial Q_2}{\partial W_2} = \overline{\boldsymbol{A}} \frac{\partial \overline{Q}}{\partial Q_2} \boldsymbol{M}_2 \tag{3.70}$$

其中，$\overline{\boldsymbol{A}}, \boldsymbol{M}_2$ 分别对应雅可比矩阵及原始变量对守恒变量的转换矩阵。从式 (3.68) 可以看出，边界条件的处理核心就是求出边界条件矩阵 $\dfrac{\partial \overline{Q}}{\partial Q_2}$：

$$\frac{\partial \overline{Q}}{\partial Q_2} = \frac{1}{2} \frac{\partial (Q_1 + Q_2)}{\partial Q_2} = \frac{1}{2}(\boldsymbol{M}_{BC} + \boldsymbol{E}) \tag{3.71}$$

式中，$\boldsymbol{E}, \boldsymbol{M}_{BC}$ 分别对应单位矩阵和边界条件矩阵。可以看出，离散伴随无黏项的不同边界条件变分，只需替换对应边界条件矩阵 $\boldsymbol{M}_{BC}$，很容易实现不同边界类型及内外流伴随之间的转换、匹配，且对于模块化编程也十分有利。需要指出的是，由于离散伴随无黏项的主导作用，该项边界条件处理很大程度直接影响梯度的计算精度。

从式 (3.71) 的推导不难看出，对流项、人工黏性项、物理黏性项的边界条件均需要考虑对虚网格的变分关系，实质上仍然是推导边界条件矩阵 $\boldsymbol{M}_{BC}$。这样，无论是无黏项、人工黏性项还是物理黏性项的边界条件均转化为矩阵推导，大大简化了程序设计框架，下面给出几类典型的边界条件矩阵。

情况 1：物面边界条件。

广义对称边界与无黏物面条件伴随方程边界条件矩阵：

$$\boldsymbol{M}_{BC} = \begin{bmatrix} 1 & 0 & 0 & 0 & 0 \\ 0 & 1 - 2n_x^2 & -2n_y n_x & -2n_z n_x & 0 \\ 0 & -2n_x n_y & 1 - 2n_y^2 & -2n_z n_y & 0 \\ 0 & -2n_x n_z & -2n_y n_z & 1 - 2n_z^2 & 0 \\ 0 & 0 & 0 & 0 & 1 \end{bmatrix} \tag{3.72}$$

黏性物面条件矩阵：

$$\boldsymbol{M}_{BC} = \begin{bmatrix} 1 & 0 & 0 & 0 & 0 \\ 0 & -1 & 0 & 0 & 0 \\ 0 & 0 & -1 & 0 & 0 \\ 0 & 0 & 0 & -1 & 0 \\ 0 & 0 & 0 & 0 & 1 \end{bmatrix} \tag{3.73}$$

情况 2：超声速入流/出流边界条件。

超声速入流边界条件矩阵：

$$
\boldsymbol{M}_{BC} = \begin{bmatrix} 1 & 0 & 0 & 0 & 0 \\ 0 & 1 & 0 & 0 & 0 \\ 0 & 0 & 1 & 0 & 0 \\ 0 & 0 & 0 & 1 & 0 \\ 0 & 0 & 0 & 0 & 1 \end{bmatrix} \tag{3.74}
$$

超声速出流边界条件矩阵：

$$
\boldsymbol{M}_{BC} = \begin{bmatrix} 0 & 0 & 0 & 0 & 0 \\ 0 & 0 & 0 & 0 & 0 \\ 0 & 0 & 0 & 0 & 0 \\ 0 & 0 & 0 & 0 & 0 \\ 0 & 0 & 0 & 0 & 0 \end{bmatrix} \tag{3.75}
$$

情况 3：对称面边界条件。

$$
\boldsymbol{M}_{BC} = \begin{bmatrix} 1 & 0 & 0 & 0 & 1/c^2 \\ 0 & 1 & 0 & 0 & n_x/c^2 \\ 0 & 0 & 1 & 0 & n_y/c^2 \\ 0 & 0 & 0 & 1 & n_z/c^2 \\ 0 & 0 & 0 & 0 & 1 \end{bmatrix} \tag{3.76}
$$

情况 4：进排气边界条件。

在典型的边界条件中，模拟进排气边界的伴随方程雅可比推导较为复杂，对于 CFD 数值模拟来讲，发动机入口即为流场出口边界，边界条件有多种形式，一般进行进气模拟直接给定发动机流量，可以采用直接流场质量出口边界条件及背压边界条件，但前者带来收敛速度慢 (超声速进气道中更明显，管道内 "激波外推" 速度放缓)、边界条件矩阵推导困难等问题，同时风扇入口的压力特征比流量特征更均匀，因此，我们可以采用反压边界条件，与直接采用等熵关系式由流量估算反压不同，本节采用压力特征出口–质量流调节的方法，即给定初始反压，计算程序依据流量特征进行自动调节，可以严格保证流量及加速收敛。流场收敛后，发动机风扇入口流场保持亚声速压力出口特征，依据边界条件特征可以直接推导出风扇入口边界条件的变分矩阵：

$$
\boldsymbol{M}'_{BC} = \left(\frac{\partial \boldsymbol{Q}_j}{\partial \boldsymbol{Q}_i} \right)_{\text{bc\_outflow}} = \begin{bmatrix} 0 & & & & \\ & 0 & & & \\ & & 0 & & \\ & & & 0 & \\ & & & & 1 \end{bmatrix} \tag{3.77}
$$

同理，对于 CFD 数值模拟来讲，发动机出口即为流场入口边界。依据特征线理论，至少需要指定两个变量，这里采用速度外推，指定总温比 T_t/T_∞、总压比 P_t/P_∞，其中 T_t、T_∞、P_t、P_∞ 分别代表发动机出口的总温、来流温度和发动机出口的总压、来流静压。与风扇入口边界不同，发动机出口边界条件变分较为复杂，为更加清晰地推导发动机出口边界条件的变分矩阵推导形式，下面首先给出发动机出口边界条件。

虚网格的速度原始变量进行外推，可以得到

$$
M_j^2 = \frac{u_i^2 + v_i^2 + w_i^2}{a_i^2}, \quad a_i = \sqrt{\gamma \frac{p_i}{R\rho_i}} \tag{3.78}
$$

根据等熵关系式，结合总温、总压可以得到虚网格的密度与静压：

$$
\begin{aligned}
p_j &= P_t \left(1 + \frac{\gamma - 1}{2} M_j^2 \right)^{\frac{-\gamma}{\gamma - 1}} \\
\rho_j &= \widetilde{\rho} \left(1 + \frac{\gamma - 1}{2} M_j^2 \right)^{\frac{-1}{\gamma - 1}} = \frac{P_t}{T_t(\gamma - 1)} \left(1 + \frac{\gamma - 1}{2} M_j^2 \right)^{\frac{-1}{\gamma - 1}}
\end{aligned} \tag{3.79}
$$

进一步根据发动机出口法向以及 M_j 确定速度大小以及各个方向的分量：

$$
\begin{aligned}
V_n &= \sqrt{\gamma R M_j^2 \frac{p_j}{\rho_j}} \\
u_j &= V_n S_x; \quad v_j = V_n S_y; \quad w_j = V_n S_z
\end{aligned} \tag{3.80}
$$

其中，S_x，S_y，S_z 分别为发动机出口的面法向，根据上式得到的虚网格上的原始变量 ρ_j，u_j，v_j，w_j，p_j，可以进行边界条件矩阵 $\boldsymbol{M}'_{BC} = \left(\dfrac{\partial \boldsymbol{Q}_j}{\partial \boldsymbol{Q}_i} \right)_{\text{bc\_inflow}}$ 的推导，由于边界条件中包含了根号及幂次运算，增加了求导难度，为简便起见，避免根号求导，令 $f = M_j^2$，可以通过以下方式进行 M'_{BC} 的推导：

$$
\boldsymbol{M}'_{BC} = \left(\frac{\partial \boldsymbol{Q}_j}{\partial \boldsymbol{Q}_i} \right)_{\text{bc\_inflow}} = \left(\frac{\partial \boldsymbol{Q}_j}{\partial f} \right)_{\text{bc\_inflow}} \left(\frac{\partial f}{\partial \boldsymbol{Q}_i} \right)_{\text{bc\_inflow}} \tag{3.81}
$$

进一步引入中间变量 F_d，对式 (3.81) 变分推导出 $\left(\dfrac{\partial \boldsymbol{Q}_j}{\partial f}\right)_{\text{bc\_inflow}}$ 的具体表达式。

$$\left(\frac{\partial \rho_j}{\partial f}\right)_{\text{bc\_inflow}} = -\frac{P_t}{2T_t(\gamma-1)}\left(1+\frac{\gamma-1}{2}M_j^2\right)^{-\frac{\gamma}{\gamma-1}}$$

$$F_d = \left[\frac{1}{2}f^{-\frac{1}{2}}\left(1+\frac{\gamma-1}{2}M_j^2\right)^{-\frac{1}{2}} + \frac{\gamma}{2}f^{\frac{1}{2}}\left(1+\frac{\gamma-1}{2}M_j^2\right)^{-\frac{3}{2}}\right]$$

$$\left(\frac{\partial u_j}{\partial f}\right)_{\text{bc\_inflow}} = S_x F_d \sqrt{\gamma R M_j^2 \frac{p_j}{\rho_j}}$$

$$\left(\frac{\partial v_j}{\partial f}\right)_{\text{bc\_inflow}} = S_y F_d \sqrt{\gamma R M_j^2 \frac{p_j}{\rho_j}} \tag{3.82}$$

$$\left(\frac{\partial w_j}{\partial f}\right)_{\text{bc\_inflow}} = S_z F_d \sqrt{\gamma R M_j^2 \frac{p_j}{\rho_j}}$$

$$\left(\frac{\partial p_j}{\partial f}\right)_{\text{bc\_inflow}} = -\frac{\gamma P_t}{2}\left(1+\frac{\gamma-1}{2}M_j^2\right)^{-\frac{-2\gamma+1}{\gamma-1}}$$

同样也可以获取 $\left(\dfrac{\partial f}{\partial \boldsymbol{Q}_i}\right)_{\text{bc\_inflow}}$ 的表达式:

$$\left(\frac{\partial f}{\partial \rho_i}\right)_{\text{bc\_inflow}} = \frac{u_i^2 + v_i^2 + w_i^2}{\gamma p_i}$$

$$\left(\frac{\partial f}{\partial u_i}\right)_{\text{bc\_inflow}} = \frac{2\rho_i u_i}{\gamma p_i}$$

$$\left(\frac{\partial f}{\partial v_i}\right)_{\text{bc\_inflow}} = \frac{2\rho_i v_i}{\gamma p_i} \tag{3.83}$$

$$\left(\frac{\partial f}{\partial w_i}\right)_{\text{bc\_inflow}} = \frac{2\rho_i w_i}{\gamma p_i}$$

$$\left(\frac{\partial f}{\partial p_i}\right)_{\text{bc\_inflow}} = -\frac{\rho_i(u_i^2 + v_i^2 + w_i^2)}{\gamma p_i^2}$$

将式 (3.82)、(3.83) 代入式 (3.81)，可以获取最终需要的边界变分矩阵 $\boldsymbol{M}_{BC}$。至此，完成了进排气系统边界条件的变分推导，结合离散伴随体系，进一步开展考虑进排气影响的设计变量灵敏度高效分析研究。

首先考核进排气计算的可靠性，采用 "NAL-AERO-02-02" TPS(Turbine Powered Simulator) 模型数值模拟结果与风洞试验数据对比，该模型由日本宇航技术研究所设计 [19]，如图 3-8 所示，X、Y 均为无量纲坐标，选取表 3-1 给出的典型流量条件进行数值验证。

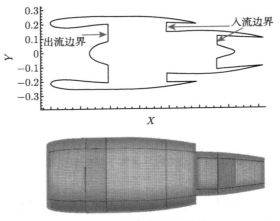

图 3-8 进排气标准模型

表 3-1 典型计算状态

流量	涵道比	总压比 (外涵道)	总温比 (外涵道)	总压比 (内涵道)	总温比 (内涵道)
1.822	0.497	1.343	1.109	0.92126	0.612

图 3-9 给出了表 3-1 计算状态下 TPS 计算结果与风洞试验的压力分布对比,可以看出,进排气数值模拟方法能够比较准确地模拟发动机进排气流动现象,为进排气数值模拟提供可靠的数值模拟结果。

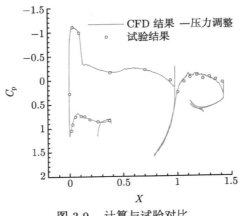

图 3-9 计算与试验对比

以某型翼身融合翼上发动机飞机全机巡航构型内外流一体化模拟为算例,开展灵敏度验证。采用 SST 湍流模型,128 核进行并行计算。图 3-10 给出了用于测试进排气对梯度影响的模型及其参数化示意图。

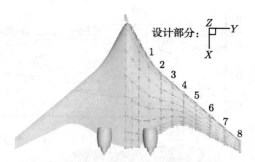

图 3-10　动力边界条件下梯度研究算例

图 3-11 给出了绝对坐标 $Z = 3.3\text{m}$ 截面的马赫数云图，红色等值线区域为高速喷流区域，图 3-12 给出了巡航速度动力状态下，阻力系数变分对应的空间第一伴随变量。图 3-13 给出了黏性离散伴随方程的收敛历程，可以看出本节的求解方法对于复杂外形也非常稳定，图 3-14 给出了任意选取的几个控制顶点的导数值对比，灵敏度幅值以及灵敏度方向一致，最大误差为 6%，正负号一致。可以看出，在气动–推进系统黏性扰流一体化数值模拟问题中，基于离散伴随灵敏度计算精度较高，完全满足工程需要，进一步验证了边界变分推导的正确性。同时，伴随方法灵敏度计算效率远远高于传统差分方法，为进排气效应对设计变量灵敏度

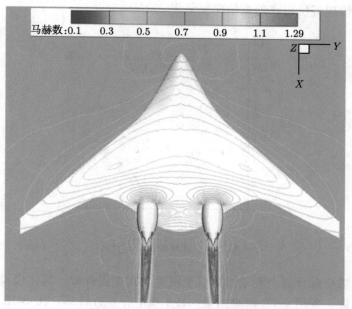

图 3-11　动力条件下马赫数云图

的影响分析提供了高效可靠的手段。图 3-15 给出了典型截面设计变量在有无喷流条件下的梯度对比,其中横坐标为各个站位的设计变量编号,从图 3-15 可以看出,边界变分对梯度影响极为明显,必须考虑特殊处理,其他类型边界条件矩阵同样可以依据边界类型进行求导。

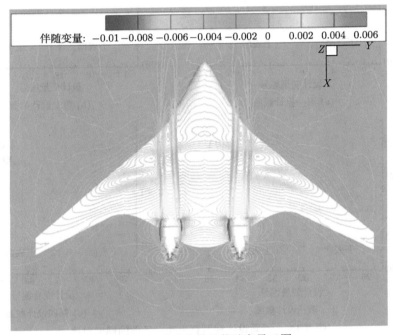

图 3-12   动力条件下伴随变量云图

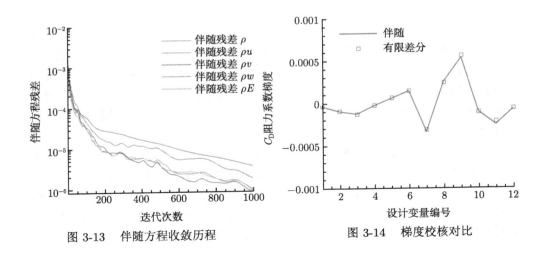

图 3-13   伴随方程收敛历程   图 3-14   梯度校核对比

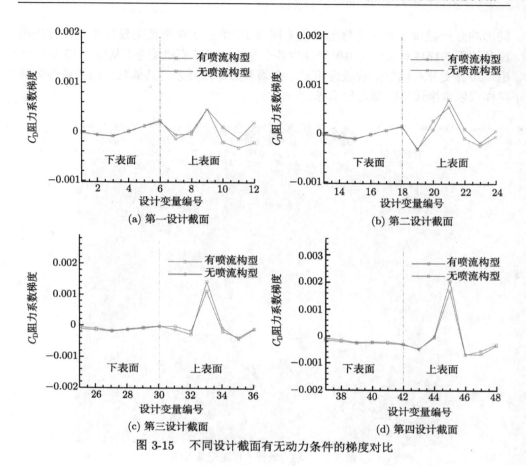

图 3-15　　不同设计截面有无动力条件的梯度对比

3.5　离散伴随方程右端项推导

　　与传统优化方法不同，伴随优化对于不同的设计问题，需要对右端项进行推导，对于气动力综合优化，其右端项大部分属于外流场变分推导问题，如升力、阻力、力矩等，该方面的工作国内外开展了大量研究，且较为成熟，因此，本节不再赘述。内流气动优化方面，主要体现在进气道总压恢复/畸变特性、尾喷管推力系数等方面，结合进气道综合畸变的伴随优化设计，本节将进行右端项推导过程及装配的论述。

　　进气道流场畸变的改善对于提升发动机的稳定性和效率有重大意义。目前对于总压畸变的改善主要有两种方法：通过流动控制的方法和优化设计的方法。流动控制方法主要是通过合成射流，涡流生成装置等方式改变局部流动，从而实现进气道内流特性的改善。优化设计的方法是通过进气道型面设计优化实现进气道型面的精细化设计，以保证良好的进气道内流品质。

对于进气道、尾喷管气动特性伴随优化设计，除了伴随方程边界条件，伴随方程源项必须进行重新推导，也就是伴随方程的 $\dfrac{\partial I}{\partial \boldsymbol{W}}$ 项，下面给出详细推导过程，需要注意的是，目标函数对守恒变量求导非常烦琐，因此考虑对流场原始变量求导，然后再乘上转换矩阵。将流场畸变 DC_{60} 作为目标函数 I，DC_{60} 定义：

$$I = DC_{60} = \frac{P_{\mathrm{av}}^* - P_{60}^*}{0.5\rho V^2} \tag{3.84}$$

式中，P_{av}^* 为进气道出口界面的面积平均总压，P_{60}^* 为进气道出口界面 $60°$ 扇形区的最小面积平均总压，$0.5\rho V^2$ 为进气道出口界面的面积平均动压。DC_{60} 表征了进气道出口界面的周向总压畸变程度，该值越大说明进气道入口总压畸变越严重。

将总压畸变 $DC60$ 指标对原始变量进行求导：

$$\frac{\partial \left(\dfrac{P_{\mathrm{av}}^* - P_{60}^*}{0.5\rho V^2} \right)}{\partial \boldsymbol{Q}} = \frac{\partial \left(\dfrac{1}{0.5\rho V^2} \right)}{\partial \boldsymbol{Q}} (P_{\mathrm{av}}^* - P_{60}^*) + \frac{1}{0.5\rho V^2} \frac{\partial (P_{\mathrm{av}}^* - P_{60}^*)}{\partial \boldsymbol{Q}} \tag{3.85}$$

式中，$\boldsymbol{Q} = [\rho, u, v, w, p]$ 为流场原始变量矢量。

先求解式 (3.85) 右端第二项中的 $\dfrac{\partial P_{\mathrm{av}}^*}{\partial \boldsymbol{Q}}$，总压与静压满足以下关系：

$$P_{\mathrm{t}} = p \left(1 + \frac{\gamma - 1}{2} Ma^2 \right)^{\frac{\gamma}{\gamma - 1}} \tag{3.86}$$

其中，P_{t} 为总压，p 为静压。为简化推导过程，令 $f = \dfrac{\gamma - 1}{2} Ma^2$ 为中间变量，基于链式求导则有

$$\begin{aligned} \frac{\partial P_{\mathrm{av}}^*}{\partial \boldsymbol{Q}_i} &= \frac{S_i}{S_{\mathrm{all}}} \frac{\partial p_i \left(1 + f_i \right)^{\frac{\gamma}{\gamma - 1}}}{\partial \boldsymbol{Q}_i} \\ &= \frac{S_i}{S_{\mathrm{all}}} \left(1 + f_i \right)^{\frac{\gamma}{\gamma - 1}} \frac{\partial p_i}{\partial \boldsymbol{Q}_i} + \frac{S_i}{S_{\mathrm{all}}} \frac{\gamma}{\gamma - 1} p_i \left(1 + f_i \right)^{\frac{1}{\gamma - 1}} \frac{\partial f_i}{\partial \boldsymbol{Q}_i} \end{aligned} \tag{3.87}$$

式中，$\boldsymbol{Q}_i, S_i, p_i, f_i$ 分别为第 i 个网格单元的原始变量、单元面积、静压和中间变量，S_{all} 为进气道风扇入口的总面积。同理，式 (3.85) 右端第二项中最小平均总压的导数也可以基于链式求导，按以下公式得到

$$\frac{\partial P_{60}^*}{\partial \boldsymbol{Q}_i} = \frac{S_i}{S_{\mathrm{all}}} \frac{\partial p_i \left(1 + f_i \right)^{\frac{\gamma}{\gamma - 1}}}{\partial \boldsymbol{Q}_i}$$

$$= \frac{S_i}{S_{60}} (1+f_i)^{\frac{\gamma}{\gamma-1}} \frac{\partial p_i}{\partial \boldsymbol{Q}_i} + \frac{S_i}{S_{60}} \frac{\gamma}{\gamma-1} p_i (1+f_i)^{\frac{1}{\gamma-1}} \frac{\partial f_i}{\partial \boldsymbol{Q}_i} \tag{3.88}$$

式中，S_{60} 为最小总压所在扇面的面积，对于不属于最小总压所在的扇面的网格单元，在进行变分结果装配中，则令其偏导数为零。进一步，动压的偏导数可以按以下公式求得。

$$\frac{\partial \frac{1}{0.5\rho V^2}}{\partial \boldsymbol{Q}_i} = -\frac{1}{(0.5\rho V^2)^2} \frac{S_i}{S_{\text{all}}} \frac{\partial (0.5\rho_i V_i^2)}{\partial \boldsymbol{Q}_i}$$

$$= -\frac{1}{2} \frac{1}{(0.5\rho V^2)^2} \frac{S_i}{S_{\text{all}}} \left(V^2 \frac{\partial \rho_i}{\partial \boldsymbol{Q}_i} + \rho \frac{\partial V_i^2}{\partial \boldsymbol{Q}_i} \right) \tag{3.89}$$

将式 (3.87)~(3.89) 代入式 (3.85) 则可以获得总压畸变指数对原始的导数，即伴随方程的 $\frac{\partial I}{\partial \boldsymbol{W}}$ 项。

右端项构造完毕，需要进一步向网格单元装配，涉及贡献单元的块信息、并行计算多进程信息定位，对于并行环境，同时也需要存储当前进程中贡献单元所处的块信息 (局部)、在全部进程中的全局信息和变分位置的 JKL 编号，根据上述信息，可以将对应变分结果按信息索引进行并行装配，完成伴随方程右端项全部操作。

3.6　离散伴随方程时间推进与梯度求解

将上述离散伴随方程对应的各项推导结果进行整合，并加入伪时间项可以得到离散伴随主控方程：

$$\begin{aligned} &R_{\text{c}}(\lambda)_{j,k,l} - R_{\text{D}}(\lambda)_{j,k,l} - R_v(\lambda)_{j,k,l} = 0 \\ &V_{j,k,l} \frac{\partial \lambda}{\partial t} + R_{\text{c}}(\lambda)_{j,k,l} - R_{\text{D}}(\lambda)_{j,k,l} - R_v(\lambda)_{j,k,l} = 0 \end{aligned} \tag{3.90}$$

对式 (3.90) 的迭代求解，可以采用显式经典四步龙格–库塔推进，也可以采用隐式时间推进，这里我们将重点介绍 LU-SGS 方法，由于式 (3.90) 在形式上与 N-S 方程一致，因此，LU-SGS 方法及其最大特征值分裂方法可以用于离散伴随求解：

$$\boldsymbol{A}^{\pm} = \frac{\boldsymbol{A} \pm \beta\gamma_A \boldsymbol{I}}{2}, \quad \gamma_A = \max\left[|\lambda(\boldsymbol{A})|\right]$$

$$\boldsymbol{B}^{\pm} = \frac{\boldsymbol{B} \pm \beta\gamma_B \boldsymbol{I}}{2}, \quad \gamma_B = \max\left[|\lambda(\boldsymbol{B})|\right] \tag{3.91}$$

$$\boldsymbol{C}^{\pm} = \frac{\boldsymbol{C} \pm \beta\gamma_C \boldsymbol{I}}{2}, \quad \gamma_C = \max\left[|\lambda(\boldsymbol{C})|\right]$$

$$\left[\frac{V}{\Delta\tau} + \beta(\gamma_A + \gamma_B + \gamma_C)\right]\Delta\overline{Q} = -\frac{1}{\omega}RHS + (A^+_{i-1/2} + B^+_{j-1/2} + C^+_{k-1/2})\Delta\overline{Q}$$

$$\tag{3.92}$$

$$\Delta Q = \Delta\overline{Q} - D^{-1}(A^+_{i+1/2} + B^+_{j+1/2} + C^+_{k+1/2})\Delta\overline{Q}$$

$$Q^{n+1} = Q^n + \Delta Q$$

由于离散伴随方程雅可比矩阵转置的原因，上式中对应的矩阵均需要进行转置处理，且无矩阵算法不再适用，右端项必须严格按照矩阵相乘进行运算，这是伴随方程求解单步耗时，内存需求高于 N-S 方程的一个主要原因。流场时间推进采用的隐式边界条件在离散伴随方程中依然可用：

$$\Delta Q^* = 0, \quad \Delta Q = 0$$

$$\Delta\lambda^* = 0, \quad \Delta\lambda = 0$$

$$\tag{3.93}$$

与流场并行计算一样，离散伴随方程求解时，并行机制依然采用单元数衡量的负载平衡、对等式计算及信息传递接口 (MPI) 消息传递模式，对于伴随方程来讲，依赖于求解器的构架，通过 MPI 进行传递的信息可以是雅可比矩阵，也可以是伴随变量本身。本节开展论述的求解器框架采用了多块对接网格技术，与对接面边界信息一样，MPI 传递的信息是各个进程分割面上的两层虚网格上的伴随变量信息，这样离散伴随求解的并行效率特性与流场的基本一致，由于存在矩阵运算，略低于流场并行效率。图 3-16 给出了 N-S 方程与离散伴随方程并行效率比较。

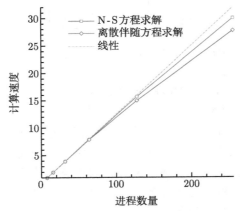

图 3-16　N-S 方程与离散伴随方程并行效率比较

在流场计算中采用的当地时间步长、多重网格、网格序列法等加速收敛技术，在离散伴随方程求解中使用仍然能够起到加速作用。无论是多重网格方法，还是网格序列法，均要涉及粗网格残差计算方法，本节在粗网格上的残差计算采用二阶格式且不考虑黏性项，而对于伴随变量本身的插值、限制方式仍与流场变量一致，如图 3-17 所示；当地时间步长取值与流场计算相同，不同的是，求解离散伴随方程时是基于流场收敛解进行的，因此，稳定性更好，CFL 可以取得更大，图 3-18 为超声速低声爆客机第一伴随变量云图，在黏性流场计算时 CFL≤10.0 取值基本保证稳定收敛，离散伴随计算时 CFL=50 依然能够稳定收敛。

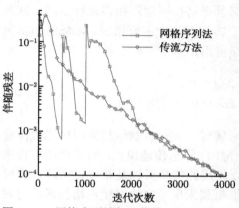
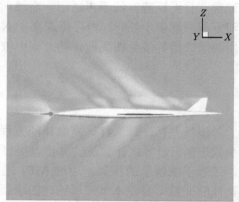

图 3-17　网格序列法加速收敛 (CFL=50)　图 3-18　超声速低声爆客机第一伴随变量云图
(阻力)

再回顾一下式 (3.5) 和式 (3.6)：

$$\frac{\mathrm{d}I}{\mathrm{d}\boldsymbol{X}} = \left\{ \frac{\partial I}{\partial \boldsymbol{X}} + \boldsymbol{\Lambda}^{\mathrm{T}} \frac{\partial \boldsymbol{R}}{\partial \boldsymbol{X}} \right\}$$

$$\begin{cases} \dfrac{\partial I}{\partial \boldsymbol{X}} \approx \dfrac{I(\boldsymbol{W}, \boldsymbol{X} + \Delta \boldsymbol{X}) - I(\boldsymbol{W}, \boldsymbol{X})}{\Delta \boldsymbol{X}} \\ \dfrac{\partial \boldsymbol{R}}{\partial \boldsymbol{X}} \approx \dfrac{\boldsymbol{R}(\boldsymbol{W}, \boldsymbol{X} + \Delta \boldsymbol{X}) - \boldsymbol{R}(\boldsymbol{W}, \boldsymbol{X})}{\Delta \boldsymbol{X}} \end{cases}$$

可以看出，在求解完毕伴随方程后，可以直接运用伴随变量求解梯度，最简单的方法是直接单侧或中心差分，由于流场变量不再迭代计算，因此，采用差分的计算量主要集中于网格变形技术。对于对接网格，常用的 RBF-TFI 变形网格算法 (见第 2 章) 具备极高的运算效率，结合并行计算，能够高效地进行梯度计算，某种程度上其计算量可以忽略。

梯度校核方面，以某型宽体飞机全机巡航构型外部绕流为算例 [3]，主要部件包含机翼、机身、挂架、短舱内外涵道、平尾及立尾。半模网格划分为 526 块，网格规模 2500 万，如图 3-19 所示。采用 SST 湍流模型，128 核进行并行计算。

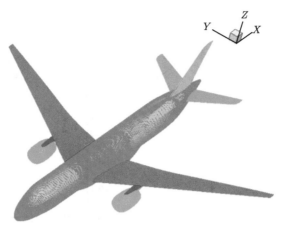

图 3-19   表面网格分布

图 3-20 给出了黏性离散伴随方程的收敛历程，可以看出本节求解方法对于复杂外形也非常稳定。图 3-21、图 3-22 分别为物面第一伴随变量云图与参数化 FFD 控制变量示意图。图 3-23 给出了任意选取的几个控制顶点的导数值对比，梯度幅值以及梯度方向一致，平均误差为 6%，可以看出，在外部黏性扰流问题中，基于薄层近似的黏性离散伴随导数计算精度较高，完全满足工程气动设计要求。

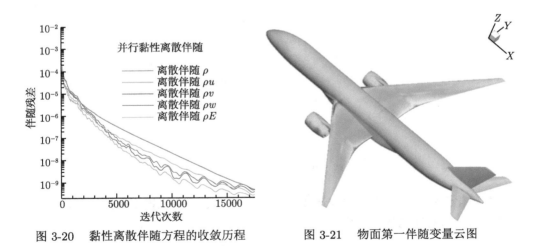

图 3-20   黏性离散伴随方程的收敛历程   图 3-21   物面第一伴随变量云图

为进一步检验伴随方程在内流问题中的梯度计算精度，采用超声速无附面层隔道进气道内外流一体化数值模拟为考核算例，涉及超声速入口、超声速出口、黏性物面及风扇入口 (质量流流场出口) 四类边界条件。

图 3-24 给出了设计状态进气道波系状态分布，图 3-25 给出了 DSI 进气道鼓

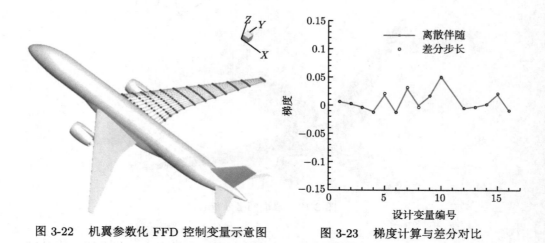

图 3-22　机翼参数化 FFD 控制变量示意图　　　　图 3-23　梯度计算与差分对比

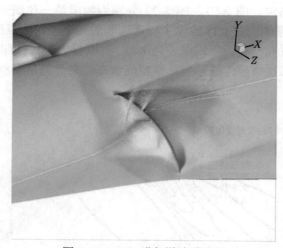

图 3-24　DSI 进气道波系分布

包参数化示意图，沿进气方向选取 5 个控制点，进行总压恢复系数梯度测试，这里给出总压对守恒变量的变分推导方法：

$$\frac{\partial p_0}{\partial \boldsymbol{W}} = \frac{\partial p_0}{\partial \boldsymbol{Q}} \frac{\partial \boldsymbol{Q}}{\partial \boldsymbol{W}} = \frac{\partial p_0}{\partial \boldsymbol{Q}} \boldsymbol{M}^{-1} \tag{3.94}$$

其中，$\dfrac{\partial p_0}{\partial \boldsymbol{Q}}$ 是总压对原始变量的求导，为进一步简化推导难度，将风扇入口处的声速近似为常数。

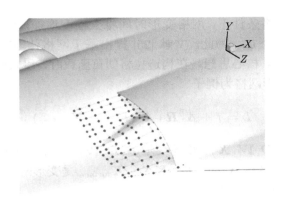

图 3-25　DSI 进气道鼓包参数化

图 3-26 给出了鼓包上任意选取几个控制点，计算风扇入口总压对控制点的导数，由于内外流一体化问题流动黏性效应较强，而本节黏性离散伴随计算采用了薄层近似，另外，在特征边界出口边界条件矩阵及总压 (目标函数) 变分时，声速近似为常数，这可能是带来误差的几个重要因素。综上所述，本节采用的方法误差较为明显，但依然较好地反映了梯度幅值变化趋势，且梯度方向一致，能够应用于气动优化。

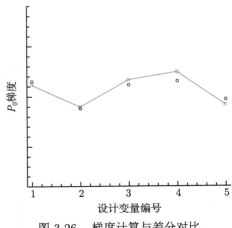

图 3-26　梯度计算与差分对比

尽管基于伴随方程求解，结合结构网格变形与差分方法进行梯度求解具备极高的效率，但对于以下两种情况其代价不可忽视：第一种情况，超大规模设计变量问题，对于维度大于 1000 的设计问题，作者做过测试，在千万量级网格条件下，并行化网格变形时间为 1~2s，1000 设计变量梯度计算耗时约 2000s，尽管相对于传统梯度方法大幅度提高，但对于优化过程仍然不可忽略。第二种情况，在非结构网格条件下，网格变形时间将大幅度增加，按式 (3.5) 进行梯度计算的代价将明显增加。为此，文献 [25] 提出基于网格伴随方程消除梯度计算对动网格的依赖，其核心思想是在构造拉格朗日函数时，引入网格变形主控方程残差，以弹簧法变形网格为例子 [4]：

$$L = f + \mathbf{\Lambda}_{\mathrm{f}}^{\mathrm{T}} \mathbf{R} + \mathbf{\Lambda}_{\mathrm{g}}^{\mathrm{T}} (\mathbf{KX} - \mathbf{X}_{\mathrm{surface}}) \tag{3.95}$$

式中，目标函数 $f(\mathbf{D}, \mathbf{W}, \mathbf{X})$、流场残差 $\mathbf{R}(\mathbf{D}, \mathbf{W}, \mathbf{X})$ 是关于设计变量 $\mathbf{D}$、流场守恒变量 $\mathbf{W}$、网格坐标 $\mathbf{X}$ 的导数；$\mathbf{KX} - \mathbf{X}_{\mathrm{surface}}$ 是变形网格主控方程残差，理想条件为零，需要迭代求解。

对式 (3.95) 进行求导可得

$$\frac{\mathrm{d}L}{\mathrm{d}\mathbf{D}} = \frac{\mathrm{d}}{\mathrm{d}\mathbf{D}} \left(f + \mathbf{\Lambda}_{\mathrm{f}}^{\mathrm{T}} \mathbf{R} + \mathbf{\Lambda}_{\mathrm{g}}^{\mathrm{T}} (\mathbf{KX} - \mathbf{X}_{\mathrm{surface}}) \right)$$

$$= \frac{\partial f}{\partial \mathbf{D}} + \left(\frac{\partial \mathbf{R}}{\partial \mathbf{D}} \right)^{\mathrm{T}} \mathbf{\Lambda}_{\mathrm{f}} + \left(\frac{\partial \mathbf{W}}{\partial \mathbf{D}} \right)^{\mathrm{T}} \left[\frac{\partial f}{\partial \mathbf{W}} + \left(\frac{\partial \mathbf{R}}{\partial \mathbf{W}} \right)^{\mathrm{T}} \mathbf{\Lambda}_{\mathrm{f}} \right]$$

$$+ \left(\frac{\partial \mathbf{X}}{\partial \mathbf{D}} \right)^{\mathrm{T}} \left[\frac{\partial f}{\partial \mathbf{X}} + \left(\frac{\partial \mathbf{R}}{\partial \mathbf{X}} \right)^{\mathrm{T}} \mathbf{\Lambda}_{\mathrm{f}} + \mathbf{\Lambda}_{\mathrm{g}}^{\mathrm{T}} \mathbf{K} \right] - \mathbf{\Lambda}_{\mathrm{g}}^{\mathrm{T}} \left(\frac{\partial \mathbf{X}}{\partial \mathbf{D}} \right)_{\mathrm{surface}} \tag{3.96}$$

从式 (3.96) 可以看出，传统有限差分的计算量主要由 $\dfrac{\partial \mathbf{X}}{\partial \mathbf{D}}$、$\dfrac{\partial \mathbf{W}}{\partial \mathbf{D}}$ 两项导致，令包含这两项的多项式系数为零，我们可以得到流场、网格伴随方程：

$$\frac{\partial f}{\partial \mathbf{Q}} + \left(\frac{\partial \mathbf{R}}{\partial \mathbf{W}} \right)^{\mathrm{T}} \mathbf{\Lambda}_{\mathrm{f}} = 0 \tag{3.97}$$

$$\frac{\partial f}{\partial \mathbf{X}} + \left(\frac{\partial \mathbf{R}}{\partial \mathbf{X}} \right)^{\mathrm{T}} \mathbf{\Lambda}_{\mathrm{f}} + \mathbf{\Lambda}_{\mathrm{g}}^{\mathrm{T}} \mathbf{K} = 0 \tag{3.98}$$

进一步对式 (3.97) 求解得到流场伴随变量 $\mathbf{\Lambda}_{\mathrm{f}}$，结合式 (3.98) 可以进一步得到网格伴随变量 $\mathbf{\Lambda}_{\mathrm{g}}$，代入式 (3.96) 可以得到目标函数关于设计变量的梯度：

$$\frac{\mathrm{d}L}{\mathrm{d}\mathbf{D}} = \frac{\partial f}{\partial \mathbf{D}} + \left(\frac{\partial \mathbf{R}}{\partial \mathbf{D}} \right)^{\mathrm{T}} \mathbf{\Lambda}_{\mathrm{f}} - \mathbf{\Lambda}_{\mathrm{g}}^{\mathrm{T}} \left(\frac{\partial \mathbf{X}}{\partial \mathbf{D}} \right)_{\mathrm{surface}} \tag{3.99}$$

由此，可以看出通过网格耦合伴随方程构造，完全消除了对变形网格的反复调用。

3.7 基于伴随方程的飞行器气动综合设计优化典型应用

本节将结合飞行器气动综合设计的典型算例，展现基于伴随方程优化思想的设计流程，同时对国内外应用现状进行分析、总结，为读者对基于伴随方程的气动综合设计能力以及进行较为全面的认识了解提供参考。

3.7.1 基于流场伴随方程的民用飞机综合优化

高亚声速民用飞机气动综合设计是典型的精细化设计范例，是典型的大规模设计变量问题，其设计品质直接决定了民机的经济性、先进性及安全环保性，伴随方程优化计算量对设计变量的无关性能够在该类问题中发挥重要作用。

基于宽体飞机 CRM (Common Research Model)[26] 为优化研究算例，进行本节方法的有效性验证。为方便进一步开展其他方面的研究，在 CRM 基础上加入了立尾。优化过程中主要部件同时包含机翼、机身、平尾及立尾。网格划分为 290 块，半模网格规模 1200 万量级，如图 3-27 所示。流场求解采用自主研发的大规模并行 CFD 软件 PMB3D，伴随变量求解采用自主研发的大规模并行 PADJ3D 软件，进一步采用并行化 RBF-TFI 网格变形技术进行梯度信息求解。计算过程采用中心格式，SST 湍流模型，LU-SGS 时间推进以及多重网格加速收敛技术，64 核进行并行计算。

该设计算例中，采用基于 NURBS 基函数的自由式变形 (Free Form Deformation，FFD) 参数化方法对超临界机翼进行参数化，图 3-28 给出了示意图，共采用 200 个控制顶点实现机翼气动外形参数化建模。该模型的设计要求是在满足几何约束的前提下，对巡航状态升阻比、阻力发散特性、抖振边界及力矩特性进行综合优化，设计状态为 $Ma = 0.85, Re = 5.0 \times 10^6$，其初始优化数学模型为

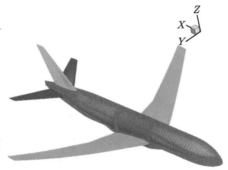

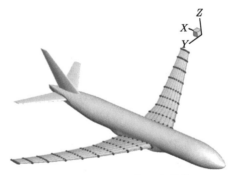

图 3-27　CFD 表面网格分布　　　　　图 3-28　自由式变形参数化

$$\begin{cases}
\min f_1 = C_{\mathrm{D}} \\
\min f_2 = |C_{my,C_{\mathrm{L}}=0.5,Ma=0.85} - 0|_{C_{\mathrm{L}}=C_{\mathrm{L,design}}} \\
\min f_3 = C_{\mathrm{D},C_{\mathrm{L}}=C_{\mathrm{L,buff}}} \\
\min f_4 = 100\,|C_{\mathrm{D},Ma=0.87} - C_{\mathrm{D},Ma=0.85}| \\
\mathrm{st.} \\
\dfrac{t_{\mathrm{root}}}{C} \geqslant 0.13, \quad \dfrac{t_{\mathrm{kink}}}{C} \geqslant 0.105, \quad \dfrac{t_{\mathrm{tip}}}{C} \geqslant 0.095, \quad C_{L,\mathrm{design}} = 0.5
\end{cases} \tag{3.100}$$

式中，$C_{\mathrm{L,design}}$，$C_{\mathrm{L,buff}}$，$\dfrac{t_{\mathrm{root}}}{C}$，$\dfrac{t_{\mathrm{kink}}}{C}$，$\dfrac{t_{\mathrm{tip}}}{C}$ 分别代表设计升力系数、抖振升力系数以及翼根、拐折、翼尖最大相对厚度。需要指出的是，几何约束条件仅在翼根、拐折及翼尖站位，三处位置可以严格满足约束，其他站位没有严格约束。可以看出该优化数学模型为典型的高维多目标优化设计问题，由于伴随优化本质上无法处理多目标优化问题，只能通过加权平均形式进行综合优化，因此我们进行伴随优化前，采用基于 PCA(主成分分析) 方法开展有效降维处理。首先，基于抽样数据进行 PCA，图 3-29 给出了特征值分布，可以看出第一分量占据特征值分布的 90%以上。图 3-30 给出了 $Ma = 0.87$，$C_{\mathrm{L}} = 0.5$ 状态与 $Ma = 0.85$，$C_{\mathrm{L}} = 0.6$ 状态的阻力系数增量的相关性分析示意图，这也是 PCA 的一个本质作用，即分析目标函数之间的相关性。

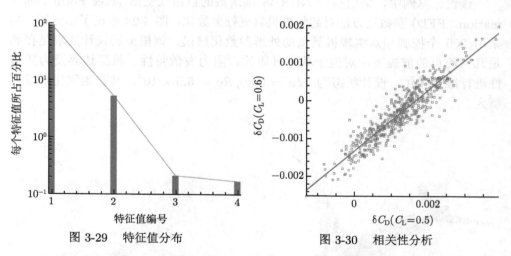

图 3-29　特征值分布　　　　　　　　图 3-30　相关性分析

依据 PCA 方法的相关性分析，最终选定 f_1、f_2 和 f_4 两个状态为目标函数，其中力矩做约束处理，开展多点优化，并进一步对优化结果进行 "冗余目标" 验证。

$$\begin{cases}
\min f_1 = C_{\mathrm{D}}, \quad Ma = 0.85 \\
\min f_2 = 100\,|C_{\mathrm{D},Ma=0.87} - C_{\mathrm{D},Ma=0.85}|
\end{cases} \tag{3.101}$$

结合伴随优化设计体系，建立加权形式的优化数学模型：

$$\min F = \omega f_1 + (1 - \omega) f_2$$
$$\begin{cases} \dfrac{t_{\text{root}}}{C} \geqslant 0.13, & \dfrac{t_{\text{kink}}}{C} \geqslant 0.105 \\ \dfrac{t_{\text{tip}}}{C} \geqslant 0.095, & C_{\text{L,design}} = 0.5, \quad C_{\text{my},C_{\text{L}}=0.5} = 0 \end{cases} \tag{3.102}$$

其中，ω 为对应权系数。

优化过程为满足升力系数的等式约束条件采用了定升力系数计算，此时攻角随设计变量变化而变化，是影响灵敏度计算的重要因素，且对灵敏度的计算具有变分贡献，为避免对攻角求解灵敏度，需要消去该项的显式依赖 [2]。对阻力系数变分：

$$\delta C_{\text{D}} = \frac{\partial C_{\text{D}}}{\partial D} \delta D + \frac{\partial C_{\text{D}}}{\partial \alpha} \delta \alpha \tag{3.103}$$

进一步考虑升力约束 $\delta C_{\text{L}} = 0$ 变分：

$$\delta C_{\text{L}} = \frac{\partial C_{\text{L}}}{\partial D} \delta D + \frac{\partial C_{\text{L}}}{\partial \alpha} \delta \alpha \tag{3.104}$$

可以得到固定升力系数条件下，攻角变分表达式为

$$\delta \alpha = - \left(\frac{\partial C_{\text{L}}}{\partial D} \delta D \right) \bigg/ \left(\frac{\partial C_{\text{L}}}{\partial \alpha} \right) \tag{3.105}$$

将式 (3.105) 代入式 (3.103) 可以得到定升力条件下的阻力系数灵敏度计算表达式：

$$\delta C_{\text{D}} = \frac{\partial C_{\text{D}}}{\partial D} \delta D - \frac{\partial C_{\text{D}}}{\partial \alpha} \bigg/ \left(\frac{\partial C_{\text{L}}}{\partial \alpha} \right) \left(\frac{\partial C_{\text{L}}}{\partial D} \right) \delta D \tag{3.106}$$

显然，式 (3.105) 中 $\dfrac{\partial C_{\text{D}}}{\partial \alpha} \bigg/ \left(\dfrac{\partial C_{\text{L}}}{\partial \alpha} \right)$ 代表升阻极曲线在设计点的切线斜率，通过目标函数引入极曲线切线斜率，消除了攻角的变分贡献。

在该算例中 [27]，基于 SQP(序列二次规划) 算法，开展伴随方法加权优化，不同权函数伴随优化采用分布式计算，每个权函数的伴随方法优化采用 64 核，共采用 256 核。在为虚拟 Pareto 前沿构建提供不同权函数组合数据后，基于虚拟 Pareto 前沿选择满足 Ma 在 0.85~0.87 时，阻力增量不大于 20counts①的权函数。

表 3-2 给出了设计前后不同外形在不同马赫数的气动特性对比，K 表示升阻比，基于 "虚拟前沿" 导向性权重的多点优化设计在阻力发散特性方面有明显

---

① count 阻力单位，1count=1×10^{-4}。

改善，0.85~0.87 阻力增量为 19.1counts，巡航升阻比也有明显提高。图 3-31、图 3-32 给出了单点优化及多点优化与初始构型压力云图的对比。可以看出，单点优化完全消除表面激波，多点优化呈现弱激波形态。图 3-33 给出了不同设计方法的优化历程，红线、绿线分别代表多点设计中 Ma=0.85、Ma=0.87 状态阻力优化历程曲线，蓝线代表 Ma=0.85 单点优化历程，各个方法均进行了 20 代优化。图 3-34 给出了展向绝对坐标 Y=5m、10m、15m、20m 站位压力分布优化前后对比，相对于初始外形激波强度均大幅减弱，单点设计与多点设计压力分布形态区别主要在拐折外翼段。以 Y=15m 站位压力分布来分析，单点设计压力分布呈无激波形态，阻力发散、抖振特性较好的多点设计气动外形典型压力分布形态压力恢复位置较初始外形靠前，压力恢复段呈现弱激波形态，紧跟一段较短的加速区 ("鼓包状压力分布")，如图 3-34 所示，该加速区再次恢复过程没有出现第二道激波，实际上，该处加速区一定程度可以减缓马赫数增大引起的激波强度的增加，对阻力发散较为有利。图 3-35 给出了不同优化方法设计结果的阻力发散特性对比，图 3-36、图 3-37 和图 3-38 给出了不同外形的在 C_L=0.62 下的表面极限流线，可以看出，初始外形已经大面积分离，单点优化与多点优化的流动均为小分离泡形式，一定程度上反映了抖振特性的改善，也验证了本节综合分析方法的可行性。

表 3-2　不同设计结果升阻特性对比

状态	初始外形	单点设计	多点设计
$C_{D,Ma=0.85}$	0.02883	0.02751	0.02766
$C_{m,Ma=0.85}$	0.0237	-0.0030	-0.0026
$K_{Ma=0.85}$	17.34	18.17	18.07
$C_{D,Ma=0.87}$	0.0317	0.02998	0.02957

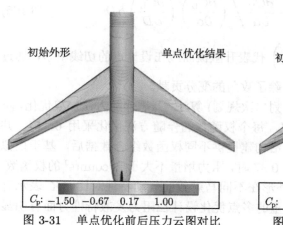

图 3-31　单点优化前后压力云图对比

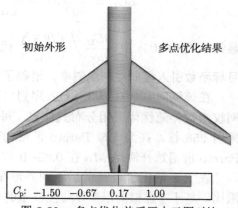

图 3-32　多点优化前后压力云图对比

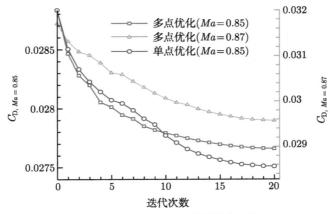

图 3-33　不同设计方法的优化历程

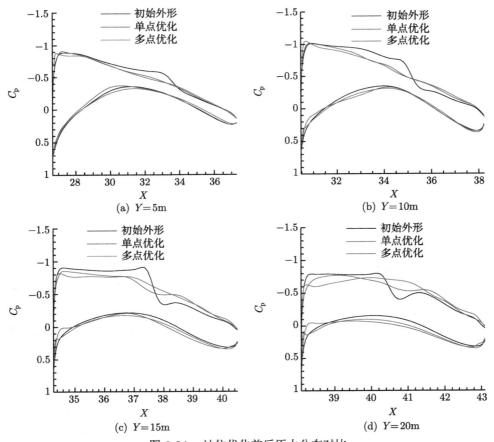

图 3-34　站位优化前后压力分布对比

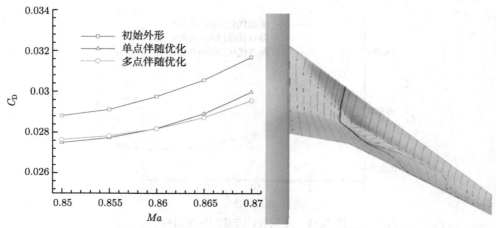

图 3-35　单点与多点设计阻力发散特性对比　图 3-36　初始外形表面极限流线 $(C_L = 0.62)$

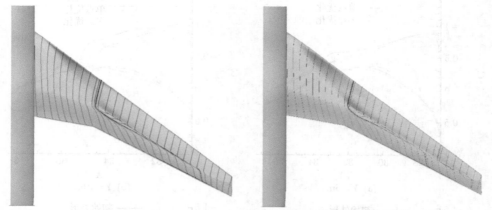

图 3-37　单点优化外形极限流线 $(C_L = 0.62)$　图 3-38　多点优化外形极限流线 $(C_L = 0.62)$

从以上算例可以看出：

(1) 主分量分析可以有效分析出在一定的设计空间内不同目标函数的相关性，为目标空间有效降维提供参考。

(2) 民用飞机构型单点、多点优化结果表明，相关性较强的目标函数特性均有所改善，验证了主分量分析方法的有效性。

(3) 多点设计外形的阻力发散特性、抖振特性得到了明显改善，验证了在主分量分析结果基础上，"虚拟可行解方法"结合离散伴随优化方法的有效性。

(4) 阻力发散、抖振特性较好的气动外形典型压力分布形态呈现弱激波形态，压力恢复位置较初始外形靠前，这与流动机理分析及气动设计经验的认知较为一致。

(5) 本节提出的综合设计在不失主特征的前提下，提高多目标优化可视化水平。同时 "虚拟可行解方法" 结合离散伴随优化方法能够充分结合两种方法的优势，实现高效多点设计。

尽管 "虚拟可行解" 结合伴随方法优化的设计结果依赖于初始点的选择 (由于加权叠加目标函数存在多峰值特征的可能性)，但对于工程型号设计问题来说，不失为一种简捷高效、具有工程应用价值的方法。如何进行初始点有效选择，提高基于伴随理论与 "虚拟可行解" 方法的优化设计品质、效率是值得进一步研究的方向。

3.7.2 基于流场伴随方程的内流优化

选择某边界层吸入式进气道构型验证本节方法的可靠性。这里采用了简化的 BLI 构型，只取机身和尾部的动力装置。模型的具体形状见图 3-39(a)。

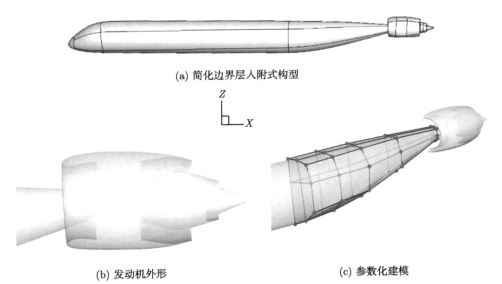

(a) 简化边界层入附式构型

(b) 发动机外形　　　　　　　　　(c) 参数化建模

图 3-39　边界层吸入式构型计算模型

图 3-39(c) 给出了对 BLI 构型的 FFD 控制框和控制点分布，优化的目标函数为总压畸变指数 DC_{60}。计算状态为 $Ma = 0.8, \alpha = 0^0, Re = 2.7 \times 10^7$，约束为机身对称面轮廓线的最大厚度不降低。进排气边界条件见表 3-3(总压比为总压与自由来流静压之比，总温比为总温与自由来流静温之比)。

首先对 BLI 构型划分多块结构化网格，网格量为 240 万。为了保证网格质量，发动机处采用多层 O 型网格的拓扑结构，附面层采用外 O 的形式。图 3-40 给出了发动机物面处的网格和对称面的表面网格。

表 3-3　　模型典型计算状态

计算状态	入口流量系数	出口总压比		出口总温比	
		外涵道	内涵道	外涵道	内涵道
$Ma = 0.8$	0.825	2.69	2.67	1.362	3.628

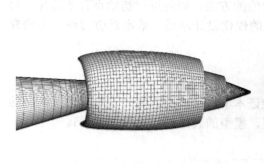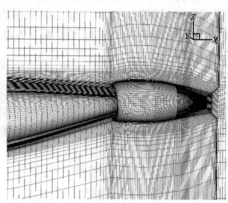

(a) 发动机物面处的网格　　　　　　　　(b) 对称面的表面网格

图 3-40　　发动机物面处的网格和对称面的表面网格

图 3-41 给出了伴随变量的残差收敛历程，图 3-42 给出了物面的第一伴随变量云图，伴随变量在一定程度上能反映梯度的重要影响区域，从第一伴随变量云图来看，机身与风扇交接处的上、下表面伴随变量值变化较为明显，是外形设计需要重点关注的区域。

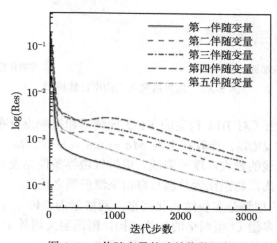

图 3-41　　伴随变量的残差收敛历程

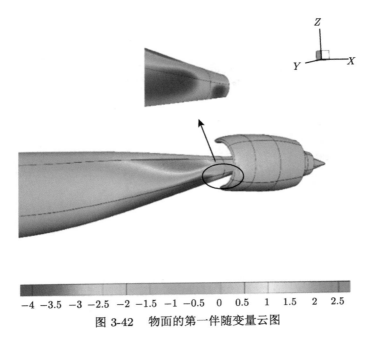

图 3-42　物面的第一伴随变量云图

图 3-43 给出了 12 个设计变量条件下，总压畸变指数 DC_{60} 的优化历程。经过 25 次迭代，DC_{60} 从初始的 0.6536 降低到 0.2500，下降了约 61.75%。图 3-44 给出了优化前后风扇处的总压云图对比，可以看出，相对于初始外形的总压分布不均匀现象，经过优化后总压分布均匀性得到明显改善。

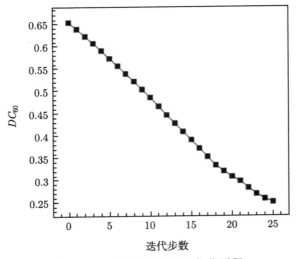

图 3-43　总压畸变指数的优化历程

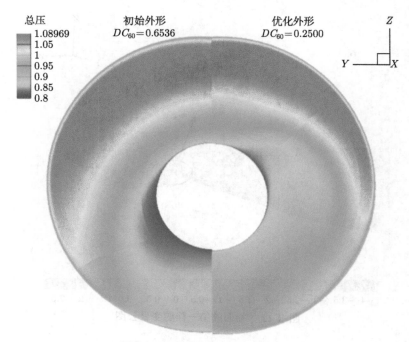

图 3-44　优化前后总压云图对比

图 3-45 给出了优化前后机身外形的对比，白色是初始外形，红色是优化后的外形。机身下表面与风扇相交的位置向上移动，轮廓线更趋于直线。优化后的机身下表面向发动机风扇位置的过渡更加缓和，有助于流动缓慢恢复，总压分布更加均匀。

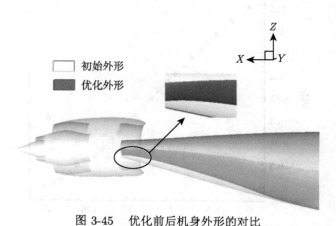

图 3-45　优化前后机身外形的对比

为了考虑设计变量个数对优化结果的影响，这里将设计变量的个数增加到 35，而且对机身上表面也进行参数化。图 3-46 给出了设计变量 12 个和 35 个时，总压畸变指数降低的历程 (N_Var=12，N_Var=35 分别表示 12 个和 35 个设计变量下的优化结果)。从中可以看出，增加设计变量后，总压畸变指数下降速度更快，经过 20 次迭代，DC_{60} 从初始的 0.6536 降低到 0.1315，下降了 79.9‰。

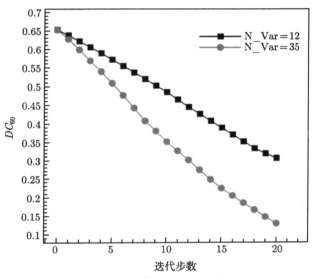

图 3-46 不同个数设计变量下优化历程对比

图 3-47 给出了采用 35 个设计变量的优化结果，经过 20 次迭代后的外形与初始外形的对比，可以看出，在进气道入口处，机身上下表面都向 Z 向正方向移

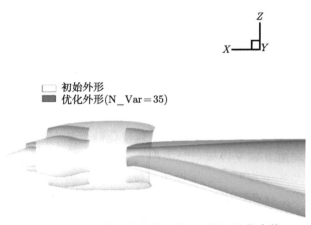

图 3-47 35 个设计变量优化前后外形对比 (迭代步数 =20)

动，整体的轮廓线过渡更加缓和。图 3-48 给出了增加设计变量前后的总压云图对比 (15 次迭代和 20 次迭代)，增加设计变量后，总压恢复分布更加均匀，整体的总压畸变指数得到改善。

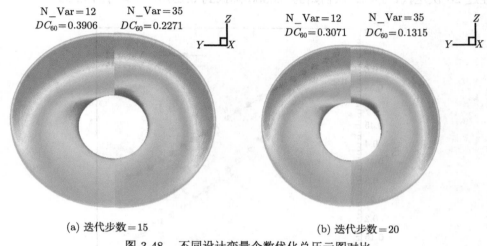

(a) 迭代步数 = 15　　　　　　　　　　　　(b) 迭代步数 = 20

图 3-48　　不同设计变量个数优化总压云图对比

表 3-4 给出了优化前后的进气道性能对比。无论 12 个设计变量还是 35 个设计变量的优化，周向总压畸变指数都比初始改善。经过 20 次迭代，35 个设计变量下，周向总压畸变指数降低了 79.88%。从 DC_{60} 的定义式可以看出，风扇处的平均总压 P_{av}^{*} 降低和扇面的最小总压 P_{60}^{*} 升高都会使得畸变指数改善，因此 DC_{60} 的改善可能使得总压恢复有一定的降低。优化后的外形总压恢复系数改变了 1%～2%，基本是与初始持平的。

表 3-4　　优化前后的进气道性能对比 (迭代步数 = 20)

指标	初始外形	优化结果 (N_Var=12)	变化量	优化结果 (N_var=35)	变化量
总压畸变	0.6536	0.3071	−53.01%	0.1315	−79.88%
总压恢复	0.89	0.88	−1.12%	0.87	−2.24%

图 3-49 给出了在 12 个、35 个设计变量优化前后风扇处三个周向角站位的径向总压分布。周向角 θ 定义以风扇最底部为 0°，最顶部为 180°。初始外形的三个站位下总压分布相差较大，12 个设计变量优化后，内层分布不均匀性得到一定改善，但是外层仍然存在较明显的不均匀现象。35 个设计变量优化后，三个周向站位的总压分布曲线更加接近，说明风扇处的整个周向总压畸变得到明显改善。

图 3-50 给出了优化前后风扇处马赫数云图的对比 (20 次迭代)。增加设计变

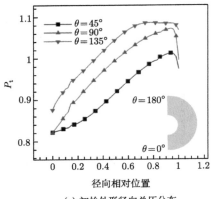

(a) 初始外形径向总压分布

(b) 12个设计变量优化总压(迭代步数 = 20)

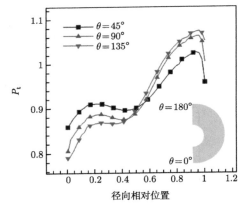

(c) 35个设计变量优化后径向总压分布(迭代步数 = 20)

图 3-49 优化前后径向总压分布

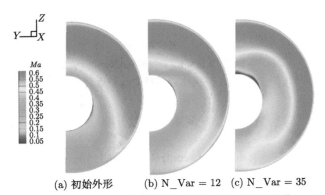

(a) 初始外形   (b) N_Var = 12   (c) N_Var = 35

图 3-50 优化前后风扇处马赫数云图的对比 (迭代步数 = 20)

量后，风扇外圈的马赫数沿周向分布更加均匀，这与总压分布的规律一致。图 3-51
给出了三个周向站位的径向马赫数分布曲线，相对于 12 个设计变量优化，35 个
设计变量优化后三个站位的马赫数分布更加接近，风扇整体的马赫数周向分布趋
于同心圆形态。

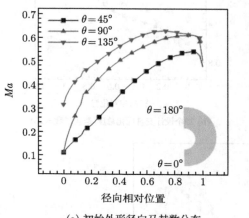

(a) 初始外形径向马赫数分布

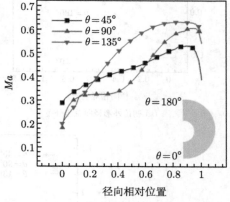

(b) 12个设计变量优化径向马赫数(迭代步数=20)

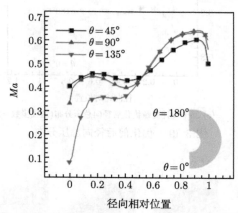

(c) 35个设计变量优化后径向马赫数分布(迭代步数=20)

图 3-51　优化前后径向马赫数分布

参 考 文 献

[1] Jameson A. Aerodynamic design via control theory[J]. Journal of Scientific Computing, 1988, 3: 233-260.

[2] Giles M B, Duta M C. Algorithm developments for discrete adjoint methods[J]. AIAA Journal, 2003, 41(2): 198-205.

[3] Carpentieri G. An adjoint-based shape-optimization method for aerodynamic design[D]. Delft: Technische Universiteit, 2009.

[4] Amoignon O, Berggren M. Adjoint of a median-dual finite-volume scheme application to transonic aerodynamic shape optimization[R]. Technical Report 2006-3, Uppsala University, 2006.

[5] Reuther J. Aerodynamic shape optimization using control theory[D]. Davis: University of California, 1996.

[6] Zang T A, Green L L. Multidisplinary design optimization techniques: implications and opportunities for fluid dynamics research[C]. 30th AIAA Fluid Dynamics conference, 1999. http://fmad-www.larc.nasa.gov/mdob/MDOB.

[7] Nielsen E J, Anderson W K. Recent improvements in aerodynamic design optimization on unstructrued meshes[J]. AIAA Journal, 2002, 40(6): 1155-1163.

[8] Dwight R P, Brezillon J. Effect of various approximations of the discrete adjoint on gradient-based optimiza-tion[C]. AIAA0690, 2006.

[9] Carrier G, Destarag D, Damont A, et al. Gradient-based aerodynamic optimization with the elsA software[C]. AIAA 2014-0568, 2014.

[10] Qin N, Wong W S，Moigne A L. Three-dimensional contour bumps for transonic wing drag reduction[J]. Proceedings of the Institution of Mechanical Engineers, Part G: Journal of Aerospace Engineering, 2008, 222(5): 619-629.

[11] 左英桃, 高正红, 詹浩. 基于 N-S 方程和离散共轭方法的气动设计方法研究 [J]. 空气动力学学报, 2009, 27(1): 67-72.

[12] 熊俊涛, 乔志德, 杨旭东, 等. 基于黏性伴随方法的跨声速机翼气动优化设计 [J]. 航空学报, 2007, 28(2): 281-285.

[13] 屈崑, 李记超, 蔡晋生. CFD 数学模型的线性化方法及其应用 [J]. 航空学报, 2015, 36(10): 3218-3227.

[14] 张朝磊, 厉海涛, 丰镇平. 基于离散伴随方法的透平叶栅气动优化 [J]. 工程热物理学报, 2012, 33(1): 47-50.

[15] 关键. 基于伴随方程的二维翼型气动外形优化设计 [D]. 南京: 南京航空航天大学, 2011.

[16] 李彬, 邓有奇, 唐静, 等. 基于三维非结构混合网格的离散伴随优化方法 [J]. 航空学报, 2014, 35(3): 674-686.

[17] 黄江涛, 刘刚, 周铸, 等. 基于离散伴随方程求解梯度信息的若干问题研究 [J]. 空气动力学学报, 2017, 35(4): 554-562.

[18] Vos J B, Leyland P, van Kemenade V, et al. NSMB Handbook 5.0[R], Lausanne, 2003.

[19] Yoon S, Jameson A. A multigrid LU-SSOR scheme for approximate newton iteration applied to the Euler equations[R]. NASA-CR-179524, 1986.

[20] Jameson A, Schmidt W, Turkel E. Numerical solutions of the Euler equations by flnite volume methods using Runge-Kutta time stepping[C]. AIAA 81-1259, 1981.

[21] Swanson R C, Turkel E. Artiflcial dissipation and central diference schemes for the Euler and Navier-Stokes equations[C]. AIAA 87-1107, 1987.

[22]　Martinelli L. Calculations of viscous flows with a multigrid method[D], Princeton: Princeton University United States, 1987.

[23]　Spalart P, Allmaras S. A One-equation turbulence model for aerodynamic flows[C]. AIAA 92-0439, 1992.

[24]　Menter F R. Zonal two equation k-omega turbulence models for aerodynamic fows[C]. AIAA-93-2906,1993.

[25]　Nielsen E J, Park M A. Using an adjoint approach to eliminate mesh sensitivities in computational design[J]. AIAA, 2006, 44(5): 948-953.

[26]　Vassberg J C, Dehaan M A, Rivers S M, et al. Development of a common research model for applied CFD validation studies[R]. AIAA, 6919, 2008.

[27]　黄江涛, 周铸, 高正红, 等. 大型民用飞机气动外形典型综合设计方法分析 [J]. 航空学报, 2019, 40(2): 522369.

第 4 章　耦合伴随理论与气动结构耦合伴随方程

基于伴随方法的梯度类方法是近年来较为热门的研究方向，基于伴随方程的梯度优化以其独有的优势，在气动设计等领域发挥了重要作用，也是国内外空气动力学研究机构一个重要的研究方向，而基于交叉学科变分思想的多学科伴随优化方法也开始在工程领域发挥重要作用。例如，考虑气动弹性变形的柔性机翼设计，若采用基于差分的梯度优化以及进化算法开展多学科多目标优化，其计算量非常庞大，甚至难以忍受，设计效率极为低下。此时基于多学科耦合伴随灵敏度分析的优化方法在综合设计上具有更加突出的优势。不仅如此，在结构、电磁、声学、红外、能量管理等与飞行器设计息息相关的学科，多学科耦合伴随方法也具有较大的发展潜力。由于多学科耦合伴随方法具有优化代价小，梯度计算量与各个学科设计变量个数基本无关等优点，且通过耦合伴随方程的求解能够快速计算出各个学科关心的各个目标函数对各学科设计变量的导数，备受研究人员和工程师的关注与喜爱，必将在未来多学科优化领域发挥重要作用。

本章对多学科耦合伴随优化方法研究进展、应用现状进行详细系统总结、归纳，对飞行器综合设计涉及的典型学科变分/耦合变分/关键环节的变分推导、耦合伴随方程的求解及应用存在的难点进行深入分析，并进一步提出耦合伴随方程的几项值得关注的技术方向，展望了未来的发展趋势。希望能够为多学科耦合伴随方法的研究人员提供有价值的参考，促进国内航空航天飞行器多学科协同数值优化设计技术的发展。

4.1　跨学科耦合伴随方程基本原理与要素

由于多学科耦合伴随方法具有优化代价小，梯度计算量与各个学科设计变量个数基本无关等优点，且通过耦合伴随方程的求解能够快速计算出各个学科关心的各个目标函数对各学科设计变量的导数，备受研究人员和工程师的关注与喜爱，必将在未来多学科优化领域发挥重要作用。

国内在流场伴随方程求解器自主研发方面取得了系列的进展。然而，大多研究工作局限于单学科伴随方法，在多学科耦合伴随方法自主研发、研究方面较为欠缺，研究基础比较薄弱。

在涉及复杂耦合系统综合优化方面，传统的优化手段、灵敏度分析手段，由于学科强耦合因素，往往表现得力不从心，多学科耦合伴随理论的出现，使得高效计算多学科耦合灵敏度成为可能，在飞行器多学科优化领域，目前最活跃的领域包含了气动、结构、电磁、噪声等学科，由于目标函数个数、学科交叉耦合变分推导难度及交叉变分雅可比矩阵存储的限制，从目前发表的文献来看，大部分研究工作针对两个学科耦合伴随优化展开。另一方面，耦合伴随方法中交叉学科导数项的具体推导方法，各类雅可比矩阵组装的大型稀疏矩阵求解，变分简化处理方式及学科之间物理场信息、伴随变量交换、存储方式直接影响了多学科变分的简捷性、多学科耦合系统计算效率以及梯度信息的计算精度，因此，下面将对典型多学科耦合伴随方法的关键环节进行论述和总结。

再次回顾伴随方程 (3.4)：

$$\frac{\partial I}{\partial \boldsymbol{W}} + \boldsymbol{\varLambda}^{\mathrm{T}} \frac{\partial \boldsymbol{R}}{\partial \boldsymbol{W}} = 0$$

正如 3.1 节所述，上述伴随算子既可以是单学科伴随算子，也可以是多学科伴随算子，对应的残差同样也可以是多学科约束。采用相同方式进行伴随方程推导，可以得到多学科耦合伴随方程。

学科之间构造跨学科耦合伴随方程，主要有三部分工作量：第一部分是学科自身伴随方程雅可比构造，第二部分是交叉耦合雅可比，第三部分是多个目标函数对多物理场的变分。为方便起见，直接利用式 (3.4)，我们不妨将三学科耦合伴随方程的总矩阵 $\boldsymbol{A}$ 定义为以下形式：

$$\boldsymbol{A} = \begin{bmatrix} \boldsymbol{A}_{11} & \boldsymbol{A}_{12} & \boldsymbol{A}_{13} \\ \boldsymbol{A}_{21} & \boldsymbol{A}_{22} & \boldsymbol{A}_{23} \\ \boldsymbol{A}_{31} & \boldsymbol{A}_{32} & \boldsymbol{A}_{33} \end{bmatrix}^{\mathrm{T}} \tag{4.1}$$

$\boldsymbol{A}_{11}, \boldsymbol{A}_{22}, \boldsymbol{A}_{33}$ 分别代表 $\boldsymbol{A}_1, \boldsymbol{A}_2, \boldsymbol{A}_3$ 学科的自身伴随方程雅可比，$\boldsymbol{A}_{12}, \boldsymbol{A}_{13}$ 分别代表 $\boldsymbol{A}_1$ 学科残差对 $\boldsymbol{A}_2, \boldsymbol{A}_3$ 学科物理场的交叉导数雅可比，$\boldsymbol{A}_{21}, \boldsymbol{A}_{23}$ 分别代表 $\boldsymbol{A}_2$ 学科残差对 $\boldsymbol{A}_1, \boldsymbol{A}_3$ 学科物理场的交叉导数雅可比，$\boldsymbol{A}_{31}, \boldsymbol{A}_{32}$ 分别代表 $\boldsymbol{A}_3$ 学科残差对 $\boldsymbol{A}_1, \boldsymbol{A}_2$ 学科物理场的交叉导数雅可比。耦合伴随方程构造的一个关键环节是学科交叉导数雅可比项构造与组装，其核心是并行环境下作用区域的检索，依赖于界面耦合方式及其具体算法。

进一步，我们不妨假定有 N 个学科综合设计问题，分别对应学科残差 $\boldsymbol{R}_1$，$\boldsymbol{R}_2$，$\boldsymbol{R}_3$，$\cdots$，$\boldsymbol{R}_N$，场变量 $\boldsymbol{W}_1$，$\boldsymbol{W}_2$，$\boldsymbol{W}_3$，$\cdots$，$\boldsymbol{W}_N$，以及"耦合"伴随算子 $\boldsymbol{\varLambda}_1$，$\boldsymbol{\varLambda}_2$，$\boldsymbol{\varLambda}_3$，$\cdots$，$\boldsymbol{\varLambda}_N$，直接代入式 (3.4) 可以得到耦合伴随方程的通用形式：

$$
\left(
\begin{array}{ccccc}
\dfrac{\partial \boldsymbol{R}_1}{\partial \boldsymbol{W}_1} & \dfrac{\partial \boldsymbol{R}_1}{\partial \boldsymbol{W}_2} & \dfrac{\partial \boldsymbol{R}_1}{\partial \boldsymbol{W}_3} & \cdots & \dfrac{\partial \boldsymbol{R}_1}{\partial \boldsymbol{W}_N} \\[3mm]
\dfrac{\partial \boldsymbol{R}_2}{\partial \boldsymbol{W}_1} & \dfrac{\partial \boldsymbol{R}_2}{\partial \boldsymbol{W}_2} & \dfrac{\partial \boldsymbol{R}_2}{\partial \boldsymbol{W}_3} & \cdots & \dfrac{\partial \boldsymbol{R}_2}{\partial \boldsymbol{W}_N} \\[3mm]
\dfrac{\partial \boldsymbol{R}_3}{\partial \boldsymbol{W}_1} & \dfrac{\partial \boldsymbol{R}_3}{\partial \boldsymbol{W}_2} & \dfrac{\partial \boldsymbol{R}_3}{\partial \boldsymbol{W}_3} & \cdots & \dfrac{\partial \boldsymbol{R}_3}{\partial \boldsymbol{W}_N} \\[3mm]
\vdots & \vdots & \vdots & & \vdots \\[3mm]
\dfrac{\partial \boldsymbol{R}_N}{\partial \boldsymbol{W}_1} & \dfrac{\partial \boldsymbol{R}_N}{\partial \boldsymbol{W}_2} & \dfrac{\partial \boldsymbol{R}_N}{\partial \boldsymbol{W}_3} & \cdots & \dfrac{\partial \boldsymbol{R}_N}{\partial \boldsymbol{W}_N}
\end{array}
\right)^{\mathrm{T}}
\begin{bmatrix}
\boldsymbol{\varLambda}_1 \\[3mm]
\boldsymbol{\varLambda}_2 \\[3mm]
\boldsymbol{\varLambda}_3 \\[3mm]
\vdots \\[3mm]
\boldsymbol{\varLambda}_N
\end{bmatrix}
= -
\begin{bmatrix}
\dfrac{\partial I}{\partial \boldsymbol{W}_1} \\[3mm]
\dfrac{\partial I}{\partial \boldsymbol{W}_2} \\[3mm]
\dfrac{\partial I}{\partial \boldsymbol{W}_3} \\[3mm]
\vdots \\[3mm]
\dfrac{\partial I}{\partial \boldsymbol{W}_N}
\end{bmatrix}
\tag{4.2}
$$

从式 (4.2) 可以看出耦合伴随方程求解的基本要素:

(1) 各个学科本身的伴随方程雅可比。

(2) 各个学科之间的交叉耦合雅可比; 该项构造最为复杂, 依赖于每两个学科之间的耦合模式及数据传递方式, 后续将详细介绍。

(3) 目标函数对多学科场变量导数。

跨学科耦合伴随方程框架中, 主对角线是典型的学科自身的伴随方程雅可比, 而非对角线上为学科交叉雅可比, 是判断学科场变量之间是否存在耦合的重要依据, 也是单学科耦合伴随方程的最大区别; 右端项代表目标函数对各个学科场变量的导数, 该目标函数可以是某个学科的设计目标, 也可以是多个学科设计目标的有机组合。

与单学科伴随方程不同, 跨学科耦合方程的雅可比分布特征更为复杂, 求解难度更大。主对角线上学科自身雅可比分布稀疏性和紧密性特征共存, 非对角线交叉雅可比分布特征更为复杂, 通常依赖于数据传递方式以及多物理场作用模式, 带状分布特征可能不复存在, 给雅可比存储以及矩阵求解带来了极大挑战, 这是跨学科耦合伴随方程求解面临的一个难题, 后续依据典型场景进行详细分析。

4.2　气动结构耦合伴随方程

未来飞机发展的一个重要方向是重量较轻的复合材料结构柔性机翼设计 (如 B787、B747-8 等宽体客机), 彼时气动、结构耦合效应将更加明显。考虑气动弹性变形的柔性机翼若采用传统差分的梯度优化、进化算法开展灵敏度分析以及多学科多目标优化, 其计算量非常庞大, 当前计算条件难以承受, 设计效率极为低下。基于气动/结构多学科耦合伴随方法的耦合灵敏度分析在综合设计上将具有更加突出的优势, 通过耦合伴随方程的求解能够快速计算出气动、结构等学科关心的各个目标函数对公共设计变量以及独立设计变量的导数, 在未来多学科优化领域将发挥重要作用, 为多学科优化提供有力技术支持。

4.2.1　结构有限元分析方法

结构有限元分析是开展气动结构耦合伴随方程不可或缺的分析环节, 一方面为学科分析提供手段, 另一方面为伴随方程构造提供输入。有限元法本质上是一种偏微分方程的数值解法, 50 余年来, 有限元法经历了诞生、发展和完善三个时期, 到目前为止有限元方法在算法的通用性方面已达到了很高的程度, 不但在功能方面有相当广泛的覆盖面, 且可用于对各种复杂工程结构的分析 [1-3]。当实际工程问题简化为相应的偏微分方程及其边界条件、初始条件后, 采用有限元法进行分析的要点如下。

(1) 离散: 将代表实际结构的求解域离散成若干个子域 (单元), 单元之间通过它们的边界相互连接, 其连接点称为节点。

(2) 插值: 每个单元内的待求场变量 (如位移) 值通过节点处的值及其对应的插值函数表达, 由于单元之间的节点相互连接且具有相同的值, 因此节点处的值构成了有限元求解的基本未知量, 原先具有无穷多未知量的问题转化为有限维度的问题。

(3) 有限元方程的建立与求解: 通过与原数学问题等价的变分原理或加权余量法, 建立以基本未知量表达的代数方程组或常微分方程组, 采用相应的数值算法求解该方程即可得到问题的有限元近似解。

一个完整的结构有限元法求解过程, 包含如下关键步骤:

(1) 有限元数据准备 (导入)

有限元计算的数据包含节点坐标、单元信息、材料参数、载荷与边界条件等。这些数据需要预先生成并保存至文本文件或二进制文件中以备使用。

(2) 单元矩阵计算

单元矩阵计算包含单元刚度矩阵和质量矩阵, 是有限元分析的核心。单元刚度矩阵反映了有限单元的刚度特性, 即单元节点内力和单元节点位移之间的线性关系。单元质量矩阵反映了有限单元的惯性特性, 即单元节点惯性力和单元节点加速度之间的线性关系。单元矩阵的推导过程基于势能原理 (如最小势能原理) 或加权余量法 (如伽辽金法), 详细的推导过程请参见单元矩阵计算章节。

(3) 总体矩阵集成

单元矩阵计算完成后需要根据其节点在总体自由度的位置进行组装, 其主要思路与结构力学中的直接刚度法完全一致。值得注意的是, 由于单元矩阵的计算通常位于单元局部坐标系, 为了整体求解的一致性, 需要对其进行坐标变换; 另一方面, 针对实际工程中复杂的边界和约束条件 (如斜支撑、多点约束等), 还需要对部分节点自由度进行重新映射。

(4) 载荷计算

载荷计算用于生成有限元求解方程的右端项，常见的载荷类型包含节点力、单元载荷 (如重力)、线或面载荷 (如压力)、非齐次位移边界条件 (如支座位移)。除节点力外，其他类型的载荷都需要通过有限元离散转化为等效的节点力加入右端项。

(5) 分析类型

线性结构有限元分析主要包含以下类型：静力分析、模态分析、瞬态分析、频响/谐响应、线性屈曲分析等；同时由于工程结构类型复杂性，有限元软件功能还需包括的功能有：多类型节点约束关系处理 (钢臂、主从、耦合方程等)、多类型单元 (梁、板、膜、杆、壳、实体以及特殊单元)、多类型材料、多类型载荷等。

结构有限元法中，利用虚位移原理可以推导出位移模式有限元公式。所谓弹性体虚位移是指满足变形协调条件和边界约束条件的任意的无限小位移，可以用 δu 来表示。虚位移原理可表述为：一个弹性体在外力作用下处于平衡状态，则对于任何约束允许的虚位移来说，外力所做的虚功等于内力的虚功。这里虚功是指真实的力在虚位移上所做的功。其表达式为

$$\delta U = \delta W \tag{4.3}$$

其中，δU 表示内力虚功

$$\delta U = \iiint_V \boldsymbol{\sigma}^{\mathrm{T}} \delta \boldsymbol{\varepsilon} \mathrm{d}V \tag{4.4}$$

其中，δW 为外力虚功 (假设单元初始为无应力状态)

$$\delta W = \iiint_V \delta \boldsymbol{u}^{\mathrm{T}} \bar{\boldsymbol{f}} \mathrm{d}V + \iint_S \delta \boldsymbol{u}^{\mathrm{T}} \bar{\boldsymbol{T}} \mathrm{d}S + \iiint_V \delta \boldsymbol{u}^{\mathrm{T}} \rho \ddot{\boldsymbol{u}} \mathrm{d}V \tag{4.5}$$

$\bar{\boldsymbol{f}}, \bar{\boldsymbol{T}}$ 分别表示微元上的体积力和面力，上式右端第三项表示惯性效应。另一个重要步骤是线性化和离散，其中离散指的是利用在每一单元内假设的近似函数来表示求解域上未知场函数。单元的近似函数通常由未知场函数在各个单元节点上的函数值以及单元插值函数表达。因此，在一个问题的有限元分析中，未知场函数的节点值就成为新的未知量，从而使一个连续的无限自由度问题化为离散的有限自由度问题。

以三维 8 节点六面体单元为例，如图 4-1 所示，单元的每个节点具有三个线位移自由度。

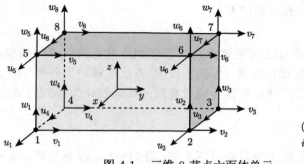

$$(x_i, y_i, z_i)$$
$$i = 1, 2, 3, \cdots, 8$$

图 4-1　三维 8 节点六面体单元

　　使用分片连续函数代替原有连续的位移场，单元内部任意点坐标可以通过节点坐标获得

$$\boldsymbol{x} = N_i \boldsymbol{x}_i \tag{4.6}$$

N_i 称为形函数矩阵，其表达式为

$$\boldsymbol{N}_i = \frac{1}{8} \left(1 + \xi_i \xi\right) \left(1 + \eta_i \eta\right) \left(1 + \zeta_i \zeta\right) \tag{4.7}$$

式中，ξ_i, η_i, ζ_i 分别表示 i 节点的参数坐标值。

　　对于等参单元，位移插值使用和形状插值相同的形函数，则单元内部任意一点的位移可以通过单元节点位移得到

$$\underset{(3 \times 1)}{\boldsymbol{u}} = \begin{bmatrix} u \\ v \\ w \end{bmatrix} = \begin{bmatrix} N_1 & 0 & 0 & N_2 & 0 & 0 & \cdots & N_8 & 0 & 0 \\ 0 & N_1 & 0 & 0 & N_2 & 0 & \cdots & 0 & N_8 & 0 \\ 0 & 0 & N_1 & 0 & 0 & N_2 & \cdots & 0 & 0 & N_8 \end{bmatrix} \cdot \boldsymbol{q}^e$$

$$= \underset{(3 \times 24)}{\boldsymbol{N}} \cdot \underset{(24 \times 1)}{\boldsymbol{q}^e} \tag{4.8}$$

　　将位移插值代入几何方程得到

$$\boldsymbol{\varepsilon} = \boldsymbol{B} \boldsymbol{q}^e \tag{4.9}$$

其中

$$\boldsymbol{B} = \begin{bmatrix} B_1 & B_2 & B_3 & B_4 & B_5 & B_6 & B_7 & B_8 \end{bmatrix} \tag{4.10}$$

$$\boldsymbol{B}_i = \begin{bmatrix} \dfrac{\partial N_i}{\partial x} & 0 & 0 \\[2mm] 0 & \dfrac{\partial N_i}{\partial y} & 0 \\[2mm] 0 & 0 & \dfrac{\partial N_i}{\partial z} \\[2mm] \dfrac{\partial N_i}{\partial y} & \dfrac{\partial N_i}{\partial x} & 0 \\[2mm] 0 & \dfrac{\partial N_i}{\partial z} & \dfrac{\partial N_i}{\partial y} \\[2mm] \dfrac{\partial N_i}{\partial z} & 0 & \dfrac{\partial N_i}{\partial x} \end{bmatrix} \tag{4.11}$$

单元应力应变关系表示为

$$\boldsymbol{\sigma} = \boldsymbol{D}\boldsymbol{\varepsilon} \tag{4.12}$$

对于线性各向同性材料，块体单元使用的弹性矩阵 $\boldsymbol{D}$ 表示为

$$\boldsymbol{D} = \frac{E}{(1+\nu)(1-2\nu)} \begin{bmatrix} 1-\nu & \nu & \nu & & & \\ \nu & 1-\nu & \nu & & & \\ \nu & \nu & 1-\nu & & & \\ & & & \dfrac{1-2\nu}{2} & & \\ & & & & \dfrac{1-2\nu}{2} & \\ & & & & & \dfrac{1-2\nu}{2} \end{bmatrix} \tag{4.13}$$

将位移插值、离散后的几何方程及物理方程代入虚功方程得到

$$\boldsymbol{K}^e \boldsymbol{q}^e = \boldsymbol{f}^e \tag{4.14}$$

式中，单元刚度矩阵及等效节点载荷的具体表达式为

$$\boldsymbol{K}^e = \int_{V^e} \boldsymbol{B}^{\mathrm{T}} \boldsymbol{D} \boldsymbol{B} \mathrm{d}V \tag{4.15}$$

$$\boldsymbol{f}^e = \iiint_V \boldsymbol{N}^{\mathrm{T}} \bar{\boldsymbol{f}} \mathrm{d}V + \iint_S \boldsymbol{N}^{\mathrm{T}} \bar{\boldsymbol{T}} \mathrm{d}S \tag{4.16}$$

　　对于任意形状的单元，该积分表达式不易解析求出，一般采用数值积分来计算单元。对于六面体单元的刚度矩阵使用三维两点高斯积分。

　　单刚计算中剩下一个主要问题，即计算形函数对于物理坐标的导数。形函数对于物理坐标的导数可以通过复合链导法则得到

$$
\left\{
\begin{array}{c}
\dfrac{\partial N_i}{\partial x} \\[2mm]
\dfrac{\partial N_i}{\partial y}
\end{array}
\right\}
= \boldsymbol{J}^{-\mathrm{T}}
\left\{
\begin{array}{c}
\dfrac{\partial N_i}{\partial \xi} \\[2mm]
\dfrac{\partial N_i}{\partial \eta}
\end{array}
\right\}
\tag{4.17}
$$

式中，$\boldsymbol{J}$ 为物理坐标对于参数坐标导数矩阵，称为雅可比矩阵。

$$
\boldsymbol{J} = \dfrac{\partial \boldsymbol{x}}{\partial \xi} =
\begin{bmatrix}
x_1 & x_2 & \cdots & x_8 \\
y_1 & y_2 & \cdots & y_8 \\
z_1 & z_2 & \cdots & z_8
\end{bmatrix}
\begin{bmatrix}
\dfrac{\partial N_1}{\partial \xi} & \dfrac{\partial N_1}{\partial \eta} & \dfrac{\partial N_1}{\partial \zeta} \\[2mm]
\dfrac{\partial N_2}{\partial \xi} & \dfrac{\partial N_2}{\partial \eta} & \dfrac{\partial N_2}{\partial \zeta} \\[1mm]
\vdots & \vdots & \vdots \\[1mm]
\dfrac{\partial N_8}{\partial \xi} & \dfrac{\partial N_8}{\partial \eta} & \dfrac{\partial N_8}{\partial \zeta}
\end{bmatrix}
= \dfrac{\partial (x, y, z)}{\partial (\xi, \eta, \zeta)}
\tag{4.18}
$$

其中，x_i, y_i, z_i 表示节点 i 的 3 个坐标。

　　单元应力在单元间一般不具有连续性，因此需要进行单元间应力磨平，以获得光滑过渡的应力云图。一种计算方法是：首先由本构关系获得高斯点应力，把高斯点应力值外推到节点上，再进行节点平均。

　　假设已知一个单元 8 个高斯点上的应力值，每个点有 6 个应力分量，所有高斯点的第 n 个应力分量列阵可表示为

$$
\underset{(8\times1)}{\boldsymbol{\sigma}_{gn}} =
\begin{bmatrix}
\sigma_{g(1)n} \\
\sigma_{g(2)n} \\
\vdots \\
\sigma_{g(8)n}
\end{bmatrix}, \quad n = 1, 2, 3, 4, 5, 6
\tag{4.19}
$$

设该单元所有节点的第 n 个应力分量列阵为

$$
\underset{(8\times1)}{\boldsymbol{\sigma}_{n}} =
\begin{bmatrix}
\sigma_{(1)n} \\
\sigma_{(2)n} \\
\vdots \\
\sigma_{(8)n}
\end{bmatrix}
\tag{4.20}
$$

应力插值函数也取作双线性函数，则第 k 个高斯点上的第 n 个应力分量为

$$\sigma_{gn} = \sum_{i=1}^{8} N_{i(k)}\sigma_{(i)n} \tag{4.21}$$

其中，$N_{i(k)}$ 为第 k 个高斯点处的形函数。

由此可以建立一个单元内所有节点的第 n 个应力分量和高斯点第 n 个应力分量的对应关系：

$$\underset{(8\times1)}{\boldsymbol{\sigma}_{gn}} = \underset{(8\times8)}{\boldsymbol{N}}\ \underset{(8\times1)}{\boldsymbol{\sigma}_{n}} \tag{4.22}$$

其中，

$$\underset{(8\times8)}{\boldsymbol{N}} = \begin{bmatrix} N_{1(1)} & N_{2(1)} & \cdots & N_{8(1)} \\ N_{1(2)} & N_{2(2)} & \cdots & N_{8(2)} \\ \vdots & \vdots & & \vdots \\ N_{1(8)} & N_{2(8)} & \cdots & N_{8(8)} \end{bmatrix} \tag{4.23}$$

换言之，节点应力的第 n 个分量可通过高斯点应力外推得到

$$\underset{(8\times1)}{\boldsymbol{\sigma}_{n}} = \underset{(8\times8)}{\boldsymbol{N}^{-1}}\underset{(8\times1)}{\boldsymbol{\sigma}_{gn}} \tag{4.24}$$

至此，得到高斯点应力外推到节点应力的计算公式。同一节点通过不同单元获得的应力数值一般不同。为了获得连续光滑的应力云图，需要进行单元间平均处理。

有限元总体刚度集成与求解，总体刚度阵集成，是将单元刚度阵按力学意义实现刚度阵的组装，形成具有对称性、稀疏特性的代数方程组系数矩阵。单元刚度阵是在其局部坐标系中描述的，组装时，要将其转换到全局坐标系中，考虑主从关系则需再转换到综合坐标系中 (图 4-2)。通过单元控制阵即可一步完成。

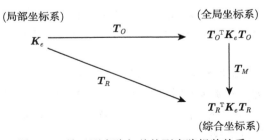

图 4-2　单元刚度阵与总体刚度阵组装关系

　　程序实现上，对单元循环，把局部坐标系下的单元刚度阵，利用控制阵 $\boldsymbol{T}_R$ 将其转换至综合坐标系，之后解析出其元素对应的总刚度阵的位置，累加到总刚度阵上，形成静力问题的控制方程

$$Ku = f \tag{4.25}$$

其中，$\boldsymbol{K}$ 为总体刚度阵，$\boldsymbol{u}$ 为节点位移，$\boldsymbol{f}$ 为载荷向量；结构有限元形成的总体刚度矩阵为对称阵、且大多数元素值均为零，这样的矩阵称为稀疏矩阵。对于稀疏矩阵，在求解线性系统时如果能够充分利用矩阵的稀疏性 (如只存储非零元素、零元素不参与计算等)，将极大地降低求解的内存需求和求解时间。求解方法一般可分为两种：直接法和迭代法。

　　直接法：求解器通常是将线性系统的系数矩阵进行分解，如对称正定矩阵进行 $\boldsymbol{K} = \boldsymbol{L}\boldsymbol{L}^{\mathrm{T}}$ 分解，然后通过回代的方法求解两个简单的线性系统以获得原系统的解。

　　迭代法：求解器通过对近似解不断迭代修正的方法逐步逼近方程的真实解。由于其在求解过程中不会破坏系数矩阵的稀疏性，因此非常适合稀疏线性系统。其主要缺点是迭代收敛速度强烈依赖系数矩阵的条件数，很难预测求解时间。事实上，对病态矩阵，迭代可能永远不会收敛，因此通常和一定的预处理方法结合使用。

　　求解总体控制方程后，获得节点位移，再通过坐标变换，得到各单元局部坐标系下的位移向量，通常情况下即可继续求解单元积分点上的应变与应力；如需获得节点全局坐标系下的应力，则需由连接该节点的各单元进行插值平滑、坐标变换以及光顺等数值操作。

　　本节的结构有限元分析采用 SiPESC 软件系统，SiPESC[4-6] 是由大连理工大学工程力学系研发的自主可控结构有限元分析软件，该系统采用 C++ 语言开发，基于面向对象、软件设计模式、软件插件技术，构建了全级别开放接口、大规模计算能力。SiPESC 已开发了超 100 类单元，支持膜、板、杆、壳、梁、实体等复杂组合结构分析，提供静力、自振、频响、响应谱、稳定性、随机振动的综合分析功能。SiPESC 开发了面向数值计算的有限元数据库，全面兼容主流商业软件数据格式，支持内外存的海量数据管理。SiPESC 软件架构如图 4-3 所示。

　　SiPESC 有限元数据库包含几十种以工程数据库系统为基础的数据类，TB 数量级的数据存储能力；在此基础上系统具有大规模有限元模型管理和分析求解能力；同时数据库的开放性能够满足用户对二次开发的基本需求。SiPESC 有限元数据库的数据组织方式如图 4-4 所示。

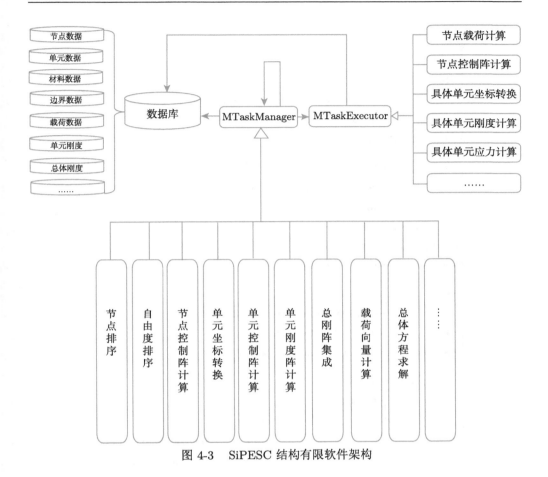

图 4-3 SiPESC 结构有限软件架构

数值算例 1：某机翼算例检验壳单元精度，如图 4-5 ～ 图 4-7 所示，此模型蒙皮加机翼骨架全部采用 4 节点壳单元进行划分，此模型包括壳单元扭翘问题，经过与 ANSYS 和 NASTRAN 的比较，位移、Misses 应力与这两者商业软件之间相对误差均小于 1%，特别是与 ANSYS，相对误差小于 0.1%。

数值算例 2：某飞机整体结构算例，该算例为梁壳组合结构，由 1812598 节点、3620878 单元组成，总体自由度超千万；受机翼点载作用，约束为飞机底端固支 3 点。针对此算例，SiPESC 系统采用了多重多级子结构算法，并结合多核与分布式计算技术，实现了并行求解；经测试计算精度与 NASTRAN 一致。位移云图如图 4-8 所示。

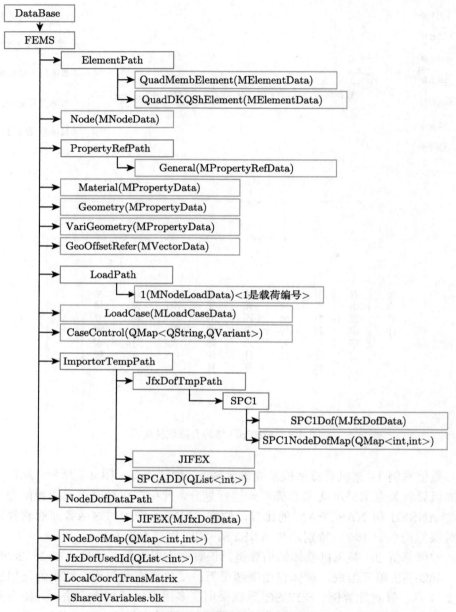

图 4-4　SiPESC 有限元数据库的数据组织方式

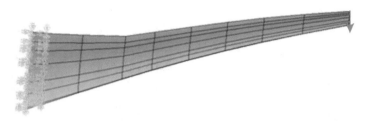

图 4-5 机翼结构有限元模型

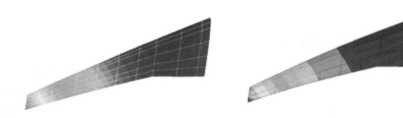

(a) SiPESC 位移云图   (b) ANSYS 位移云图

图 4-6 机翼结构位移云图对比

(a) SiPESC 应力云图   (b) NASTRAN 应力云图

图 4-7 机翼结构应力云图对比

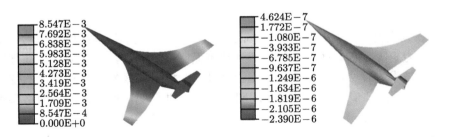

(a) 总体位移云图   (b) X 方向位移云图

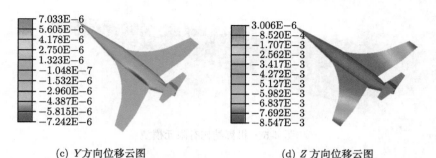

(c) Y 方向位移云图　　　　　　　　　　(d) Z 方向位移云图

图 4-8　千万自由度飞机整机结构有限元分析位移云图

4.2.2　静气动弹性数值模拟技术

在气动结构耦合伴随方程中，基于 FSC3D 代码实现静气动弹性数值模拟，FSC3D 代码采用虚功原理与径向基函数 (RBF) 插值技术 [7] 实现 CFD 边界面元气动力向结构点、结构点位移向 CFD 物面格点高精度插值，基于 RBF 方法的插值技术数学模型表示式为

$$\mathrm{RBF}(\boldsymbol{x}) = \sum_{i=1}^{N} \alpha_i \varphi\left(\|\boldsymbol{x} - \boldsymbol{x}_i\|\right) + p(\boldsymbol{x}) \tag{4.26}$$

本节对 $p(\boldsymbol{x})$ 的选取采用多项式方法，即

$$p(\boldsymbol{x}) = \alpha_0 + \sum_{n=1}^{M} \alpha_n \boldsymbol{x}_{i,n}$$

式中，$\alpha_i, \boldsymbol{x}, p(\boldsymbol{x})$ 分别为插值系数、中心点坐标及待插值点坐标，M 为径向基中心矢量维数。

采用 LDLT 方法 [8] 求解结构静力学方程：

$$\boldsymbol{K}\boldsymbol{d} = \boldsymbol{F} \tag{4.27}$$

式中，$\boldsymbol{K}$ 为刚度矩阵；$\boldsymbol{d}$ 为结构节点在 6 个自由度的变形位移；$\boldsymbol{F}$ 为作用在节点上的气动力矩阵。在完成位移耦合即气动表面网格更新后，本节采用径向基结合无限插值技术进行空间网格变形，由上述 RBF 技术依据物面网格顶点的变形量构建 RBF 精确插值模型，操作空间网格块顶点进行变形插值，保证网格整体空间拓扑一致性，进一步利用 TFI(Transfinite Interpolation) 进行块中 ξ, η, γ 三个方向的边、面以及内点更新 [9]。

为了加速静气动弹性数值模拟的收敛速度,本节采用了流固耦合计算与 CFD 求解器共用模块的方式,即在流场迭代至指定步数,利用不完全收敛解进行弹性变形计算,直至流场收敛,如图 4-9 所示。

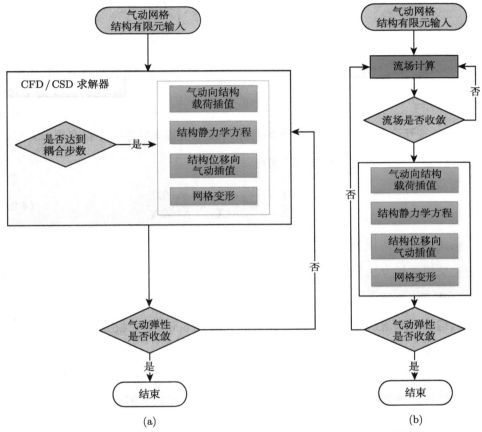

图 4-9 共用求解器模块方法 (a) 与传统气动弹性计算方法 (b) 流程对比

4.2.3 气动结构耦合伴随方程推导

气动/结构优化中有四种原因引起的耦合灵敏度效应:第一,气动外形设计变量变化引起气动力的变化;第二,气动外形设计变量变化引起气动力载荷、结构属性的变化,导致弹性变形变化,从而引起结构应力变化;第三,有限元结构设计变量变化引起结构属性的变化,导致弹性变形变化,从而引起气动力变化;第四,有限元结构设计变量变化引起结构属性的变化,导致弹性变形变化,从而引起结构应力变化。以上四点是气动结构耦合复杂程度的最直观体现,也是气动/结构综合优化成为最为复杂、困难问题的原因之一。将式 (3.4) 中残差、状态直接展开为气动、结构对应的残差、状态变量，可以直接得到气动结构耦合伴随方程 [10]：

$$
\begin{bmatrix}
\dfrac{\partial \boldsymbol{R}_a}{\partial w_i} & \dfrac{\partial \boldsymbol{R}_a}{\partial d_j} \\[3mm]
\dfrac{\partial \boldsymbol{R}_s}{\partial w_i} & \dfrac{\partial \boldsymbol{R}_s}{\partial d_j}
\end{bmatrix}^{\mathrm{T}}
\begin{bmatrix}
\boldsymbol{\psi}_a \\[2mm]
\boldsymbol{\psi}_s
\end{bmatrix}
=
\begin{bmatrix}
\dfrac{\partial I}{\partial w_i} \\[3mm]
\dfrac{\partial I}{\partial d_j}
\end{bmatrix}
\tag{4.28}
$$

式中，$\boldsymbol{R}_a$，$\boldsymbol{R}_s$ 分别代表流场残差与结构静力学残差；$\boldsymbol{\psi}_a$，$\boldsymbol{\psi}_s$ 分别为流场伴随变量与结构伴随变量。气动结构耦合伴随方程的耦合效应主要体现在交叉导数项 $\dfrac{\partial \boldsymbol{R}_s}{\partial w_i}$、$\dfrac{\partial \boldsymbol{R}_a}{\partial d_j}$ 上，离开这两项，可以认为学科目标函数与状态变量之间不存在耦合。耦合伴随方程求解完毕，则进行耦合灵敏度计算：

$$
\frac{\mathrm{d}I}{\mathrm{d}\boldsymbol{X}} = \frac{\partial I}{\partial \boldsymbol{X}} + \boldsymbol{\psi}_a^{\mathrm{T}} \frac{\partial \boldsymbol{R}_a}{\partial \boldsymbol{X}} + \boldsymbol{\psi}_s^{\mathrm{T}} \frac{\partial \boldsymbol{R}_s}{\partial \boldsymbol{X}}
\tag{4.29}
$$

从式 (4.28) 可以看出耦合伴随方程矩阵十分庞大，直接全矩阵求解比较困难，即使是采用迭代方法，也存在内存需求过于庞大等瓶颈，例如对 $\dfrac{\partial \boldsymbol{R}_s}{\partial w_i}$ 等非对角线交叉导数项的存储。这也是限制气动结构耦合伴随优化规模的一个因素，例如对于全机构型千万量级流场网格中等规模、有限元 5000 量级板壳单元来讲，$\dfrac{\partial \boldsymbol{R}_a}{\partial d_j}$ 存储量将极为庞大，这还仅仅是中下等优化规模，实际工程中问题将更加庞大复杂。针对该问题 Martins 引入延迟伴随变量 $\widetilde{\boldsymbol{\psi}} = [\ \widetilde{\boldsymbol{\psi}}_a \quad \widetilde{\boldsymbol{\psi}}_s\ ]^{\mathrm{T}}$，并将非对角线进行延迟处理，作为强迫项移至方程 (4.28) 的右端，降低求解难度 [10]：

$$
\begin{aligned}
\left(\frac{\partial \boldsymbol{R}_a}{\partial w}\right)^{\mathrm{T}} \boldsymbol{\psi}_a &= -\frac{\partial I}{\partial w} - \left(\frac{\partial \boldsymbol{R}_s}{\partial w}\right)^{\mathrm{T}} \widetilde{\boldsymbol{\psi}}_s \\[3mm]
\left(\frac{\partial \boldsymbol{R}_s}{\partial d}\right)^{\mathrm{T}} \boldsymbol{\psi}_s &= -\frac{\partial I}{\partial d} - \left(\frac{\partial \boldsymbol{R}_a}{\partial d}\right)^{\mathrm{T}} \widetilde{\boldsymbol{\psi}}_a
\end{aligned}
\tag{4.30}
$$

式 (4.30) 被称为延迟耦合伴随方程，可以看出，通过延迟伴随变量的引入，式 (4.30) 已经从求解方式上实现解耦，各个学科之间的影响通过方程右端的强迫项来实现，不同的学科方程之间可以进行松耦合迭代，大幅度降低了方程求解难度。

其中，流场伴随方程强迫项为 [11]

$$\left(\frac{\partial \boldsymbol{R}_{\mathrm{s}}}{\partial \boldsymbol{w}}\right)^{\mathrm{T}} \widetilde{\boldsymbol{\psi}}_{\mathrm{s}} = \begin{bmatrix} \dfrac{\partial \boldsymbol{R}_{x,\mathrm{s}}}{\partial \boldsymbol{w}_1} & \dfrac{\partial \boldsymbol{R}_{x,\mathrm{s}}}{\partial \boldsymbol{w}_2} & \dfrac{\partial \boldsymbol{R}_{x,\mathrm{s}}}{\partial \boldsymbol{w}_3} & \dots N_{\mathrm{s}} \\[2mm] \dfrac{\partial \boldsymbol{R}_{y,\mathrm{s}}}{\partial \boldsymbol{w}_1} & \dfrac{\partial \boldsymbol{R}_{y,\mathrm{s}}}{\partial \boldsymbol{w}_2} & \dfrac{\partial \boldsymbol{R}_{y,\mathrm{s}}}{\boldsymbol{w}_3} & \dots \\[2mm] \dfrac{\partial \boldsymbol{R}_{z,\mathrm{s}}}{\partial \boldsymbol{w}_1} & \dfrac{\partial \boldsymbol{R}_{z,\mathrm{s}}}{\partial \boldsymbol{w}_2} & \dfrac{\partial \boldsymbol{R}_{z,\mathrm{s}}}{\partial \boldsymbol{w}_3} & \dots \\[2mm] \vdots N_{\mathrm{a}} & \vdots & \vdots \end{bmatrix}^{\mathrm{T}} \begin{bmatrix} \psi_{\mathrm{s}1x} \\ \psi_{\mathrm{s}1y} \\ \psi_{\mathrm{s}1z} \\ \psi_{\mathrm{s}1xr} \\ \psi_{\mathrm{s}1yr} \\ \psi_{\mathrm{s}zr} \\ \vdots \end{bmatrix} = \boldsymbol{A}_{\mathrm{s}} \boldsymbol{\psi}_{\mathrm{s}} \quad (4.31)$$

其中, 式 (4.31) 的基本元素可以表达为

$$\frac{\partial R_{x,\mathrm{s}}}{\partial \boldsymbol{w}_i} = \begin{bmatrix} \dfrac{\partial R_{x,\mathrm{s}}}{\partial w_\rho} & \dfrac{\partial R_{x,\mathrm{s}}}{\partial w_{\rho u}} & \dfrac{\partial R_{x,\mathrm{s}}}{\partial w_{\rho v}} & \dfrac{\partial R_{x,\mathrm{s}}}{\partial w_{\rho w}} & \dfrac{\partial R_{x,\mathrm{s}}}{\partial w_{\rho E}} \end{bmatrix}_i \quad (4.32)$$

由结构静力学方程 (结构节点个数为 N_{s})

$$\boldsymbol{R}_{\mathrm{s}}(\boldsymbol{W}, \boldsymbol{X}, \boldsymbol{D}) = \begin{bmatrix} R_{x,\mathrm{s}} \\ R_{y,\mathrm{s}} \\ R_{z,\mathrm{s}} \\ \vdots \end{bmatrix} = \boldsymbol{K} \begin{bmatrix} d_x \\ d_y \\ d_z \\ \vdots \end{bmatrix} - \begin{bmatrix} F_x \\ F_y \\ F_z \\ \vdots \end{bmatrix} \quad (4.33)$$

上述矩阵维度取决于结构节点的维度以及 CFD 网格格心单元的维度, $\boldsymbol{\psi}_{\mathrm{s}}$ 的维度取决于有限元模型的网格类型, 对于板壳单元, $\boldsymbol{\psi}_{\mathrm{s}}$ 为 $6N_{\mathrm{s}} \times 1$ 维度的矢量, $\dfrac{\partial \boldsymbol{R}_{\mathrm{s}}}{\partial \boldsymbol{w}}$ 转置矩阵 $\boldsymbol{A}_{\mathrm{s}}$ 为 $5N_{\mathrm{a}} \times 6N_{\mathrm{s}}$ 矩阵。结构残差对流场变量的导数 $\dfrac{\partial \boldsymbol{R}_{\mathrm{s}}}{\partial \boldsymbol{w}}$ 最简单的方法可以通过简单有限差分求出, 解析表达式推导方式依赖于所采用的流固耦合方法。基于本节的虚功原理流固耦合方式, 下面给出具体的推导。

由于 FSC3D 代码采用虚功原理实现气动力向结构载荷插值, X 方向 (其他方向表达形式完全一致) 结构载荷与气动力插值可以表达为矩阵与向量形式:

$$\begin{bmatrix} F_{\mathrm{s}x,1} \\ F_{\mathrm{s}x,2} \\ F_{\mathrm{s}x,3} \\ \vdots \\ F_{\mathrm{s}x,N_{\mathrm{s}}} \end{bmatrix} = \begin{bmatrix} A_{11} & A_{12} & A_{13} & \cdots & A_{1,N_{\mathrm{a}}} \\ \vdots & \vdots & \vdots & & \vdots \\ A_{N_{\mathrm{s}},1} & A_{N_{\mathrm{s}},2} & A_{N_{\mathrm{s}},3} & \cdots & A_{N_{\mathrm{s}},N_{\mathrm{a}}} \end{bmatrix} \begin{bmatrix} F_{\mathrm{a}x,1} \\ F_{\mathrm{a}x,2} \\ F_{\mathrm{a}x,3} \\ \vdots \\ F_{\mathrm{a}x,N_{\mathrm{a}}} \end{bmatrix} \quad (4.34)$$

式中, $F_{\mathrm{s}x}, F_{\mathrm{a}x}$ 分别为结构载荷与气动力; $A_{i,j}$ 为插值矩阵; $N_{\mathrm{s}}, N_{\mathrm{a}}$ 分别为结构节点与弹性气动表面网格单元的个数。利用式 (4.34) 可以推导出结构残差对流场

变量的导数 $\dfrac{\partial \boldsymbol{R}_\mathrm{s}}{\partial \boldsymbol{w}}$ 具体表达形式，由于刚度矩阵、位移矢量对流场变量无关，对应导数项为零，所以

$$\frac{\partial \boldsymbol{R}_\mathrm{s}}{\partial \boldsymbol{w}} = \frac{\partial (\boldsymbol{K}\boldsymbol{d} - \boldsymbol{f})}{\partial \boldsymbol{w}} = -\frac{\partial \boldsymbol{F}}{\partial \boldsymbol{w}} \tag{4.35}$$

式 (4.35) 直接对守恒变量求导比较困难，可以变换为

$$\frac{\partial F_{x,i}}{\partial w_j} = \frac{\partial F_{x,i}}{\partial Q_j}\frac{\partial Q_j}{\partial w_j} = \begin{bmatrix} 0 & 0 & 0 & 0 & \dfrac{\partial F_{x,i}}{\partial p_j} \end{bmatrix} \boldsymbol{M}_j^{-1}$$

$$\frac{\partial F_{y,i}}{\partial w_j} = \frac{\partial F_{y,i}}{\partial Q_j}\frac{\partial Q_j}{\partial w_j} = \begin{bmatrix} 0 & 0 & 0 & 0 & \dfrac{\partial F_{y,i}}{\partial p_j} \end{bmatrix} \boldsymbol{M}_j^{-1} \tag{4.36}$$

$$\frac{\partial F_{z,i}}{\partial w_j} = \frac{\partial F_{z,i}}{\partial Q_j}\frac{\partial Q_j}{\partial w_j} = \begin{bmatrix} 0 & 0 & 0 & 0 & \dfrac{\partial F_{z,i}}{\partial p_j} \end{bmatrix} \boldsymbol{M}_j^{-1}$$

$\boldsymbol{M}_j^{-1}$ 为原始变量对守恒变量的转换矩阵。代入耦合伴随方程，可以获得流场伴随方程强迫项最终表达形式。

同理，结构伴随方程强迫项为

$$\left(\frac{\partial \boldsymbol{R}_\mathrm{a}}{\partial \boldsymbol{d}}\right)^\mathrm{T} \widetilde{\boldsymbol{\psi}}_\mathrm{a} = \begin{bmatrix} \dfrac{\partial R_{\mathrm{a}1}}{\partial d_x} & \dfrac{\partial R_{\mathrm{a}1}}{\partial d_y} & \dfrac{\partial R_{\mathrm{a}1}}{\partial d_z} & \cdots N_\mathrm{a} \\[2mm] \dfrac{\partial R_{\mathrm{a}2}}{\partial d_x} & \dfrac{\partial R_{\mathrm{a}2}}{\partial d_y} & \dfrac{\partial R_{\mathrm{a}2}}{\partial d_z} & \cdots \\[2mm] \dfrac{\partial R_{\mathrm{a}3}}{\partial d_x} & \dfrac{\partial R_{\mathrm{a}3}}{\partial d_y} & \dfrac{\partial R_{\mathrm{a}3}}{\partial d_z} & \cdots \\[2mm] \dfrac{\partial R_{\mathrm{a}4}}{\partial d_x} & \dfrac{\partial R_{\mathrm{a}4}}{\partial d_y} & \dfrac{\partial R_{\mathrm{a}4}}{\partial d_z} & \cdots \\[2mm] \dfrac{\partial R_{\mathrm{a}5}}{\partial d_x} & \dfrac{\partial R_{\mathrm{a}5}}{\partial d_y} & \dfrac{\partial R_{\mathrm{a}5}}{\partial d_z} & \cdots \\[2mm] \vdots N_\mathrm{a} & \vdots & \vdots & \vdots \end{bmatrix} \begin{bmatrix} \psi_{\mathrm{a}1} \\ \psi_{\mathrm{a}2} \\ \psi_{\mathrm{a}3} \\ \psi_{\mathrm{a}4} \\ \psi_{\mathrm{a}5} \\ \vdots \end{bmatrix} = \boldsymbol{A}_\mathrm{a}\boldsymbol{\psi}_\mathrm{a} \tag{4.37}$$

上述矩阵维度同样取决于结构节点的维度以及 CFD 网格格心单元的维度，$\boldsymbol{\psi}_\mathrm{a}$ 为 $5N_\mathrm{a} \times 1$ 维度的矢量，$\dfrac{\partial \boldsymbol{R}_\mathrm{a}}{\partial \boldsymbol{d}}$ 转置矩阵 A_a 为 $6N_\mathrm{s} \times 5N_\mathrm{a}$ 矩阵。流场残差对结构位移的导数 $\dfrac{\partial \boldsymbol{R}_\mathrm{a}}{\partial \boldsymbol{d}}$ 求解方式同样依赖于流固耦合方法以及变形网格方法，本

节采用 RBF_TFI 变形网格方法:

$$\frac{\partial \boldsymbol{R}_\mathrm{a}}{\partial \boldsymbol{d}} = \frac{\partial \boldsymbol{R}_\mathrm{a}}{\partial \boldsymbol{X}} \frac{\partial \boldsymbol{X}}{\partial \boldsymbol{X}_\mathrm{surf}} \frac{\partial \boldsymbol{X}_\mathrm{surf}}{\partial \boldsymbol{d}} = \frac{\partial \boldsymbol{R}_\mathrm{a}}{\partial \boldsymbol{X}} \boldsymbol{K}_\mathrm{D} \boldsymbol{K}_\mathrm{R} \tag{4.38}$$

式中,$\boldsymbol{X}$, $\boldsymbol{X}_\mathrm{surf}$ 分别为空间网格与物面网格。从式 (4.38) 右端项中可以看出,流场残差对结构位移的导数 $\dfrac{\partial \boldsymbol{R}_\mathrm{a}}{\partial \boldsymbol{d}}$ 解析表达形式依赖于所采用的动网格方法以及流固耦合技术,即第 1 项可以利用自动微分进行求导,对于弹簧法、径向基类型的动网格来讲,第 2 项可以推导出相关矩阵 $\boldsymbol{K}_\mathrm{D}$,第 3 项取决于结构位移向气动表面网格的插值方式,由于采用了 RBF 插值技术,很容易手工推导出其变换矩阵 $\boldsymbol{K}_\mathrm{D}$。需要指出的是,为提高结构化变形网格的运算效率,采用了 RBF_TFI 混合算法,此时很难显式地推导出矩阵 $\boldsymbol{K}_\mathrm{D}$,该项的求导在本章中由简单的单侧有限差分代替,由于 RBF_TFI 混合算法具有极高的效率,差分计算量可以忽略。

延迟伴随方程第一项强迫项为大型矩阵与矢量相乘,将其具体表达式展开,下标表达式为

$$F_j = -\sum_{i=1}^{6N_\mathrm{s}} \left(\frac{\partial R_{\mathrm{s},i}}{\partial w_j}\right)^\mathrm{T} \widetilde{\psi}_{\mathrm{s},i} \tag{4.39}$$

结构伴随方程强迫项的下标表达式为

$$\varphi_j = -\sum_{i=1}^{N_\mathrm{a}} \left(\frac{\partial R_{\mathrm{a},i}}{\partial d_j}\right)^\mathrm{T} \widetilde{\psi}_{\mathrm{a},i} \tag{4.40}$$

综合强迫项的整理,可以推导出耦合延迟伴随方程伪时间–残差表达形式:

$$\begin{aligned}
\frac{\partial \boldsymbol{\psi}_\mathrm{a}}{\partial t} &= -\sum_{i=1}^{N_\mathrm{a}} \left(\frac{\partial R_{\mathrm{a},i}}{\partial w_j}\right)^\mathrm{T} \psi_{\mathrm{a},i} - \left(\frac{\partial I}{\partial w}\right)_j - F_j \\
\frac{\partial \boldsymbol{\psi}_\mathrm{s}}{\partial t} &= -\left(\frac{\partial R_\mathrm{s}}{\partial d}\right)^\mathrm{T} \psi_{\mathrm{s},js} - \left(\frac{\partial I}{\partial d}\right)_{js} - \sum_{i=1}^{N_\mathrm{a}} \left(\frac{\partial R_{\mathrm{a},i}}{\partial d_{js}}\right)^\mathrm{T} \widetilde{\psi}_{\mathrm{a},i}
\end{aligned} \tag{4.41}$$

式 (4.41) 流场伴随方程与结构伴随方程可以一起利用 LU-SGS 隐式迭代或雅可比迭代方法进行求解。

观察结构伴随方程,其本质上是大型稀疏矩阵求解,对于该类矩阵求解,常用的 LU 三角形分解以及高斯消去法带来代价较大、对较多自由度结构有限元大型矩阵求解计算效率偏低等问题。综合考虑计算效率与存储量,采用并行 LDLT 方法代替迭代方法进行结构伴随方程求解,对结构伴随方程矩阵项进行 LDLT 分解[16]:

$$\frac{\partial R_\mathrm{s}}{\partial d} = A = LDL^\mathrm{T}$$

$$L = \begin{bmatrix} 1 & & & \\ L_{21} & 1 & & \\ \vdots & & \ddots & \\ L_{6N_\mathrm{s},1} & L_{6N_\mathrm{s},2} & \cdots & 1 \end{bmatrix}, \quad D = \begin{bmatrix} d_{11} & & & \\ & d_{22} & & \\ & & \ddots & \\ & & & d_{6N_\mathrm{s},6N_\mathrm{s}} \end{bmatrix} \tag{4.42}$$

分解出 L_{ij}, d_{ii} 元素后，结构伴随方程求解可以通过三步扫描快速完成，即

$$\begin{aligned} & L\varphi = -\left(\frac{\partial I}{\partial d}\right)_{js} - \sum_{i=1}^{N_\mathrm{a}} \left(\frac{\partial R_{\mathrm{a},i}}{\partial d_{js}}\right)^\mathrm{T} \widetilde{\psi}_{\mathrm{a},i} \\ & D\vartheta = \varphi \\ & L^\mathrm{T}\psi_\mathrm{s} = \vartheta \end{aligned} \tag{4.43}$$

式中，ϑ, φ 均为中间变量。

　　综合以上求解过程，可以看出延迟伴随方程的解耦求解方式，能够充分利用原有的求解体系，并不破坏原有程序的基本框架，由此可以直观地获取气动/结构延迟耦合伴随 (Lagged Coupled Adjoint，LCA) 系统各个分析模块的组装关系与工作流程，如图 4-10 所示 [17]。

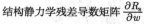

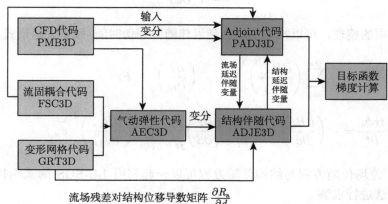

图 4-10　LCA 方法中各个学科分析模块组装与流程 [11]

　　对于延迟方程组 (4.41) 中结构伴随方程的右端，其含义是计算目标函数对结构位移的直接导数以及流场残差对结构位移导数，进一步与流场延迟伴随变量进行乘积。

耦合伴随方程不同目标函数对不同场变量的变分，$\dfrac{\partial I}{\partial \nu}$ 是分别求解不同学科耦合灵敏度对应的伴随方程右端项，ν 分别代表流场变量以及结构位移场变量。例如对于阻力目标函数，其变分求导可以写为 [3]

$$
\begin{aligned}
\frac{\partial C_{\mathrm{D}}}{\partial w} &= \frac{\partial C_{\mathrm{D}}}{\partial Q}\frac{\partial Q}{\partial w} \\
\frac{\partial C_{\mathrm{D}}}{\partial d} &= \frac{\partial C_{\mathrm{D}}}{\partial X_{\mathrm{surf}}}\frac{\partial X_{\mathrm{surf}}}{\partial d} = \frac{\partial C_{\mathrm{D}}}{\partial X_{\mathrm{surf}}}A_{\mathrm{FSI}}
\end{aligned}
\tag{4.44}
$$

对于以 von Mises 应力为自变量的 KS 函数，其表达式以及变分求导表达式如下：

$$
\mathrm{KS} = \frac{1}{\beta}\ln\left(\sum_n \exp\left(\beta\frac{\sigma_n - \sigma_0}{\sigma_0}\right)\right)
\tag{4.45}
$$

$$
\frac{\partial \mathrm{KS}}{\partial w} = \frac{\partial \mathrm{KS}}{\partial Q}\frac{\partial Q}{\partial w} = 0, \quad \frac{\partial \mathrm{KS}}{\partial d} = \frac{\partial \mathrm{KS}}{\partial \sigma}\frac{\partial \sigma_m}{\partial d_j} = \frac{\partial \mathrm{KS}}{\partial \sigma}S_{mj}
$$

在式 (4.45) 中，σ_n, σ_0 分别为 von Mises 应力和材料屈服应力，采用 CASA 系统实现方程 (4.45) 中各导数的计算，其中 S_{mj} 的计算由大连理工大学开发的有限元分析软件 SiPESC[17] 进行。观察单一流场学科目标函数导数的计算公式：

$$
\frac{\mathrm{d}I}{\mathrm{d}\boldsymbol{X}} = \frac{\partial I}{\partial \boldsymbol{X}} + \boldsymbol{\psi}_{\mathrm{a}}^{\mathrm{T}}\frac{\partial \boldsymbol{R}_{\mathrm{a}}}{\partial \boldsymbol{X}}
\tag{4.46}
$$

不难发现，两者在表达形式上完全一致，仅仅在自变量扰动上不同，前者是结构位移，后者是参数化控制顶点，因此，结构伴随方程右端项计算与导数计算可以由同一模块来完成，只需将子程序的实参由参数化控制顶点 P_ffd 替换为结构位移 CSD_displacement 即可，如图 4-11 和图 4-12 所示。

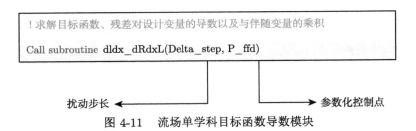

图 4-11 流场单学科目标函数导数模块

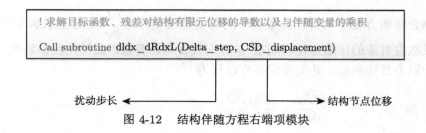

図 4-12　结构伴随方程右端项模块

进一步利用链式求导展开，即

$$\frac{\partial I}{\partial \boldsymbol{d}} = \frac{\partial I}{\partial \boldsymbol{X}} \frac{\partial \boldsymbol{X}}{\partial \boldsymbol{X}_{\mathrm{surf}}} \frac{\partial \boldsymbol{X}_{\mathrm{surf}}}{\partial \boldsymbol{d}}$$

$$\boldsymbol{\psi}_{\mathrm{a}}^{\mathrm{T}} \frac{\partial \boldsymbol{R}_{\mathrm{a}}}{\partial \boldsymbol{d}} = \boldsymbol{\psi}_{\mathrm{a}}^{\mathrm{T}} \frac{\partial \boldsymbol{R}_{\mathrm{a}}}{\partial \boldsymbol{X}} \frac{\partial \boldsymbol{X}}{\partial \boldsymbol{X}_{\mathrm{surf}}} \frac{\partial \boldsymbol{X}_{\mathrm{surf}}}{\partial \boldsymbol{d}}$$

(4.47)

可以看出，$\dfrac{\partial \boldsymbol{X}}{\partial \boldsymbol{X}_{\mathrm{surf}}}$ 推导方式取决于所采用的变形网格方法，$\dfrac{\partial \boldsymbol{X}_{\mathrm{surf}}}{\partial \boldsymbol{d}}$ 的推导方式取决于所采用的流固耦合方法。

流场延迟伴随方程求解可以采用 LU-SGS 时间推进，结构延迟伴随方程求解可以采用 LDLT 方法进行求解，间隔指定的子迭代步数进行一次延迟伴随变量传递以及不同学科残差导数矩阵运算，实现强迫项的交换。

流场伴随方程求解采用单元数衡量的负载平衡，对等式计算以及 MPI 消息传递模式，本节求解器采用了多块对接网格技术，所以 MPI 传递的信息是各个进程分割面上的两层虚网格上的伴随变量。求解过程中流场延迟伴随方程的边界条件仍然采用矩阵形式，结构伴随方程的相关导数矩阵由流固耦合程序 FSC3D 变分计算。求出延迟伴随变量 $\boldsymbol{\psi} = [\boldsymbol{\psi}_{\mathrm{a}}, \boldsymbol{\psi}_{\mathrm{s}}]^{\mathrm{T}}$，代入导数求解公式，可以获取目标函数的梯度：

$$\frac{\mathrm{d} I}{\mathrm{d} \boldsymbol{X}} = \frac{\partial I}{\partial \boldsymbol{X}} + \widetilde{\boldsymbol{\psi}}_{\mathrm{a}}^{\mathrm{T}} \frac{\partial \boldsymbol{R}_{\mathrm{a}}}{\partial \boldsymbol{X}} + \widetilde{\boldsymbol{\psi}}_{\mathrm{s}}^{\mathrm{T}} \frac{\partial \boldsymbol{R}_{\mathrm{s}}}{\partial \boldsymbol{X}}$$

(4.48)

式 (4-48) 的矩阵表达形式为

$$\frac{\mathrm{d} I}{\mathrm{d} \boldsymbol{X}} = \frac{\partial I}{\partial \boldsymbol{X}} + [\widetilde{\boldsymbol{\psi}}_{\mathrm{a}}^{\mathrm{T}}, \widetilde{\boldsymbol{\psi}}_{\mathrm{s}}^{\mathrm{T}}] \frac{\partial}{\partial \boldsymbol{X}} \begin{bmatrix} \boldsymbol{R}_{\mathrm{a}} \\ \boldsymbol{R}_{\mathrm{s}} \end{bmatrix}$$

(4.49)

对各项进行进一步展开，有

$$\frac{\partial I}{\partial \boldsymbol{X}} = \frac{\partial I}{\partial \boldsymbol{S}_{\text{wall}}} \frac{\partial \boldsymbol{S}_{\text{wall}}}{\partial \boldsymbol{X}}, \quad \widetilde{\boldsymbol{\psi}}^{\text{T}} \frac{\partial \boldsymbol{R}}{\partial \boldsymbol{X}} = \widetilde{\boldsymbol{\psi}}^{\text{T}} \frac{\partial \boldsymbol{R}}{\partial \boldsymbol{G}} \frac{\partial \boldsymbol{G}}{\partial \boldsymbol{S}_{\text{wall}}} \frac{\partial \boldsymbol{S}_{\text{wall}}}{\partial \boldsymbol{X}} \tag{4.50}$$

式中，$\boldsymbol{S}_{\text{wall}}$，$\boldsymbol{G}$ 分别代表物面网格以及空间网格，不难看出，$\dfrac{\partial \boldsymbol{G}}{\partial \boldsymbol{S}_{\text{wall}}}$ 表达形式取决于所采用的变形网格方法，$\dfrac{\partial \boldsymbol{S}_{\text{wall}}}{\partial \boldsymbol{X}}$ 的推导方式取决于所采用的参数化建模方法。

4.3 气动结构耦合伴随优化应用

基于 CRM (Common Research Model) 标准算例构型，进行耦合梯度计算精度以及收敛特性验证 [11]，为方便耦合系统的测试，结构有限元建模采用简化板壳单元，主要结构单元包含梁、翼肋等，结构参数化方法采用 FFD 技术，实现梁、翼肋的高度宽度的变化，有限元模型节点数为 490 个。图 4-13 给出了典型耦合步的弹性变形局部视图。图 4-14 给出了多学科耦合伴随系统残差收敛历程，可以看出耦合系统的残差收敛稳定，且耦合产生的跳跃残差也随着迭代过程下降，这说明随着迭代的收敛，多学科延迟耦合的解与原始耦合伴随系统趋于一致；图 4-15 给出了结构伴随变量残差随迭代步数的收敛历程，可以看出经过 6 次的强迫项耦合计算，结构伴随方程的解基本收敛。进一步对耦合伴随梯度的计算精度与差分方法进行对比，差分步长为 0.0001。

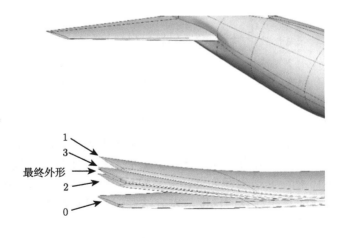

图 4-13 典型耦合步长的弹性变形局部视图

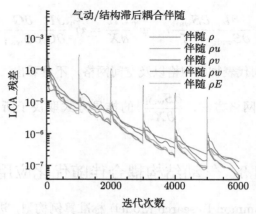

图 4-14　多学科耦合伴随系统残差收敛历程

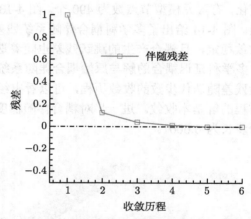

图 4-15　结构伴随变量残差随迭代步数的收敛历程

　　求解气动力对结构有限元厚度等设计变量的导数时，对结构刚度矩阵的影响进行了充分考虑。由于气动弹性系统差分计算量极为庞大，因此本节给出了阻力系数对典型的设计变量 (结构有限元设计变量主要对蒙皮与梁厚度) 梯度与差分的对比，如图 4-16 所示，横坐标为设计变量编号，纵坐标代表目标函数对设计变量的梯度，耦合伴随系统计算的梯度与差分法幅值、趋势基本一致，满足多学科综合设计要求。本节完成了气动力对外形设计变量以及结构有限元设计变量两类导数的验证。结构应力 (最常关注的是 von Mises 应力) 对外形设计变量、结构设计变量的两类导数，将在实现求解系统与有限元分析程序模块紧耦合后进行校核，此时耦合伴随系统右端项将更换为结构应力对多物理场状态变量的变分形式。

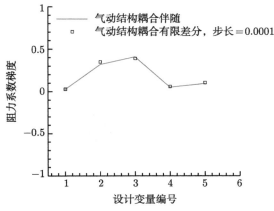

图 4-16　阻力系数对外形/结构设计变量的梯度对比

本节的民用飞机气动结构综合优化设计研究基于 CRM 通用模型开展，为了便于其他方面的研究，我们在基准 CRM 模型中添加一个垂直尾翼，该模型用于气动和结构多学科优化。优化目标是在考虑升力系数和应力约束的情况下，使阻力系数和重量最小化。本节采用的数学优化模型如下：

$$\min I = \alpha C_{\mathrm{D}} + \beta W$$

$$\text{s.t.}$$

$$C_{\mathrm{L}} = 0.5 \tag{4.51}$$

$$\mathrm{KS} \geqslant 0$$

$$t/c \geqslant (t/c)_{\mathrm{initial}}$$

式中，α 和 β 分别表示阻力和结构重量的权重系数，C_{D} 表示阻力系数，W 表示结构重量。配置的主要部件是机翼、机身、水平尾翼和垂直尾翼。CFD 网格包含 1260 万个单元，分为 290 个块，如图 4-17 所示。采用 JST 空间离散格式、SST 湍流模型、LU-SGS 时间推进和多重网格加速收敛技术，采用 64 核进行计算。图 4-18 显示了 FFD 参数化示意图。采用分布在 FFD 网格上的 200 个控制点作为设计变量。结构有限元模型采用简化壳单元，主要包括梁、肋等，如图 4-19 所示。FFD 技术同时用于控制有限元网格的结构参数化。

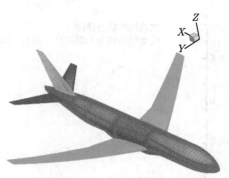

图 4-17　CFD 表面网格分布

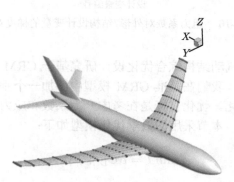

图 4-18　FFD 参数化

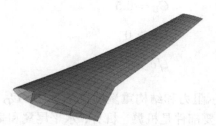

图 4-19　结构有限元建模

　　图 4-20 和图 4-21 显示了当气动力和 KS 函数用作目标函数时耦合伴随方程的收敛过程。结构伴随方程残差的收敛历程如图 4-22 所示。可以看出，经过 6 次耦合计算，结构伴随方程的伴随变量趋于收敛。图 4-23 和图 4-24 显示了不同优化方法的设计结果，其中 (a) 表示初始配置，(b) 表示无结构应力约束的气动优化结果，(c) 表示基于 CASA 的气动结构优化结果。可以看出，对于有结构考虑和无结构考虑的两种情况，激波强度都会急剧减小，并且在情况 (b) 中，趋于无激波状态。

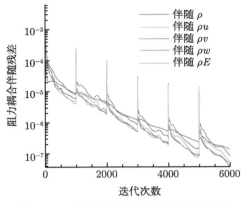

图 4-20 耦合伴随方程收敛历程 (阻力)

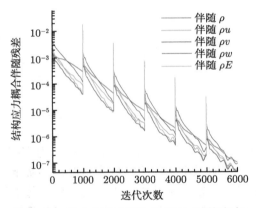

图 4-21 耦合伴随方程收敛历程 (结构应力)

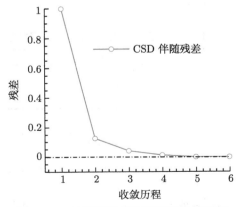

图 4-22 结构伴随方程残差的收敛历程

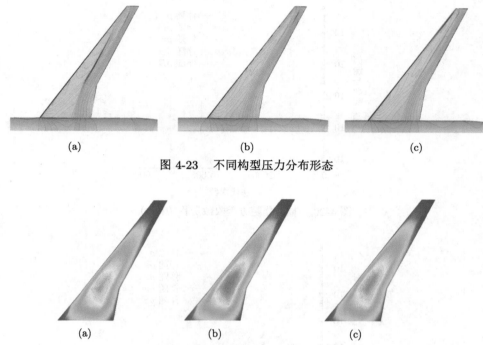

图 4-23　不同构型压力分布形态

(a)　　　　　　　　(b)　　　　　　　　(c)

图 4-24　不同构型应力分布形态

从图 4-24 可以看出，优化后，两种构型的结构应力都有所增加，但有应力约束情况下的应力增加程度明显小于无应力约束情况。事实上，权重系数对减阻和应力设计结果有很大影响。在后续的工作中，考虑到具体的设计要求，需要研究权函数对优化结果的影响。表 4-1 显示了不同方法优化得到外形的阻力和重量特性。可以看出，气动/结构耦合伴随 (CASA) 系统在屈服应力约束的情况下，可以实现减阻和减重的一体化设计。

表 4-1　初始与优化外形的阻力、重量特性

不同构型	阻力系数	重量/kg
初始	0.02976	2.61324783E+004
气动优化	0.02863	——
气动结构优化	0.02907	2.51865619E+004

参 考 文 献

[1] Zienkiewicz O C, Taylor R L, Zhu J Z. The Finite Element Method: Its Basis and Fundamentals[M]. Amsterdam: Elsevier, 2013.

[2] Cook R D, Malkus D S, Plesha M E, et al. Concepts and Applications of Finite Element Analysis [M]. 4th ed. Hoboken NJ USA: Wiley, 2001.

[3] 王勖成. 有限单元法 [M]. 北京: 清华大学出版社, 2003.

[4] 张洪武, 陈飙松, 李云鹏, 等. 面向集成化 CAE 软件开发的 SiPESC 研发工作进展 [J]. 计算机辅助工程, 2011, 20(2): 39-40.

[5] 张盛, 尹进, 陈飙松, 等. 基于多重多级动力子结构的瞬态分析方法 [J]. 计算力学学报, 2013, 30(1): 76-80.

[6] 陈飙松, 陆旭泽, 张盛. 基于 SiPESC 平台的弹塑性分析的软件框架 [J]. 计算力学学报, 2016, 33(4): 599-604.

[7] Allen C B, Rendall T C S. Unified approach to CFD-CSD interpolation and mesh motion using radial basis functions[C]. AIAA-2007-3804. Reston, VA: AIAA, 2007.

[8] 覃华, 徐燕子. 用 LDLT 并行分解优化大规模 SVM 的训练效率 [J]. 计算机工程与应用, 2011, 47(12): 200-212.

[9] Spekreijse S P, Boerstoel J W. An algorithm to check the topological validity of multi-block domain decompositions[C]. Proceeding's 6th International Conference on Numerical Grid Generation in Computational Field Simulations, 1998.

[10] Kenway G K W, Martins J R R A. Multipoint high-fidelity aerostructural optimization of a transport aircraft configuration[J]. Journal of Aircraft, 2014, 51(1): 144-160.

[11] 黄江涛, 周铸, 刘刚, 等. 飞行器气动/结构多学科延迟耦合伴随系统数值研究 [J]. 航空学报, 2018, 39(5): 121731.

第 5 章 飞行器气动隐身离散伴随方程

雷达散射截面 (Radar Cross Section, RCS) 反映了物体在给定方向上对入射雷达波散射的强弱，是衡量飞机隐身性能的重要指标。考虑隐身的飞行器设计常以减小 RCS 作为隐身设计的主要目标，因此，气动隐身一体化始终是作战飞机研制的关键环节，是作战飞机永恒的话题。

飞行器隐身性能与其外形密切相关，设计中需解决隐身与气动之间的矛盾。两个学科在一定程度上是矛盾体。现有的气动隐身一体化设计多采用粒子群算法、遗传算法、神经网络算法等进化类搜索算法。进化搜索算法开发难度较低，具有收敛到全局最优的能力，但优化效率较低，调用 CFD、RCS 求解程序的次数随设计变量的增加而增加，同时电磁散射较高的计算要求对进化类算法提出了极大挑战。正如前几章论述，基于梯度的优化算法效率较高，其关键在于如何高效、精确地取得梯度信息。

5.1 气动隐身跨学科 "耦合" 伴随方程

立足于气动隐身一体化高效设计需求，同样可以采用式 (3.4) 展开形式推导气动电磁 "耦合" 伴随方程，即

$$
\begin{bmatrix} \dfrac{\partial \boldsymbol{R}_a}{\partial \boldsymbol{w}_i} & \dfrac{\partial \boldsymbol{R}_a}{\partial \boldsymbol{A}_j} \\[3mm] \dfrac{\partial \boldsymbol{R}_E}{\partial \boldsymbol{w}_i} & \dfrac{\partial \boldsymbol{R}_E}{\partial \boldsymbol{A}_j} \end{bmatrix}^{T} \begin{bmatrix} \boldsymbol{\psi}_a \\[2mm] \boldsymbol{\psi}_E \end{bmatrix} = \begin{bmatrix} \dfrac{\partial \boldsymbol{I}}{\partial \boldsymbol{w}_i} \\[3mm] \dfrac{\partial \boldsymbol{I}}{\partial \boldsymbol{A}_j} \end{bmatrix} \tag{5.1}
$$

式中，$\boldsymbol{R}_a, \boldsymbol{R}_E$ 分别代表流场残差与电磁数值计算残差；$\boldsymbol{w}_i, \boldsymbol{A}_j$ 分别代表流场变量与电流分布，显然上式交叉导数雅可比矩阵为 0，即

$$
\frac{\partial \boldsymbol{R}_a}{\partial \boldsymbol{A}_j} = 0, \quad \frac{\partial \boldsymbol{R}_E}{\partial \boldsymbol{w}_i} = 0 \tag{5.2}
$$

"耦合" 伴随方程退化为

$$
\begin{bmatrix} \dfrac{\partial \boldsymbol{R}_a}{\partial \boldsymbol{w}_i} & \boldsymbol{0} \\[3mm] \boldsymbol{0} & \dfrac{\partial \boldsymbol{R}_E}{\partial \boldsymbol{A}_j} \end{bmatrix}^{T} \begin{bmatrix} \boldsymbol{\psi}_a \\[2mm] \boldsymbol{\psi}_E \end{bmatrix} = \begin{bmatrix} \dfrac{\partial \boldsymbol{I}}{\partial \boldsymbol{w}_i} \\[3mm] \dfrac{\partial \boldsymbol{I}}{\partial \boldsymbol{A}_j} \end{bmatrix} \tag{5.3}
$$

从式 (5.3) 可以看出，气动电磁多学科伴随方程完全解耦，不存在耦合，这对研发体系来讲难度大大降低，两个伴随方程完全独立求解。这也是将本部分作为单独章节的重要原因。

现有飞行器气动外形隐身设计研究中多采用几何光学法 (GO)、物理光学法 (PO)、几何绕射理论 (GTD)、物理绕射理论 (PDT) 等高频近似算法评估散射体的 RCS，高频算法根据高频场的局部性原理 [1]，仅根据入射场独立地近似确定表面感应电流 [2]，计算速度快，所需内存小。但高频方法的理论模型粗糙，近似过程中会忽略一些关键部件间的重要电磁耦合关系，在处理电大尺寸和细节上电小尺寸并存的复杂结构时精度较低 [3,4]。电磁散射时域算法计算量极为庞大，对于隐身设计来讲工程实用性较差，而频域方法是最佳选择。基于高可信度电磁伴随优化方面的研究从发表文献上看几乎是空白的，一个主要原因是学科跨度较大，变分困难，计算量庞大。在流场伴随方程研究基础上，本章将重点阐述高可信度电磁隐身伴随方程的构造推导，为气动隐身综合优化设计提供有力的技术支撑。

5.2 电磁场积分求解方法及伴随方程推导

5.2.1 电磁场积分方程及求解方法

电磁场表面积分方程由麦克斯韦方程组结合边界条件严格推导而来，通过求解物体表面的感应电流来计算散射场和 RCS。本节只讨论理想导体 (Perfect Electric Conductor，PEC) 的 RCS 求解。理想导体的边界条件可以表述为：电场切向为零，磁场切向等于导体表面电流密度；电位移矢量法向等于导体表面电荷密度，磁感应强度法向为零 [5]。理想导体的电场积分方程 (EFIE) 和磁场积分方程 (MFIE) 分别可以表示为 [6]

$$\hat{t} \cdot \int_S \bar{G}(r,r') \cdot J(r')\mathrm{d}S' = \frac{4\pi i}{k\eta}\hat{t} \cdot E_{\mathrm{inc}}(r) \tag{5.4}$$

$$2\pi \hat{t}J(r) - \hat{t} \cdot \hat{n} \times \int_S \nabla g \times J(r')\mathrm{d}S' = 4\pi \hat{t} \cdot \hat{n} \times H_{\mathrm{inc}}(r) \tag{5.5}$$

其中，$\hat{t}$ 和 $\hat{n}$ 分别为表面切向和法向矢量，J 为表面感应电流，$\bar{G}(r,r')$ 为并矢格林函数，具体定义为

$$\bar{G}(r,r') = \left[\bar{I} - \frac{1}{k^2}\nabla\nabla'\right]g(r,r')$$

$$g(r,r') = \frac{\mathrm{e}^{\mathrm{i}kR}}{R}, \quad R = |r - r'| \tag{5.6}$$

混合场积分方程 (CFIE) 为电场积分方程和磁场积分方程的混合，即

$$\text{CFIE} = \alpha\text{EFIE} + \frac{i}{k}(1 - \alpha)\text{MFIE}, \quad \alpha \in [0, 1] \tag{5.7}$$

其中，α 为两种积分方程的组合系数，本节在计算中取 $\alpha = 0.5$[7,8]。在求解封闭外形的散射特性时，混合场积分方程的条件数比电场积分方程更小，具有更好的收敛性，且可以避免内谐振问题 [1]，因此在三维目标 RCS 计算中，通常采用混合场积分方程求解 [2]。

1. 矩量法

矩量法 (Method of Moment, MOM) 是 1968 年 Harrington[3] 提出的一种用于严格计算电磁问题的数值方法。矩量法的一般步骤包括：基函数展开、匹配测试和方程组求解 [5]。一般数学问题中的算子方程可以表示成式 (5.8) 的形式，其中 L 为积分、微分等组成的线性算子，f 为待求矢量或标量，g 为已知的标量或矢量 [4]。在电磁场表面积分方程中，f 为表面感应电流，g 为入射电场或磁场。

$$L\{f\} = g \tag{5.8}$$

选取一组基函数将未知函数 f 展开，即

$$f = \sum_{n=1}^{N} a_n f_n \tag{5.9}$$

将式 (5.9) 代入式 (5.8) 得到

$$L\left\{\sum_{n=1}^{N} a_n f_n\right\} = g \tag{5.10}$$

当 L 算子为线性算子时，L 算子和求和的顺序可以交换，则式 (5.10) 可以写成

$$\sum_{n=1}^{N} a_n L\{f_n\} = g \tag{5.11}$$

选取一组检验函数 w_m, $m \in [1, 2, \cdots, N]$ 对算子方程进行测试，可以得到

$$\sum_{n=1}^{N} a_n \langle w_m, L\{f_n\}\rangle = \langle w_m, g\rangle \tag{5.12}$$

式 (5.12) 可以进一步表示成矩阵方程的形式：

$$\begin{aligned}
&[Z_{mn}]\,[a_n] = [g_m] \\
&Z_{mn} = \langle w_m, L\{f_n\}\rangle \\
&g_m = \langle w_m, g\rangle
\end{aligned} \tag{5.13}$$

求出矩阵方程的展开系数后, 即可求出未知函数 f。快速多极子算法 (Fast Multipole Method, FMM)[9,10] 和多层快速多极子算法 (Multilevel Fast Multipole Algorithm, MLFMA)[11] 是建立在矩量法和线性方程组迭代求解算法基础上的快速算法。

三维矩量法求解采用 RWG(Rao-Wilton-Glisson) 基函数, RWG 基函数 [12] 是目前矩量法使用较为广泛的一种基函数, 该基函数定义在具有公共边的相邻三角形上, 可模拟任意形状物体的表面电、磁流分布。当使用基于 RWG 基函数的矩量法时, 三角形剖分的网格边长一般在 $[\lambda/12, \lambda/8]$ 之间较为合适 (λ 为入射波长)[2]。RWG 基函数定义在一对相邻三角形面元 T_n^+ 和 T_n^- 的公共边上 (图 5-1)。

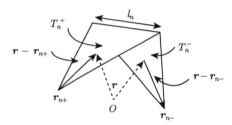

图 5-1 RWG 基函数示意图

第 n 条边所对应的基函数为

$$f_n(r) = \begin{cases} \dfrac{l_n}{2A_n^+}\rho_n^+, & r \in T_n^+ \\[2mm] \dfrac{l_n}{2A_n^-}\rho_n^-, & r \in T_n^- \\[2mm] 0, & \text{其他} \end{cases} \tag{5.14}$$

RWG 基函数的面散度与表面电荷成正比, 计算方式为

$$-j\omega\sigma_n = \nabla_s' \cdot f_n(r) = \begin{cases} \dfrac{l_n}{A_n^+}, & r \in T_n^+ \\[2mm] \dfrac{l_n}{A_n^-}, & r \in T_n^- \\[2mm] 0, & \text{其他} \end{cases} \tag{5.15}$$

其中, $\rho_n^+ = r - r_{n+}$, $\rho_n^- = r_{n-} - r$; l_n 为第 n 条边的长度; A_n^+ 和 A_n^- 分别为面元 T_n^+ 和 T_n^- 的面积 (图 5-1)。三角形面元内任意点的电流密度可由三角形三

条边对应的基函数在该三角形内的线性叠加表示，则散射体表面 S 上的电流密度 $\boldsymbol{J}$ 可用 RWG 基函数展开为

$$\boldsymbol{J} \approx \sum_{n=1}^{N} I_n \boldsymbol{f_n}(\boldsymbol{r}) \tag{5.16}$$

其中，I_n 为第 n 个基函数的系数，N 为三角形公共边总数。采用 RWG 基函数作为检验函数 (伽辽金法)，以电场积分方程为例推导三维矩量法，对电场积分方程检验可得

$$\langle \boldsymbol{E}^{\mathrm{inc}}, \boldsymbol{f_m} \rangle = \mathrm{j}\omega \langle \boldsymbol{A}, \boldsymbol{f_m} \rangle + \langle \nabla \phi, \boldsymbol{f_m} \rangle \tag{5.17}$$

其中，$\boldsymbol{A}(\boldsymbol{r})$ 和 $\boldsymbol{\varPhi}(\boldsymbol{r})$ 为磁矢位和电标位，定义如下：

$$\boldsymbol{A}(\boldsymbol{r}) = \frac{\mu}{4\pi} \iint\limits_{S} \boldsymbol{J}(\boldsymbol{r}') \frac{\mathrm{e}^{-\mathrm{j}kR}}{R} \mathrm{d}S' \tag{5.18}$$

$$\boldsymbol{\varPhi}(\boldsymbol{r}) = \frac{-1}{4\pi\mathrm{j}\omega\varepsilon} \iint\limits_{S} \nabla'_{\mathrm{S}} \cdot \boldsymbol{J}(\boldsymbol{r}') \frac{\mathrm{e}^{-\mathrm{j}kR}}{R} \mathrm{d}S' \tag{5.19}$$

将式 (5.17) 整理成线性方程组的形式：

$$\boldsymbol{Z}_{N \times N} \boldsymbol{I}_{N \times 1} = \boldsymbol{V}_{N \times 1} \tag{5.20}$$

式中，$\boldsymbol{Z}$ 为矩量法阻抗矩阵；$\boldsymbol{I}$ 和 $\boldsymbol{V}$ 分别为电流系数向量和激励向量。阻抗元素和激励项的表达式为 [3,6]

$$Z_{mn} = l_m \left[\mathrm{j}\omega \left(\boldsymbol{A}_{mn}^{+} \cdot \frac{\boldsymbol{\rho}_n^{c+}}{2} + \boldsymbol{A}_{mn}^{-} \cdot \frac{\boldsymbol{\rho}_n^{c-}}{2} \right) + \varPhi_{mn}^{-} - \varPhi_{mn}^{+} \right] \tag{5.21}$$

$$V_m = l_m \left(\boldsymbol{E}_m^{+} \cdot \frac{\boldsymbol{\rho}_n^{c+}}{2} + \boldsymbol{E}_m^{-} \cdot \frac{\boldsymbol{\rho}_n^{c-}}{2} \right) \tag{5.22}$$

求解线性方程组 (5.20) 得到 $\boldsymbol{I}$，将其代入式 (5.16) 即可得到表面感应电流，采用式 (5.23) 求得三维目标的 RCS。

$$\sigma = \lim_{R \to \infty} \left[(4\pi R^2) \frac{|\boldsymbol{E}^s|^2}{|\boldsymbol{E}^i|^2} \right] = \frac{k_0^2 \eta_0^2}{4\pi} \left| \int\limits_{S} \boldsymbol{J}(\boldsymbol{r}') \mathrm{e}^{\mathrm{j}\boldsymbol{k}_s \cdot \boldsymbol{r}'} \mathrm{d}S' \cdot \hat{\boldsymbol{n}}_s \right|^2 \tag{5.23}$$

2. 多层快速多极子算法

矩量法离散得到的阻抗矩阵是复数稠密矩阵，可以采用直接法或迭代法求解。用直接法求解矩阵方程时，算法存储量和计算量分别为 $O(N^2)$ 和 $O(N^3)$(相应于矩阵求逆运算量级)；用迭代法求解时，存储量和每步迭代的计算量分别均为 $O(N^2)$(相应于矩阵矢量乘法运算量级)，其中 N 为未知量的个数 [2]。矩量法所需的网格尺寸正比于入射波长，当频率增加时未知量数量迅速增加，对内存和计算机运算速度提出了很高要求，限制了矩量法在高频散射问题中的应用。为提高矩量法求解问题的规模，根据加法定理将格林函数展开，发展了快速多极子算法 (FMM)，将计算量和存储量降低到 $O(N^{1.5})$。在 FMM 中引入多级结构发展了多层快速多极子算法 (MLFMA)，将计算量和存储量进一步降低到 $O(N \log N)$ 量级，使基于精确建模的积分方程数值解法求解电大尺寸目标的电磁散射问题成为可能。快速多极子算法和多层快速多极子算法采用迭代法求解，核心是加速阻抗矩阵与表面感应电流的矢量相乘。

MLFMA 基于树形结构，通过在多个层级上分组，组间嵌套，逐层递推来实现 FMM。在计算中，首先建立树状结构，采用一个适当大小的长方体盒子将模型刚好包住，将其记为第 0 层；然后将此长方体分为 8 个小长方体，将其记为第 1 层；再将各小长方体分为更小的 8 个长方体，记为第 2 层，以此类推，直到最细层长方体的边长在半波长左右 (图 5-2)，MLFMA 的有效层为第 2 层到第 G 层 [2]。根据树形结构将离散得到的子散射体分组 (图 5-3)，将组之间的作用分为附近组之间的近相互作用和非附近组之间的远相互作用，分组后的矩阵矢量乘可以表示为式 (5.24)，对于近相互作用，采用与矩量法类似的阻抗元素计算方法；对于远相互作用，采用多极子展开的形式计算。

$$ZI = Z_{\text{near}}I + Z_{\text{far}}I \tag{5.24}$$

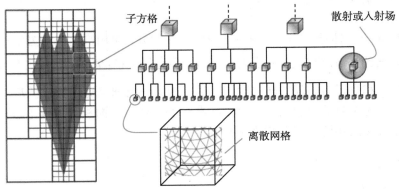

图 5-2　多层快速多极子算法树状结构示意图 [13]

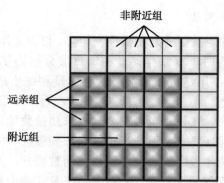

图 5-3　MLFMA 中当前组 (红色) 的附近组 (蓝色)、非附近组 (紫色和黄色) 及远亲组 (紫色) 示意图[13]

　　FMM 和 MLFMA 利用加法定理和平面波展开定理将格林函数展开为多极子形式，在一个具有 G 层的树形结构中，并矢格林函数 $\bar{\boldsymbol{G}}(\boldsymbol{r}, \boldsymbol{r}')$ 的多极子的展开形式为

$$\bar{\boldsymbol{G}}(\boldsymbol{r}, \boldsymbol{r}') = \left[\bar{\boldsymbol{I}} + \frac{\nabla\nabla}{k^2}\right] G(\boldsymbol{r}', \boldsymbol{r}) \tag{5.25}$$

$$
\begin{aligned}
G(\boldsymbol{r}', \boldsymbol{r}) =& \frac{\mathrm{e}^{-\mathrm{j}\boldsymbol{k}|\boldsymbol{r}-\boldsymbol{r}'|}}{4\pi|\boldsymbol{r}-\boldsymbol{r}'|} \\
=& \frac{-\mathrm{j}k}{(4\pi)^2} \int_{\Omega} \mathrm{e}^{-\mathrm{j}\boldsymbol{k}\cdot[(\boldsymbol{r}-\boldsymbol{r}_{m_G})+\boldsymbol{r}_{m_{G-1}m_G}+\cdots+\boldsymbol{r}_{m_2m_3}]} \cdot T_L\left(kR_{m'_2m_2}, \hat{\boldsymbol{k}}\cdot\hat{\boldsymbol{R}}_{m'_2m_2}\right) \\
& \times \mathrm{e}^{-\mathrm{j}\boldsymbol{k}\cdot\left[\boldsymbol{r}_{m'_3m'_2}+\cdots+\boldsymbol{r}_{m'_Gm''_{G-1}}+\boldsymbol{r}_{m'_Gm''_{G-1}}+(\boldsymbol{r}_{m'_G}-\boldsymbol{r}')\right]} \mathrm{d}^2\hat{\boldsymbol{k}}
\end{aligned}
\tag{5.26}
$$

$$T_L\left(kR_{m'_2m_2}, \hat{\boldsymbol{k}}\cdot\hat{\boldsymbol{R}}_{m'_2m_2}\right) = \sum_{l=0}^{L}(-j)^l(2l+1)h_l^{(2)}(kR_{m'_2m_2})P_l(\hat{\boldsymbol{k}}\cdot\hat{\boldsymbol{R}}_{m'_2m_2}) \tag{5.27}$$

式 (5.26) 是在立体角 $\Omega = 4\pi$ 内单位球面上的积分，可用高斯求积方法计算；m_g 代表第 g 层的第 m 个盒子；r_{mg} 为盒子 m_g 中心的矢径；$T_L\left(kR_{m'_2m_2}, \hat{\boldsymbol{k}}\cdot\hat{\boldsymbol{R}}_{m'_2m_2}\right)$ 为盒子 m'_2 和盒子 m_2 间的转移因子；$h_l^{(1)}$ 为第一类球汉克尔函数；P_l 为勒让德多项式；L 为无穷求和的截断项数。将式 (5.26) 代入表面积分方程 (5.7)，则第 2 层的远相互作用矩阵与矢量相乘可写为[2]

$$
\begin{aligned}
&\sum_{n'=1}^{N} Z_{nn'}^{\mathrm{far}} I_{n'} \\
&= \frac{\omega\mu k}{(4\pi)^2} \int_{\Omega} \boldsymbol{W}_{m_G\alpha_G}(\hat{\boldsymbol{k}}) \cdot \mathrm{e}^{-\mathrm{j}\boldsymbol{k}\cdot(\boldsymbol{r}_{m_{G-1}m_G}+\cdots+\boldsymbol{r}_{m_2m_3})} \cdot T_L\left(kR_{m'_2m_2}, \hat{\boldsymbol{k}}\cdot\hat{\boldsymbol{R}}_{m'_2m_2}\right)
\end{aligned}
$$

$$\times\, \mathrm{e}^{-\mathrm{j}k\cdot\left(\boldsymbol{r}_{m_3'm_2'}+\cdots+\boldsymbol{r}_{m_G'm_{G-1}''}\right)}\cdot\boldsymbol{B}_{m_G'\alpha_G'}(\hat{\boldsymbol{k}})I_{n'(m_G'\alpha_G')}\mathrm{d}^2\hat{\boldsymbol{k}} \tag{5.28}$$

$$\boldsymbol{B}_{m_G'\alpha_G'}(\hat{\boldsymbol{k}})=\left(\bar{\boldsymbol{I}}-\hat{\boldsymbol{k}}\hat{\boldsymbol{k}}\right)\cdot\int_{S_n'}\boldsymbol{b}_{n'(m_G'\alpha_G')}\left(\boldsymbol{r}'\right)\mathrm{e}^{+\mathrm{j}k\hat{\boldsymbol{k}}\cdot(\boldsymbol{r}'-\boldsymbol{r}_{m_G'})}\mathrm{d}s' \tag{5.29}$$

$$\boldsymbol{W}_{m_G\alpha_G}(\hat{\boldsymbol{k}})=\alpha\left(\bar{\boldsymbol{I}}-\hat{\boldsymbol{k}}\hat{\boldsymbol{k}}\right)\cdot\int_{S_n}\boldsymbol{f}_{n(m_G\alpha_G)}\left(\boldsymbol{r}\right)\mathrm{e}^{-\mathrm{j}k\hat{\boldsymbol{k}}\cdot(\boldsymbol{r}-\boldsymbol{r}_{m_G})}\mathrm{d}s+(1-\alpha)\hat{\boldsymbol{k}}$$

$$\times\int_{S_n}\hat{\boldsymbol{n}}\times\boldsymbol{f}_{n(m_G\alpha_G)}\left(\boldsymbol{r}\right)\mathrm{e}^{-\mathrm{j}k\hat{\boldsymbol{k}}\cdot(\boldsymbol{r}-\boldsymbol{r}_{m_G})}\mathrm{d}s \tag{5.30}$$

远相互作用通过聚合、转移和配置三个步骤得到。其中 $\boldsymbol{B}_{m_G'\alpha_G'}(\hat{\boldsymbol{k}})$ 为聚合因子，$\boldsymbol{W}_{m_G\alpha_G}(\hat{\boldsymbol{k}})$ 为配置因子；$\boldsymbol{f}_{n'(m_G'\alpha_G')}$ 为源三角形的基函数，该基函数的全局编号为 n'，分组编号为 (m_G',α_G')，$I_{n'(m_G'\alpha_G')}$ 为该基函数的系数；$\boldsymbol{f}_{n(m_G\alpha_G)}$ 为场三角形的基函数。

在求解过程中，多层快速多极子算法的特点是：逐层聚合、逐层转移、逐层配置、嵌套递推。在计算过程中由上行过程和下行过程两部分组成 (图 5-3 和图 5-4)，在上行过程中，计算第 G 层到第 2 层的所有非空组的聚合量，第 G 层 (最细层) 的聚合量由组内所有基函数的贡献计算；第 $G-1$ 层到第 2 层的聚合量由子层子组的贡献计算。上行过程包括最高层多极展开 (P2M) 和子层到父层的多极聚合 (M2M)。在下行过程中，计算第 G 层到第 2 层所有组的非附近组的配置量，其中第 2 层非附近组的配置量由所有非附近组聚合量转移得到，第 2 层的非附近组与远亲组一致；第 3 层到第 G 层非附近组的配置量包括两部分：一部分由父层非附近组配置量转移得到，一部分由当前层为非附近组但父层为附近组 (远亲组) 的聚合量转移得到。在第 G 层，通过部分场展开得到所有非附近组对组内基函数的贡献。下行过程包括父层到子层的多极配置 (L2L)、同层间远亲组的转移 (M2L) 和最高层的部分场展开 (L2P)[7,8]。MLFMA 的具体求解步骤如下。

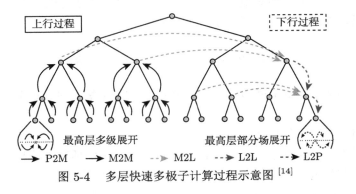

图 5-4 多层快速多极子计算过程示意图[14]

(1) 最高层多极展开 (P2M)。

在最高层 G 层，将子散射体 n' 的贡献聚集到 n' 所在组 m' 的组中心，计算方法为

$$B_{m'_G}(\hat{\boldsymbol{k}}) = \sum_{\alpha'_G \in m'_G} B_{m'_G \alpha'_G}(\hat{\boldsymbol{k}}) I_{n'(m'_G \alpha'_G)} \tag{5.31}$$

其中，$B_{m'_G}(\hat{\boldsymbol{k}})$ 为最高层 G 层 m' 组的聚合量，$B_{m'_G \alpha'_G}(\hat{\boldsymbol{k}})$ 为基函数 $\boldsymbol{f}_{n'(m'_G \alpha'_G)}$ 的聚合因子。

(2) 多极聚合 (M2M)。

将源子散射体在子层子组中心的聚合量平移到父层父组表达，计算方法为

$$B_{m'_{g-1}}(\hat{\boldsymbol{k}}) = \sum_{m'_g \in m'_{g-1}} \mathrm{e}^{-\mathrm{j}\boldsymbol{k} \cdot \boldsymbol{r}_{m'_g m'_{g-1}}} \cdot B_{m'_g}(\hat{\boldsymbol{k}}) \tag{5.32}$$

其中，m'_g、m'_{g-1} 分别为第 g 层，第 $g-1$ 层中源子散射体 n' 所在组的组中心，$\boldsymbol{r}_{m'_g}$、$\boldsymbol{r}_{m'_{g-1}}$ 分别为 m'_g 和 m'_{g-1} 的矢径；由于从子层到父层所需要的 $\hat{\boldsymbol{k}}$ 以两倍递增，因此子层的角谱分量不能直接用于父层，需要对 $B_{m'_g}(\hat{\boldsymbol{k}})$ 进行内插计算 [13]。

(3) 第二层多极转移 (M2L)。

多极聚合到第二层后，便不再向上聚合。在第二层开始多极转移，将源区的外向波转移为场区的内向波。在第二层，在源区组中心 m'_2 的聚合量 $B_{m'_2}(\hat{\boldsymbol{k}})$ 是以 m'_2 为中心的外向波，通过转移因子计算以场区组中心 m_2 为中心的内向波：

$$G^+_{m_2}(\hat{\boldsymbol{k}}) = \sum_{m'_2 \in F\{m_2\}} T_L\left(k R_{m'_2 m_2}, \hat{\boldsymbol{k}} \cdot \hat{\boldsymbol{R}}_{m'_2 m_2}\right) \cdot B_{m'_2}(\hat{\boldsymbol{k}}) \tag{5.33}$$

其中，$F\{m_2\}$ 表示 m_2 的远亲组列表。多级转移后 MLFMA 的上行过程结束。

(4) 多极配置 (L2L)。

多极子方法的下行过程。多极配置将在以父层父组为中心的内向波转化为以子层子组为中心的内向波表达，多极配置是多极聚合的逆过程。将父层父组 m_{g-1} 的非附近组贡献平移到子组子层 m_g 的中心表达为

$$G_{m_g}(\hat{\boldsymbol{k}}) = \mathrm{e}^{-\mathrm{j}\boldsymbol{k} \cdot \boldsymbol{r}_{m'_{g-1} m''_g}} \cdot G^+_{m_{g-1}}(\hat{\boldsymbol{k}}) \tag{5.34}$$

由于父层和子层 $\hat{\boldsymbol{k}}$ 的数量不同，多极配置过程中需要对角谱分量进行伴随内插计算 [13]。

(5) 其他层多极转移 (M2L)。

从父层到子层递推下去时需要得到来自子层子组的所有非附近组的贡献，子层子组所有非附近组贡献包括父层父组所有非附近组的贡献 (多级配置计算得到) 和子层子组的远亲组贡献。子层子组的远亲组贡献计算方法为

$$G_{m_g}(\hat{\boldsymbol{k}}) = \sum_{m'_g \in F\{m_g\}} T_L\left(kR_{m'_g m_g}, \hat{\boldsymbol{k}} \cdot \hat{\boldsymbol{R}}_{m'_g m_g}\right) \cdot \boldsymbol{B}_{m'_g}(\hat{\boldsymbol{k}}) \tag{5.35}$$

则子层子组的所有非附近组的贡献为

$$G_{m_g}^+(\hat{\boldsymbol{k}}) = G_{m_g}(\hat{\boldsymbol{k}}) + \mathrm{e}^{-\mathrm{j}\boldsymbol{k}\cdot\boldsymbol{r}_{m'_{g-1}m''_g}} \cdot G_{m_{g-1}}^+(\hat{\boldsymbol{k}}) \tag{5.36}$$

重复多级配置和多极转移两个过程到最高层。

(6) 部分场展开 (L2P)。

在最高层每个非空组 m_G 的中心进行部分场展开，得到 m_G 的所有非附近组对组内场点 n 的贡献：

$$\sum_{n'=1}^{N} Z_{nn'}^{\mathrm{far}} I_{n'} = \frac{\omega\mu k}{(4\pi)^2} \int_{\Omega} \mathrm{d}^2\hat{\boldsymbol{k}} \boldsymbol{W}_{m_G \alpha_G}(\hat{\boldsymbol{k}}) \cdot \boldsymbol{G}_{m_G}^+(\hat{\boldsymbol{k}}) \tag{5.37}$$

其中，$\boldsymbol{W}_{m_G \alpha_G}$ 为最高层的配置因子，$\boldsymbol{G}_{m_G}^+(\hat{\boldsymbol{k}})$ 为最高层以组 m_G 为中心的内向波，代表了组 m_G 的所有非附近组对组 m_G 的贡献。采用与矩量法相同的方法直接计算最细层附近组的贡献，与非附近组的贡献相加，则得到所有源点对场点的贡献。

由于 MLFMA 本质上加速的是线性方程求解过程中矩阵和向量的乘积运算，在计算过程中并不显式存储远相互作用矩阵，通常采用迭代法求解。

3. 预处理方法

经过基函数展开、匹配测试后，积分方程求解转化为线性方程组求解问题。方程组迭代求解中多层快速多极子算法迭代求解的计算复杂度为 $N^{\mathrm{iter}}O(N\log N)$，其中 N^{iter} 表示迭代步数。N^{iter} 取决于阻抗矩阵的条件数及迭代求解方法，N^{iter} 的大小直接影响问题求解的计算效率。预处理可以改善阻抗矩阵的条件数，大幅减少迭代次数，提高 MLFMA 的求解效率。本节采用的预处理方法为稀疏近似逆技术 (Sparse Approximate Inverse，SAI)[15-17]，稀疏近似逆预处理技术旨在显式构造 $\boldsymbol{Z}^{-1}$ 的稀疏近似 $\boldsymbol{M}$ 并将其用作求解原方程组 $\boldsymbol{ZI}=\boldsymbol{V}$ 的预处理矩阵。在 MLFMA 中，本节采用右预处理方法，右预处理形式如式 (5.38)，其中预处理矩阵 $\boldsymbol{M}$ 应当尽量接近于 $\boldsymbol{Z}^{-1}$。

$$\begin{aligned} \boldsymbol{ZM}y &= \boldsymbol{V} \\ x &= \boldsymbol{M}y \end{aligned} \tag{5.38}$$

SAI 构造预处理矩阵的思想是令 $\boldsymbol{M}$ 在某一稀疏化模式 G 下，使得 $\|\boldsymbol{I}-\boldsymbol{ZM}\|_{\mathrm{F}}$ 的最小化问题，其中 $\|\cdot\|_{\mathrm{F}}$ 为矩阵的 Frobenius 范数。矩阵的 Frobenius 范数的最小问题可以分解为该矩阵单独的各列最小二范数之和问题，即

$$\min_{M \in G} \|I - ZM\|_{\mathrm{F}}^2 = \sum_{k=1}^{N} \min_{m_k \in G_k} \|e_k - Zm_k\|_2^2 \tag{5.39}$$

其中，e_k 为单位矩阵 I 的第 k 列元素构成的列向量，m_k 表示 M 的第 k 列矢量，N 表示矩阵的维度，因此需要求解 N 个最小二范数的问题。

$$\min_{m_k} \|e_k - Zm_k\|_2^2, \quad k = 1, 2, \cdots, N \tag{5.40}$$

SAI 方法的关键步骤是确定稀疏化模式 G。采用 MLFMA 中计算并保存的附近组阻抗矩阵来构造预条件矩阵，记将自身组和附近组合并后的阻抗矩阵为 $\widetilde{Z}$，则可以通过对 $\widetilde{Z}$ 的 QR 分解得到 M 的元素 $\widetilde{m}_k$：

$$\begin{aligned} \widetilde{Z} &= QR \\ \widetilde{m}_k &= R^{-1}Q^{\mathrm{T}}\widetilde{e}_k \end{aligned} \tag{5.41}$$

将 $\widetilde{m}_k$ 组合得到稀疏近似逆预处理矩阵 M。

4. 迭代求解方法

本部分采用广义极小残差法 (GMRES) 迭代求解线性方程组[18]，GMRES 算法是目前最流行的算法之一。当矩阵规模较大时，GMRES 每一步迭代所需的存储量和计算量会增加，可以采用"重启"来克服这一问题，即先执行 m 次 GMRES 迭代，把产生的近似解作为初值开始下一个 m 次迭代，m 也称重启参数，本部分取 $m = 50$。预处理矩阵 M 与 GMRES 算法结合的算法流程如表 5-1[2]。

表 5-1　考虑右预处理的 GMRES 算法 [6]

算法 5.1 考虑右预处理的 GMRES 算法
初始化：设置 x_0 初值和 m 值
迭代过程：
$\quad r_0 = b - Ax_0, \quad \beta = \|r_0\|_2, \quad v_1 = r_0/\beta$ $\quad$ For $j = 1, \cdots, m, \mathrm{Do}:$ $\quad\quad w_j = AM^{-1}v_j$ $\quad\quad$ For $i = 1, \cdots, j, \mathrm{Do}:$ $\quad\quad\quad h_{i+1,j} = \langle w_j, v_i \rangle$ $w_j = w_j - h_{i,j}v_i$ **Enddo** $h_{j+1,j} = \|w_j\|_2$ $v_{j+1} = w_j/h_{j+1,j}$ **Enddo**   定义：$V_m = [v_1, \cdots, v_m], \quad \bar{H}_m = \{h_{i,j}\}_{1 \leqslant j \leqslant j+1, 1 \leqslant j \leqslant m}$ $x_m = x_0 + V_m y_m$，其中：$y_m = \arg\min_y \|\beta e_1 - \bar{H}_m y\|_2, \quad e_1 = \begin{bmatrix} 1 & 0 & \cdots & 0 \end{bmatrix}^{\mathrm{T}}$ 如果残差 $\|b - Ax_m\|_2/\|b\|_2$ 满足预设值，迭代终止；   否则设置 $x_0 = x_m$，重新开始迭代。

5.2.2 隐身问题伴随方程推导

高精度的 RCS 评估方法计算成本较高，在过去的优化中通常采用高频算法，较少使用高精度 RCS 评估手段。随着反隐身技术的发展，布局隐身性能的要求进一步提升，近似算法逐渐无法满足低可探测布局飞行器的隐身设计。针对三维问题中高精度 RCS 评估及梯度计算成本高的问题，在隐身学科中引入伴随方法思想，实现隐身导数的高效求解。采用拉格朗日乘子法推导原问题的伴随方程时，拉格朗日乘子即为待求的伴随变量。通过求解控制方程及其伴随方程即可得到目标函数关于所有设计变量的导数。建立隐身问题控制方程的离散伴随方程时，需要从离散形式的控制方程和目标函数出发进行伴随方程推导。离散形式的控制方程可以写成线性方程组，其伴随方程也是线性方程组。因此。伴随方程推导的关键在于确定方程左端项和右端项元素的表达式。本小节以三维矩量法为例推导了麦克斯韦积分方程的离散伴随方程各项元素的表达式。

1. 电磁场伴随方程

飞行器的隐身特性通常采用雷达散射截面 (RCS) 进行量化。隐身优化问题可以表示为

$$
\min_{w.r.t.D} \sigma(\boldsymbol{I}(\boldsymbol{D}), \boldsymbol{D})
$$

$$
\boldsymbol{R}(\boldsymbol{I}(\boldsymbol{D}), \boldsymbol{D}) = 0
\tag{5.42}
$$

其中，$\boldsymbol{I}$ 为表面感应电流系数，$\boldsymbol{D}$ 为设计变量向量，$\boldsymbol{R}$ 为积分形式麦克斯韦方程，其离散形式可以写成向量相减的形式：

$$
\boldsymbol{R}(\boldsymbol{I}(\boldsymbol{D}), \boldsymbol{D}) = \boldsymbol{V} - \boldsymbol{Z}\boldsymbol{I}
\tag{5.43}
$$

雷达散射截面是几何外形 (由 $\boldsymbol{D}$ 决定) 和感应电流系数 $\boldsymbol{I}$ 的函数，在基于电磁场表面积分方程的散射问题求解中阻抗矩阵 $\boldsymbol{Z}$、激励 $\boldsymbol{V}$ 和解得的感应电流系数 $\boldsymbol{I}$ 均只由几何形状决定，即

$$
\sigma(\boldsymbol{I}(\boldsymbol{D}), \boldsymbol{D})
$$

$$
\boldsymbol{V} = \boldsymbol{V}(\boldsymbol{D}), \quad \boldsymbol{Z} = \boldsymbol{Z}(\boldsymbol{D})
\tag{5.44}
$$

代入伴随推导的一般形式可得隐身问题的伴随方程：

$$
\frac{\partial \sigma}{\partial \boldsymbol{I}} + \boldsymbol{\Lambda}^{\mathrm{T}} \frac{\partial \boldsymbol{R}}{\partial \boldsymbol{I}} = 0
\tag{5.45}
$$

结合式 (5.43) 有

$$
\frac{\partial \boldsymbol{R}}{\partial \boldsymbol{I}} = \frac{\partial (\boldsymbol{V} - \boldsymbol{Z}\boldsymbol{I})}{\partial \boldsymbol{I}} = -\boldsymbol{Z}
\tag{5.46}
$$

则隐身问题的伴随方程可以写为

$$\frac{\partial \sigma}{\partial I} - \Lambda^{\mathrm{T}} Z = 0$$

$$Z^{\mathrm{T}} \Lambda = \left(\frac{\partial \sigma}{\partial I}\right)^{\mathrm{T}} \tag{5.47}$$

伴随方程的形式与控制方程求解的形式一致，可以采用控制方程求解的数值方法进行求解，伴随方程与控制方程的区别主要在于左端阻抗矩阵和右端项激励的形式。通过伴随方程求解得到 Λ 后，可将梯度表示为

$$\frac{\mathrm{d}\sigma}{\mathrm{d}D} = \frac{\partial \sigma}{\partial D} + \Lambda^{\mathrm{T}} \frac{\partial (V - Z\tilde{I})}{\partial D} \tag{5.48}$$

式中，$\tilde{I}$ 为控制方程求解得到的表面感应电流系数，$\partial\sigma/\partial D$ 和 $\partial(V - Z\tilde{I})/\partial D$ 为保持感应电流不变时，σ 和 $(V - Z\tilde{I})$ 关于设计变量的梯度，这两项的计算中不需要求解线性方程组，本节采用有限差分法计算，即

$$\frac{\partial \sigma}{\partial D} \approx \frac{\sigma(D + \Delta D, \tilde{I}) - \sigma(D, \tilde{I})}{\Delta D}$$

$$\frac{\partial (V - Z\tilde{I})}{\partial D} \approx \frac{V(D + \Delta D) - \tilde{V}}{\Delta D} - \frac{Z(D + \Delta D)\tilde{I} - \tilde{Z}\tilde{I}}{\Delta D} \tag{5.49}$$

其中，$\tilde{Z}$ 和 $\tilde{V}$ 均为控制方程求解的结果。在导数计算过程中需计算每个设计变量对应的 $Z(D + \Delta D)\tilde{I}$ 和 $V(D + \Delta D)$。

基于伴随的隐身梯度计算主要包括三个步骤：① 控制方程求解得到并存储表面感应电流 I 和 g；② 伴随求解得到并存储伴随变量 Λ；③ 扰动设计变量并计算相应设计变量梯度。

2. 离散伴随方程元素表达式

控制方程的离散伴随方程仍然是大型线性方程组，离散伴随方程推导的核心在于线性方程组左端项 (阻抗矩阵) 和右端项 (激励向量) 表达式的推导。从式 (5.47) 可知，伴随方程的阻抗矩阵 Z^{T} 为控制方程阻抗矩阵的转置 Z。控制方程的阻抗矩阵元素 Z_{mn} 的物理意义是源点 n 单位感应电流对场点 m 的作用 [2]，由于伴随方程在控制方程基础上交换了源点和场点位置，伴随方程阻抗矩阵的物理意义可以理解为场点单位伴随变量对源点的作用。矩量法求解时需要计算并存储所有阻抗元素，因此伴随方程阻抗元素可以由控制方程直接得到；多层快速多极子方法 (MLFMA) 求解时，由于 MLFMA 仅计算并存储近相互作用阻抗元素，

采用近似法计算远相互作用的影响，因此伴随方程远相互作用阻抗元素计算与控制方程有所区别，基于 MLFMA 求解伴随方程时阻抗矩阵元素的计算方法将在 5.3 节详细介绍，这里不再展开。伴随方程的右端项与目标函数的性质有关，问题改变时需要重新推导，RCS 优化问题的右端项为 $\partial\sigma/\partial\boldsymbol{I}$，下文重点以矩量法为例推导该项表达式。

伴随方程 (5.47) 的右端项 $\partial\sigma/\partial\boldsymbol{I}$ 为雷达散射截面关于感应电流系数的导数。对于三维问题，求解得到感应电流系数 $\boldsymbol{I}$ 后代入基函数即可得到表面感应电流分布，通过式 (5.50) 求解 RCS：

$$\sigma = \lim_{R\to\infty}\left[(4\pi R^2)\frac{|\boldsymbol{E^s}|^2}{|\boldsymbol{E^i}|^2}\right] = \frac{k_0^2\eta_0^2}{4\pi}\left|\int\limits_S \boldsymbol{J}(\boldsymbol{r'})\mathrm{e}^{\mathrm{j}\boldsymbol{k_s}\cdot\boldsymbol{r'}\mathrm{d}s'}\cdot\hat{\boldsymbol{n}}_s\right|^2 \tag{5.50}$$

其中，$\hat{\boldsymbol{n}}_s$ 为散射场的极化方向矢量。根据复数的运算性质将模的平方写成自身与其共轭相乘的形式：

$$\sigma = \frac{k_0^2\eta_0^2}{4\pi}g\cdot\bar{g} \tag{5.51}$$

$$g = \int\limits_S \boldsymbol{J}(\boldsymbol{r'})\,\mathrm{e}^{\mathrm{j}\boldsymbol{k_r}\cdot\boldsymbol{r'}}\mathrm{d}s'\cdot\hat{\boldsymbol{n}}_s \tag{5.52}$$

其中，上划线表示共轭。由链式求导法则：

$$\frac{\partial\sigma}{\partial\boldsymbol{I}} = \frac{k_0^2\eta_0^2}{4\pi}\left(\bar{g}\frac{\partial g}{\partial\boldsymbol{I}} + g\frac{\partial\bar{g}}{\partial\boldsymbol{I}}\right) \tag{5.53}$$

复数求导需分别对其实部和虚部求导[19]，即

$$\frac{\partial\sigma}{\partial\boldsymbol{I}} = \frac{\partial\sigma}{\partial\mathrm{Re}(\boldsymbol{I})} - \frac{\partial\sigma}{\partial\mathrm{Im}(\boldsymbol{I})}i \tag{5.54}$$

式 (5.54) 可以整理为

$$\begin{aligned}\frac{\partial\sigma}{\partial\mathrm{Re}(\boldsymbol{I})} &= \frac{k_0^2\eta_0^2}{4\pi}\left(\bar{g}\frac{\partial g}{\partial\mathrm{Re}(\boldsymbol{I})} + g\frac{\partial\bar{g}}{\partial\mathrm{Re}(\boldsymbol{I})}\right)\\[2mm]\frac{\partial\sigma}{\partial\mathrm{Im}(\boldsymbol{I})} &= \frac{k_0^2\eta_0^2}{4\pi}\left(\bar{g}\frac{\partial g}{\partial\mathrm{Im}(\boldsymbol{I})} + g\frac{\partial\bar{g}}{\partial\mathrm{Im}(\boldsymbol{I})}\right)\end{aligned} \tag{5.55}$$

式 (5.52) 中，g 离散后可以写成感应电流和的形式，以 RWG 基函数为例写出 g 的具体表达式：

$$g = \hat{\boldsymbol{n}}_s\cdot 2\sqrt{\pi}\frac{\mathrm{j}k_0}{4\pi}\eta_0\sum_{n=1}^N[I_n(\boldsymbol{f_n}(\boldsymbol{\rho_n^+})\mathrm{e}^{\mathrm{j}\boldsymbol{k_s}\cdot\boldsymbol{r_n^{c+}}}\Delta S_n^+ + \boldsymbol{f_n}(\boldsymbol{\rho_n^-})\mathrm{e}^{\mathrm{j}\boldsymbol{k_s}\cdot\boldsymbol{r_n^{c-}}}\Delta S_n^-)] \tag{5.56}$$

其中，I_n 为第 n 条边上基函数的权重，推导得到 $\partial g / \partial I_n$ 和 $\partial \bar{g} / \partial I_n$ 的表达式：

$$
\begin{cases}
\displaystyle \int \frac{\partial g}{\partial \operatorname{Re}(I_n)} = \hat{n}_s \cdot \left(f_n(\rho_n^+) e^{jk_s \cdot r_n^{c+}} \Delta S_n^+ + f_n(\rho_n^-) e^{jk_s \cdot r_n^{c-}} \Delta S_n^- \right) \\[2mm]
\displaystyle \frac{\partial \bar{g}}{\partial \operatorname{Re}(I_n)} = \hat{n}_s \cdot \left(f_n(\rho_n^+) e^{jk_s \cdot r_n^{c+}} \Delta S_n^+ + f_n(\rho_n^-) e^{jk_s \cdot r_n^{c-}} \Delta S_n^- \right) \\[2mm]
\displaystyle \frac{\partial g}{\partial \operatorname{Im}(I_n)} = i\hat{n}_s \cdot \left(f_n(\rho_n^+) e^{jk_s \cdot r_n^{c+}} \Delta S_n^+ + f_n(\rho_n^-) e^{jk_s \cdot r_n^{c-}} \Delta S_n^- \right) \\[2mm]
\displaystyle \frac{\partial \bar{g}}{\partial \operatorname{Im}(I_n)} = -i\hat{n}_s \cdot \left(f_n(\rho_n^+) e^{jk_s \cdot r_n^{c+}} \Delta S_n^+ + f_n(\rho_n^-) e^{jk_s \cdot r_n^{c-}} \Delta S_n^- \right)
\end{cases}
\tag{5.57}
$$

将式 (5.57) 代入式 (5.55) 有

$$
\begin{aligned}
\frac{\partial \sigma}{\partial \operatorname{Re}(I_n)} =\ & \frac{k_0^2 \eta_0^2}{4\pi} \bar{g} [\hat{n}_s \cdot (f_n(\rho_n^+) e^{jk_s \cdot r_n^{c+}} \Delta S_n^+ + f_n(\rho_n^-) e^{jk_s \cdot r_n^{c-}} \Delta S_n^-)] \\
& + \frac{k_0^2 \eta_0^2}{4\pi} g [\hat{n}_s \cdot (f_n(\rho_n^+) e^{jk_s \cdot r_n^{c+}} \Delta S_n^+ + f_n(\rho_n^-) e^{jk_s \cdot r_n^{c-}} \Delta S_n^-)] \\
\frac{\partial \sigma}{\partial \operatorname{Im}(I_n)} =\ & \frac{k_0^2 \eta_0^2}{4\pi} \bar{g} [i\hat{n}_s \cdot (f_n(\rho_n^+) e^{jk_s \cdot r_n^{c+}} \Delta S_n^+ + f_n(\rho_n^-) e^{jk_s \cdot r_n^{c-}} \Delta S_n^-)] \\
& - \frac{k_0^2 \eta_0^2}{4\pi} g [i\hat{n}_s \cdot (f_n(\rho_n^+) e^{jk_s \cdot r_n^{c+}} \Delta S_n^+ + f_n(\rho_n^-) e^{jk_s \cdot r_n^{c-}} \Delta S_n^-)]
\end{aligned}
\tag{5.58}
$$

将式 (5.58) 进一步代入式 (5.54) 即可得到伴随方程右端项的表达式：

$$
\frac{\partial \sigma}{\partial I_n} = \frac{k_0^2 \eta_0^2}{2\pi} \bar{g} [\hat{n}_s \cdot (f_n(\rho_n^+) e^{jk_s \cdot r_n^{c+}} \Delta S_n^+ + f_n(\rho_n^-) e^{jk_s \cdot r_n^{c-}} \Delta S_n^-)]
\tag{5.59}
$$

注意到，电场积分方程的激励可以表示为

$$
V_n^{\mathrm{EFIE}} = l_n \left(E_n^+ \cdot \frac{\rho_n^{c+}}{2} + E_n^- \cdot \frac{\rho_n^{c-}}{2} \right) = f_n(\rho_n^+) e^{-jk_i \cdot r_n^{c+}} \Delta S_n^+ + f_n(\rho_n^-) e^{-jk_i \cdot r_n^{c-}} \Delta S_n^-
\tag{5.60}
$$

对照式 (5.60) 和式 (5.22) 可以得到

$$
\frac{\partial \sigma}{\partial I_n} = \frac{k_0^2 \eta_0^2}{2\pi} \bar{g} V_n^{\mathrm{EFIE}}
\tag{5.61}
$$

即伴随方程的激励与电场积分方程的激励仅差一个常数 $k_0^2 \eta_0^2 \bar{g} / (2\pi)$，通过控制方程求解得到 $\bar{g}$ 后即可求得伴随方程的激励。

由于电场积分方程的阻抗矩阵为对称矩阵，即 $\boldsymbol{Z}^{\mathrm{EFIE}} = (\boldsymbol{Z}^{\mathrm{EFIE}})^{\mathrm{T}}$，伴随方程可以表示为

$$\boldsymbol{Z}^{\mathrm{EFIE}} \boldsymbol{\Lambda}^{\mathrm{EFIE}} = \frac{k_0^2 \eta_0^2}{2\pi} \bar{g} \boldsymbol{V}^{\mathrm{EFIE}} \tag{5.62}$$

对于 EFIE 伴随变量的值与控制方程的解仅差一个常数，即

$$\boldsymbol{\Lambda}^{\mathrm{EFIE}} = \frac{k_0^2 \eta_0^2}{2\pi} \bar{g} \boldsymbol{I} \tag{5.63}$$

因此当采用 EFIE 求解伴随导数时仅需要进行一次控制方程求解，不需要进行伴随方程的求解。由于 MFIE 和 CFIE 的阻抗矩阵不是对称矩阵，无法直接建立伴随变量与控制方程解的关系，仍需要进行对伴随方程进行求解。

5.3 基于多层快速多极子方法的伴随方程求解

基于矩量法求解时，控制方程和伴随方程的阻抗矩阵均是复数稠密矩阵，频率增加时未知量数量迅速增加，导致求解难度大大增加，难以在高频散射问题的梯度求解中应用。虽然采用 EFIE 作为控制方程时不需要求解伴随方程，但 EFIE 方程的条件数较大，收敛难度较大，且存在"内谐振"问题，因此求解散射问题时通常采用 CFIE 方程。因此，为将伴随方法应用在更大电大尺寸问题的优化中，需要采用更加高效的求解方法。FMM 和 MLFMA 可以加速阻抗矩阵与感应电流的矢量乘，实现伴随方程的快速求解。由于离散伴随方程与控制方程离散后的形式相似，两者采用 MLFMA 计算的步骤基本一致，但伴随方程的阻抗矩阵为控制方程的转置，控制方程和伴随方程中阻抗元素的表达式存在一定区别，需要重新推导采用 MLFMA 求解伴随方程时每一步计算的具体表达式。以下以 CFIE 方程为例推导基于 MLFMA 求解伴随方程的具体方法。

5.3.1 伴随方程求解

由式 (5.24) 可以看到，基于 MLFMA 求解伴随方程的核心在于计算 $\boldsymbol{Z}^{\mathrm{T}} \boldsymbol{\Lambda}$。多层快速多极子算法在求解过程中将阻抗矩阵与感应电流的矢量乘分为附近组之间的近相互作用和非附近组之间的远相互作用两部分。

$$\boldsymbol{Z}^{\mathrm{T}} \boldsymbol{\Lambda} = \boldsymbol{Z}_{\mathrm{near}}^{\mathrm{T}} \boldsymbol{\Lambda} + \boldsymbol{Z}_{\mathrm{far}}^{\mathrm{T}} \boldsymbol{\Lambda} \tag{5.64}$$

对于近相互作用 $\boldsymbol{Z}_{\mathrm{near}}^{\mathrm{T}} \boldsymbol{\Lambda}$，MLFMA 采用与矩量法相同的方法计算并存储 $\boldsymbol{Z}^{\mathrm{near}}$ 的元素，伴随方程的近场阻抗矩阵可以通过改变控制方程近场阻抗矩阵下标顺序的方式实现转置；远相互作用 $\boldsymbol{Z}_{\mathrm{far}}^{\mathrm{T}} \boldsymbol{\Lambda}$ 采用多层快速多极子算法计算，在远相互作用矢量乘的计算过程中不显示存储 $\boldsymbol{Z}^{\mathrm{far}}$，因此无法通过改变 $\boldsymbol{Z}$ 下标索引方向的

方式实现远相互作用元素的转置运算，需从 MLFMA 的算法的实现流程着手实现转置计算。以下详细介绍了伴随求解的近场矢量乘和远场矢量乘的实现方式，并与控制方程的 MLFMA 求解的计算方法对比。

1. 近相互作用矢量乘

近相互作用矢量乘在最高层进行，由于 MLFMA 显示计算并存储近相互作用的阻抗矩阵元素，因此可以直接采用矩阵元素与感应电流相乘的方式计算近相互作用矢量乘。在求解控制方程时需计算阻抗矩阵中每一行元素与电流的乘积，如式 (5.65)。

$$\sum_{j=1}^{N} Z_{ij} I_j = V_i \tag{5.65}$$

而在伴随计算中，近相互作用矢量乘需计算每一列元素与电流的乘积，如式 (5.66)。进行伴随求解时仅需要修改元素相乘顺序。

$$\sum_{i=1}^{N} Z_{ij} \Lambda_i = V_j \tag{5.66}$$

2. 远相互作用矢量乘

伴随计算的远场矢量相乘与控制方程求解的计算流程较为相似，伴随方程阻抗矩阵为控制方程阻抗矩阵的转置，需要将阻抗矩阵的源点和场点进行交换。控制方程求解的远相互作用的矩阵与矢量乘可以表示为式 (5.67)，其中 m_g 代表第 g 层的第 m 个盒子；r_{mg} 为盒子 m_g 中心的矢径；$T_L\left(kR_{m_2' m_2}, \hat{\boldsymbol{k}} \cdot \hat{\boldsymbol{R}}_{m_2' m_2}\right)$ 为从盒子 m_2' 到盒子 m_2 的转移因子；$\boldsymbol{B}_{m_G' \alpha_G'}(\hat{\boldsymbol{k}})$ 为聚合因子，$\boldsymbol{W}_{m_G \alpha_G}(\hat{\boldsymbol{k}})$ 为配置因子；$I_{n'(m_G' \alpha_G')}$ 为该基函数的系数。聚合因子、转移因子和配置因子的定义与上文一致。

$$\begin{aligned}
&\sum_{n'=1}^{N} Z_{nn'}^{\text{far}} I_{n'} \\
&= \frac{\omega \mu k}{(4\pi)^2} \int_{\Omega} \boldsymbol{W}_{m_G \alpha_G}(\hat{\boldsymbol{k}}) \cdot \mathrm{e}^{-\mathrm{j}\boldsymbol{k} \cdot (r_{m_{G-1} m_G} + \cdots + r_{m_2 m_3})} \cdot T_L\left(kR_{m_2' m_2}, \hat{\boldsymbol{k}} \cdot \hat{\boldsymbol{R}}_{m_2' m_2}\right) \\
&\quad \times \mathrm{e}^{-\mathrm{j}\boldsymbol{k} \cdot (r_{m_3' m_2'} + \cdots + r_{m_G' m_{G-1}'})} \cdot \boldsymbol{B}_{m_G' \alpha_G'}(\hat{\boldsymbol{k}}) I_{n'(m_G' \alpha_G')} \mathrm{d}^2 \hat{\boldsymbol{k}}
\end{aligned} \tag{5.67}$$

计算 $\boldsymbol{Z}^{\mathrm{T}} \boldsymbol{\Lambda}$ 时需要在控制方程求解的基础上互换式 (5.67) 中各项场点 n、源点 n' 的位置 (交换所在盒子编号)，交换聚合因子、配置因子及相应平移因子的相乘顺序得到伴随计算中远相互作用的计算方法，如式 (5.68)。

$$\sum_{n'=1}^{N} Z_{n'n}^{\text{far}} \Lambda_{n'}$$

$$
= \frac{\omega\mu k}{(4\pi)^2} \int_{\Omega} \boldsymbol{W}_{m'_G\alpha'_G}(\hat{\boldsymbol{k}}) \cdot \mathrm{e}^{-\mathrm{j}\boldsymbol{k}\cdot(\boldsymbol{r}_{m'_{G-1}m'_G}+\cdots+\boldsymbol{r}_{m'_2 m'_3})} \cdot T_L\left(kR_{m_2 m'_2}, \hat{\boldsymbol{k}}\cdot\hat{\boldsymbol{R}}_{m_2 m'_2}\right)
$$

$$
\times \, \mathrm{e}^{-\mathrm{j}\boldsymbol{k}\cdot(\boldsymbol{r}_{m_3 m_2}+\cdots+\boldsymbol{r}_{m_G m_{G-1}})} \cdot \boldsymbol{B}_{m_G\alpha_G}(\hat{\boldsymbol{k}}) I_{n'(m'_G\alpha'_G)} \mathrm{d}^2\hat{\boldsymbol{k}}
$$

$$
= \frac{\omega\mu k}{(4\pi)^2} \int_{\Omega} \boldsymbol{B}_{m_G\alpha_G}(\hat{\boldsymbol{k}}) \cdot \mathrm{e}^{-\mathrm{j}\boldsymbol{k}\cdot(\boldsymbol{r}_{m_3 m_2}+\cdots+\boldsymbol{r}_{m_G m_{G-1}})} \cdot T_L\left(kR_{m_2 m'_2}, \hat{\boldsymbol{k}}\cdot\hat{\boldsymbol{R}}_{m_2 m'_2}\right)
$$

$$
\times \, \mathrm{e}^{-\mathrm{j}\boldsymbol{k}\cdot(\boldsymbol{r}_{m'_{G-1}m''_G}+\cdots+\boldsymbol{r}_{m'_2 m'_3})} \cdot \boldsymbol{W}_{m'_G\alpha'_G}(\hat{\boldsymbol{k}}) \Lambda_{n'(m'_G\alpha'_G)} \mathrm{d}^2\hat{\boldsymbol{k}} \tag{5.68}
$$

在计算 n' 对 n 的作用时，在控制方程求解中需顺序计算 $I_{n'(m'_G\alpha'_G)}$ 与聚合因子 $\boldsymbol{B}_{m'_G\alpha'_G}(\hat{\boldsymbol{k}})$、转移因子 $T_L\left(kR_{m_2 m'_2}, \hat{\boldsymbol{k}}\cdot\hat{\boldsymbol{R}}_{m_2 m'_2}\right)$ 和配置因子 $\boldsymbol{W}_{m_G\alpha_G}(\hat{\boldsymbol{k}})$ 的乘积。在伴随计算中，交换聚合因子和配置因子的相乘顺序，即依次计算伴随变量 $\Lambda_{n'(m'_G\alpha'_G)}$ 与配置因子、转移因子和聚合因子的乘积。多层快速多极子框架中伴随的求解步骤与控制方程求解相似，也包括上行 (最高层多极展开、多极聚合) 和下行 (多极配置、多极转移和部分场展开) 两个部分，以下就伴随计算和控制方程求解在每个过程实现时的主要区别进行分析。

(1) 最高层多极展开 (P2M)。

控制方程求解通过式 (5.69) 计算 $I_{n'(m'_G\alpha'_G)}$ 与最高层的聚合因子 $\boldsymbol{B}_{m'_G\alpha'_G}(\hat{\boldsymbol{k}})$ 的乘积，将最细层将场点 i 的贡献聚集到 i 所在组 $G_{m'}$ 的组中心，得到从 I_i 发出的外向波。

$$
\boldsymbol{B}_{m'_G}(\hat{\boldsymbol{k}}) = \sum_{\alpha'_G\in m'_G} \boldsymbol{B}_{m'_G\alpha'_G}(\hat{\boldsymbol{k}}) I_{n'(m'_G\alpha'_G)} \tag{5.69}
$$

伴随计算通过式 (5.70) 计算 Λ_i 与最高层配置因子 $\boldsymbol{W}_{m'_G\alpha'_G}(\hat{\boldsymbol{k}})$ 的乘积，得到以 I_i 为中心的内向波。CFIE 中聚合因子和配置因子的表达式分别为式 (5.71) 和式 (5.72)，其中 $\boldsymbol{f}_{n'(m'_G\alpha'_G)}$ 为全局编号为 n'，分组编号为 (m'_G, α'_G) 的基函数。

$$
\boldsymbol{W}_{m'_G}(\hat{\boldsymbol{k}}) = \sum_{\alpha'_G\in m'_G} \boldsymbol{W}_{m'_G\alpha'_G}(\hat{\boldsymbol{k}}) \Lambda_{n'(m'_G\alpha'_G)} \tag{5.70}
$$

$$
\boldsymbol{B}_{m'_G\alpha'_G}(\hat{\boldsymbol{k}}) = (\bar{\boldsymbol{I}}-\hat{\boldsymbol{k}}\hat{\boldsymbol{k}}) \cdot \int_{S'_n} \boldsymbol{b}_{n'(m'_G\alpha'_G)}(\boldsymbol{r}') \, \mathrm{e}^{+\mathrm{j}\hat{\boldsymbol{k}}\hat{\boldsymbol{k}}\cdot(\boldsymbol{r}'-\boldsymbol{r}_{m'_G})} \mathrm{d}s' \tag{5.71}
$$

$$
\boldsymbol{W}_{m'_G\alpha'_G}(\hat{\boldsymbol{k}}) = \alpha\left(\bar{\boldsymbol{I}}-\hat{\boldsymbol{k}}\hat{\boldsymbol{k}}\right)\cdot\int_{S'_n} \boldsymbol{f}_{n'(m'_G\alpha'_G)}(\boldsymbol{r}) \, \mathrm{e}^{-\mathrm{j}\hat{\boldsymbol{k}}\hat{\boldsymbol{k}}\cdot(\boldsymbol{r}-\boldsymbol{r}_{m'_G})} \mathrm{d}s
$$

$$
+ (1-\alpha)\hat{\boldsymbol{k}}\times\int_{S_{n'}} \hat{\boldsymbol{n}}\times \boldsymbol{f}_{n'(m'_G\alpha'_G)}(\boldsymbol{r}) \, \mathrm{e}^{-\mathrm{j}\hat{\boldsymbol{k}}\hat{\boldsymbol{k}}\cdot(\boldsymbol{r}-\boldsymbol{r}_{m'_G})} \mathrm{d}s \tag{5.72}
$$

(2) 多极聚合 (M2M)。

控制方程求解通过式 (5.73) 将子层子组中心 m'_g 的聚合量平移到父层父组中心 m'_{g-1} 表达，而伴随计算通过式 (5.74) 将子层子组中心 m'_g 的配置量平移到父层父组中心 m'_{g-1} 表达。控制方程求解中的平移因子为 $e^{-j\boldsymbol{k}\cdot\boldsymbol{r}_{m'_g m'_{g-1}}}$，而伴随计算的平移因子为 $e^{-j\boldsymbol{k}\cdot\boldsymbol{r}_{m'_{g-1} m'_g}}$，两平移因子的波传播方向相反。

$$\boldsymbol{B}_{m'_{g-1}}(\hat{\boldsymbol{k}}) = \sum\nolimits_{m'_g \in m'_{g-1}} e^{-j\boldsymbol{k}\cdot\boldsymbol{r}_{m'_g m'_{g-1}}} \cdot \boldsymbol{B}_{m'_g}(\hat{\boldsymbol{k}}) \tag{5.73}$$

$$\boldsymbol{W}_{m'_{g-1}}(\hat{\boldsymbol{k}}) = \sum\nolimits_{m'_g \in m'_{g-1}} e^{-j\boldsymbol{k}\cdot\boldsymbol{r}_{m'_{g-1} m'_g}} \cdot \boldsymbol{W}_{m'_g}(\hat{\boldsymbol{k}}) \tag{5.74}$$

(3) 多极转移 (M2L)。

在第二层开始多极转移，控制方程求解通过式 (5.75) 将源区的外向波转移为场区的内向波，即通过转移因子为 $T_L\left(kR_{m'_2 m_2}, \hat{\boldsymbol{k}}\cdot\hat{\boldsymbol{R}}_{m'_2 m_2}\right)$ 将 m'_2 组中心的聚合量 $\boldsymbol{B}_{m'_2}(\hat{\boldsymbol{k}})$ 转移到 m_2 组中心表达。

$$\boldsymbol{G}^+_{m_2}(\hat{\boldsymbol{k}}) = \sum\nolimits_{m'_2 \in F\{m_2\}} T_L\left(kR_{m'_2 m_2}, \hat{\boldsymbol{k}}\cdot\hat{\boldsymbol{R}}_{m'_2 m_2}\right) \cdot \boldsymbol{B}_{m'_2}(\hat{\boldsymbol{k}}) \tag{5.75}$$

伴随计算中采用的转移因子为 $T_L\left(kR_{m_2 m'_2}, \hat{\boldsymbol{k}}\cdot\hat{\boldsymbol{R}}_{m_2 m'_2}\right)$，伴随计算中转移因子的转移方向与控制方程求解相反，计算方法如式 (5.76)。伴随计算与控制方程求解转移因子的转移方向相反，多级转移后多层快速多极子方法的上行过程结束。

$$\boldsymbol{G}^+_{m_2}(\hat{\boldsymbol{k}}) = \sum\nolimits_{m'_2 \in F\{m_2\}} T_L\left(kR_{m_2 m'_2}, \hat{\boldsymbol{k}}\cdot\hat{\boldsymbol{R}}_{m_2 m'_2}\right) \cdot \boldsymbol{W}_{m'_2}(\hat{\boldsymbol{k}}) \tag{5.76}$$

在 MLFMA 的程序实现时，在矩阵乘之前，首先计算并存储所有层中每一个盒子与其远相互作用立方体间所有 $\hat{\boldsymbol{k}}$ 方向的转移因子。由于 $T_L\left(kR_{m'_g m_g}, \hat{\boldsymbol{k}}\cdot\hat{\boldsymbol{R}}_{m'_g, m_g}\right) = T_L\left(kR_{m_g, m'_g}, -\hat{\boldsymbol{k}}\cdot\hat{\boldsymbol{R}}_{m_g, m'_g}\right)$，因此在伴随程序中采用与控制方程求解中方向相反的 $\hat{\boldsymbol{k}}$ 分量即可得到 $T_L\left(kR_{m_2 m'_2}, \hat{\boldsymbol{k}}\cdot\hat{\boldsymbol{R}}_{m_2 m'_2}\right)$。

(4) 多极配置 (L2L)。

多极配置将在以父层父组中心 m_{g-1} 为中心的配置量平移到子层子组的组中心 m_g，多极配置是多极聚合的逆过程。在控制方程求解中，将父层父组中心 m_{g-1} 的配置量转移到以子层子组中心 m_g 为中心的配置量，转移因子为 $e^{-j\boldsymbol{k}\cdot\boldsymbol{r}_{m_{g-1} m_g}}$，计算方法如式 (5.77)。

$$\boldsymbol{G}_{m_g}(\hat{\boldsymbol{k}}) = \mathrm{e}^{-\mathrm{j}\boldsymbol{k}\cdot\boldsymbol{r}_{m'_{g-1}m'_g}} \cdot \boldsymbol{G}^+_{m_{g-1}}(\hat{\boldsymbol{k}}) \tag{5.77}$$

在伴随方程求解中转移因子为 $\mathrm{e}^{-\mathrm{j}\boldsymbol{k}\cdot\boldsymbol{r}_{m'_g m'_{g-1}}}$，计算方法如式 (5.78)。控制方程求解和伴随计算中平移因子的平移方向相反。

$$\boldsymbol{G}_{m_g}(\hat{\boldsymbol{k}}) = \mathrm{e}^{-\mathrm{j}\boldsymbol{k}\cdot\boldsymbol{r}_{m'_g m'_{g-1}}} \cdot \boldsymbol{G}^+_{m_{g-1}}(\hat{\boldsymbol{k}}) \tag{5.78}$$

(5) 多极转移 (M2L)。

从父层到子层递推下去，需要得到来自子层子组的所有非附近组的贡献，子层子组所有非附近组的贡献包括父层父组所有非附近组的贡献 (多级配置计算得到) 和子层子组的远亲组贡献。控制方程求解的计算方法如式 (5.79)，伴随方程求解的计算方法如式 (5.80)，相似地，控制方程求解中的转移因子 $T_L\left(kR_{m'_g m_g}, \hat{\boldsymbol{k}}\cdot\hat{\boldsymbol{R}}_{m'_g m_g}\right)$ 与伴随计算中的转移因子 $T_L\left(kR_{m'_g m_g}, \hat{\boldsymbol{k}}\cdot\hat{\boldsymbol{R}}_{m'_g m_g}\right)$ 的转移方向相反。

$$\boldsymbol{G}_{m_g}(\hat{\boldsymbol{k}}) = \sum_{m'_g \in F\{m_g\}} T_L\left(kR_{m'_g m_g}, \hat{\boldsymbol{k}}\cdot\hat{\boldsymbol{R}}_{m'_g m_g}\right) \cdot \boldsymbol{B}_{m'_g}(\hat{\boldsymbol{k}}) \tag{5.79}$$

$$\boldsymbol{G}_{m_g}(\hat{\boldsymbol{k}}) = \sum_{m'_g = F\{m_g\}} T_L\left(kR_{m'_g m_g}, \hat{\boldsymbol{k}}\cdot\hat{\boldsymbol{R}}_{m'_g, m_2}\right) \cdot \boldsymbol{W}_{m'_g}(\hat{\boldsymbol{k}}) \tag{5.80}$$

则子层子组的所有非附近组的贡献为

$$\boldsymbol{G}^+_{m_g}(\hat{\boldsymbol{k}}) = \boldsymbol{G}_{m_g}(\hat{\boldsymbol{k}}) + \mathrm{e}^{-\mathrm{j}\boldsymbol{k}\cdot\boldsymbol{r}_{m'_g m'_{g-1}}} \cdot \boldsymbol{G}^+_{m_{g-1}}(\hat{\boldsymbol{k}}) \tag{5.81}$$

重复多级配置和多极转移两个过程到最高层。

(6) 部分场展开 (L2P)。

对于最高层每个非空组 m，在其中心进行部分场展开，得到 m 的所有非附近组对组内基函数 $n(m_G, \alpha_G)$ 的贡献。控制方程求解采用式 (5.82)，其中 $\boldsymbol{W}_{m_G \alpha_G}$ 为最高层基函数 $n(m_G, \alpha_G)$ 的配置因子，$\boldsymbol{G}^+_{m_G}(\hat{\boldsymbol{k}})$ 为最高层以组 m_G 为中心的配置量，为 m_G 的所有非附近组对 m_G 内元素的贡献。

$$\sum_{n'=1}^{N} Z^{\mathrm{far}}_{nn'} I_{n'} = \frac{\omega\mu k}{(4\pi)^2} \int_{\Omega} \mathrm{d}^2\hat{\boldsymbol{k}} \boldsymbol{W}_{m_G \alpha_G}(\hat{\boldsymbol{k}}) \cdot \boldsymbol{G}^+_{m_G}(\hat{\boldsymbol{k}}) \tag{5.82}$$

伴随计算采用式 (5.83)，其中 $\boldsymbol{B}_{m_G \alpha_G}$ 为最高层基函数 $n(m_G, \alpha_G)$ 的聚合因子，$\boldsymbol{G}^+_{m_G}(\hat{\boldsymbol{k}})$ 为 m_G 的所有非附近组对 m_G 内元素的贡献。非附近组的贡献与附近组间的近相互作用贡献相加，即可得到所有基函数对基函数 n 的贡献。

$$\sum_{n'=1}^{N} Z_{n'n}^{\text{far}} \Lambda_{n'} = \frac{\omega\mu k}{(4\pi)^2} \int_{\Omega} \mathrm{d}^2\hat{\boldsymbol{k}} \boldsymbol{B}_{m_G\alpha_G}(\hat{\boldsymbol{k}}) \cdot \boldsymbol{G}_{m_G}^+(\hat{\boldsymbol{k}}) \tag{5.83}$$

综合以上几个步骤，采用 MLFMA 求解伴随方程与求解控制方程的区别主要包括以下几点：① 控制方程及伴随方程求解时的转移因子 T_L 的转移方向相反；② 控制方程及伴随方程求解时平移因子的平移方向相反；③ 控制方程和伴随方程求解时聚合因子、配置因子的相乘顺序相反。基于 MLFMA 算法的伴随方程求解可以通过对控制方程求解修改得到。采用 MLFMA 对伴随方程求解可以在矩量法的基础上大大提高伴随方程的求解效率，为基于伴随的梯度计算方法在电大尺寸目标的优化奠定基础。

3. 伴随方程并行求解

针对 MLFMA 的并行求解已有较为深入的研究，并行技术发展较为成熟[2,13,20,21]。采用 MLFMA 求解伴随方程时可以沿用控制方程求解的并行技术，但具体处理略有区别。

对于近相互作用矢量乘，MLFMA 的附近组元素按照块状分布，图 5-5 和图 5-6 为附近组元素在全局矩阵中的位置示意图，其中红色块为附近组元素。由于附近组元素在全局矩阵中为块状分布，在程序中通常采用块存储技术存储[20]。当采用并行方法计算附近组元素与解向量相乘时，需要将附近组元素分配到不同进程中进行计算和存储，每个进程保存部分附近组元素和完整的 $\boldsymbol{I}$ 或 $\boldsymbol{\Lambda}$。在求解控制方程时需计算阻抗矩阵中每一行元素与电流的乘积，如式 (5.65)，因此在并行处理时应按行将附近组元素分配给不同进程 (图 5-5)；而在伴随计算中，近场矩阵乘需计算每一列元素与电流的乘积，如式 (5.66)，因此在伴随计算中应将同一列的元素分配到同一进程 (图 5-6)。

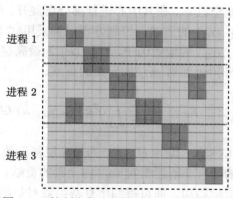

图 5-5　控制方程求解附近组元素进程划分

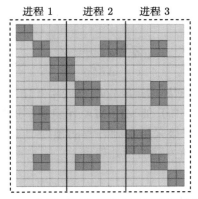

图 5-6 伴随方程求解附近组元素进程划分

远相互作用矢量乘通常采用混合并行策略[2,13]。由于树的较细层非空组数量较多，而每一非空组的平面波数量较少，因此在树的较细层通常采用按盒子并行的策略。从最细层开始，每向上一层，非空组数约减少为下一层的四分之一，而每个非空组的平面波数约增加为原来的四倍[2]，因此在较粗层采用按平面波方向并行的策略[2,22]。在求解伴随方程时，较细层按盒子并行的并行处理与控制方程完全一致，但在较粗层按平面波进行并行时，伴随计算需要的 $\hat{k}$ 的方向与正计算需要的 $\hat{k}$ 反向，因此需在控制方程求解的基础上调整各进程存储的平面波方向。本节在伴随求解的方向并行层中在每一个进程存储所有方向波的转移因子，这样虽然大大降低了程序的实现难度，但需要的内存量有一定增加。

4. 伴随方程预处理

采用 MLFMA 求解伴随方程虽然可以在矩量法的基础上显著降低求解计算量，但直接对伴随方程迭代求解所需的迭代次数较多，计算量较大。预处理可以改善矩阵的条件数从而大幅减少收敛所需的迭代次数。本节采用的预处理方法为稀疏近似逆技术 (SAI)，SAI 旨在显式构造 A^{-1} 的稀疏近似 M 并将其用作求解原方程组 $Ax=b$ 的预处理矩阵。由于伴随方程与控制方程存在一定区别，为进一步提高伴随方程的求解速度，本小节推导了伴随方程的预处理矩阵。

控制方程求解采用的右预处理如式 (5.84)，其中预处理矩阵 M 应当尽量接近 Z^{-1}，即 $Z^{-1} \approx M$。

$$ZMy = V$$
$$x = My \tag{5.84}$$

伴随方程的阻抗矩阵为 Z^{T}，因此伴随方程的预处理矩阵应尽量接近 $(Z^{T})^{-1}$，由于矩阵求逆和转置的顺序可以交换，因此有

$$(Z^{T})^{-1} = (Z^{-1})^{T} \approx M^{T} \tag{5.85}$$

由式 (5.85) 可知，$\boldsymbol{M}^\mathrm{T}$ 可以作为伴随方程的预处理矩阵，此时伴随方程的右预处理形式为

$$\boldsymbol{Z}^\mathrm{T} \boldsymbol{M}^\mathrm{T} y = \boldsymbol{V}$$
$$x = \boldsymbol{M}^\mathrm{T} y \tag{5.86}$$

在 MLFMA 算法中，预处理矩阵仅根据近相互作用元素 $\boldsymbol{Z}^{\mathrm{near}}$ 构造，伴随方程预处理需要计算 $\boldsymbol{M}^\mathrm{T} y$，由于在 MLFMA 伴随求解过程中已实现近相互作用的矩阵乘 $\boldsymbol{M}^\mathrm{T} y$，因此可以直接采用控制方程的预处理矩阵，仅通过改变矩阵与向量相乘的顺序即可实现伴随方程的预处理。

5. 偏导项计算

得到伴随变量后可以根据式 (5.48) 计算基于伴随方法的梯度。式 (5.48) 的核心在于计算 $\partial \sigma / \partial D$ 和 $\partial (\boldsymbol{V} - \boldsymbol{Z}\tilde{\boldsymbol{I}}) / \partial D$ 两个偏导项，其中 $\partial \sigma / \partial D$ 的计算量明显小于 $\partial (\boldsymbol{V} - \boldsymbol{Z}\tilde{\boldsymbol{I}}) / \partial D$，因此偏导项计算的难点在于 $\partial (\boldsymbol{V} - \boldsymbol{Z}\tilde{\boldsymbol{I}}) / \partial D$ 的计算。常用的偏导计算方法包括解析法、自动微分法和有限差分法[23,24]。本节采用有限差分法计算，有限差分法实现最简单、应用最广泛，但受差分步长 ΔD 影响较大。采用一阶有限差分计算的计算方法如式 (5.87)，将式 (5.49) 中的 $\partial (\boldsymbol{V} - \boldsymbol{Z}\tilde{\boldsymbol{I}}) / \partial D$ 进一步展开得到式 (5.87)，第二项中 $(\tilde{\boldsymbol{Z}}\tilde{\boldsymbol{I}} - \tilde{\boldsymbol{V}})$ 为控制方程求解的残差，之前的研究通常认为 $\tilde{\boldsymbol{Z}}\tilde{\boldsymbol{I}} - \tilde{\boldsymbol{V}} = 0$[25-27]。残差和 ΔD 对梯度计算精度的影响将在下文具体探讨。

$$\frac{\partial (\boldsymbol{V} - \boldsymbol{Z}\tilde{\boldsymbol{I}})}{\partial D} \approx \frac{\boldsymbol{V}(D + \Delta D) - \tilde{\boldsymbol{V}}}{\Delta D} - \frac{\boldsymbol{Z}(D + \Delta D)\tilde{\boldsymbol{I}} - \tilde{\boldsymbol{Z}}\tilde{\boldsymbol{I}}}{\Delta D}$$
$$= \frac{\boldsymbol{V}(D + \Delta D) - \boldsymbol{Z}(D + \Delta D)\tilde{\boldsymbol{I}}}{\Delta D} + \frac{\tilde{\boldsymbol{Z}}\tilde{\boldsymbol{I}} - \tilde{\boldsymbol{V}}}{\Delta D} \tag{5.87}$$

分析式 (5.48) 和式 (5.87) 可以看到，梯度计算会用到控制方程求解得到的感应电流 $\boldsymbol{I}$、$(\tilde{\boldsymbol{Z}}\tilde{\boldsymbol{I}} - \tilde{\boldsymbol{V}})$，伴随方程求解得到的伴随变量 $\boldsymbol{\Lambda}$，三个量均是 N 维矢量。本节在控制方程求解和伴随求解时将 $\boldsymbol{I}$、$\boldsymbol{\Lambda}$ 和 $(\tilde{\boldsymbol{Z}}\tilde{\boldsymbol{I}} - \tilde{\boldsymbol{V}})$ 以二进制格式写出到硬盘中，计算梯度时读入程序，调用 MLFMA 中的 $\boldsymbol{ZI}$ 算子计算 $\boldsymbol{Z}(D + \Delta D)\tilde{\boldsymbol{I}}$，调用激励计算模块计算 $\boldsymbol{V}(D + \Delta D)$，求解设计变量的扰动梯度。计算式 (5.87) 中各项时需要调用 MLFMA 程序读入扰动外形以计算 $\boldsymbol{Z}(D + \Delta D)\tilde{\boldsymbol{I}}$ 和 $\boldsymbol{V}(D + \Delta D)$，由于扰动外形和初始外形的基函数在最细层的分组可能存在差异，导致扰动外形基函数的局部编号可能与初始外形基函数的局部编号有所不同，因此需根据基函数的全局编号或面元的全局编号对 $\boldsymbol{I}$ 和 $\boldsymbol{\Lambda}$ 进行存储。

6. 计算量及内存分析

采用伴随方法计算梯度主要包括三步：① 控制方程求解，控制方程求解的计算量与内存消耗为 $N^{\mathrm{iter}} O(N \log N)$；② 伴随方程求解，伴随计算求解计算量与

内存消耗与控制方程求解一致，为 $N^{\text{iter}}O(N\log N)$；③ 偏导项计算，本节采用一阶有限差分计算 $\partial(V-Z\widetilde{I})/\partial D$，对每个设计变量，需填充扰动外形的阻抗矩阵 $Z(D+\Delta D)$ 并计算矩阵乘 $Z(D+\Delta D)\widetilde{I}$，导数计算所需的阻抗矩阵的填充的次数与设计变量数成正比，所需矩阵乘的次数等于阻抗矩阵的填充次数与计算角度的乘积，梯度计算时不需要计算预处理矩阵。由此可见，采用伴随方法计算梯度所需的内存不超过控制方程求解的内存，在电大尺寸外形的优化中有较大优势。但若优化考虑的设计变量或角度较多，梯度求解的计算量仍然很大，甚至可能远超控制方程和伴随方程求解的耗时。

5.3.2　基于伴随方法梯度验证

　　针对提出的隐身伴随方程、伴随方程求解方法和伴随方程预处理方法，采用双锥体和飞翼外形对基于伴随的隐身梯度进行验证。基于伴随的梯度计算有两个关键要素，其一为伴随变量的求取，其二为 $\partial(V-Z\widetilde{I})/\partial D$ 的计算，本节对这两部分的计算方法进行了研究，研究内容包括：① 伴随变量计算方法对梯度求解的影响；② 伴随方法中采用有限差分计算 $\partial(V-Z\widetilde{I})/\partial D$ 对梯度精度的影响；③ 伴随方程预处理方法对伴随方程求解效率的影响；④ 基于伴随的梯度计算中各步骤的计算成本分析和效率提升思路。以有限差分法计算得到的梯度作为伴随验证的参考值。

1. 双锥体模型梯度计算

　　双锥体模型长 7.5in①，由两个锥角分别为 $22.62°$ 和 $46.4°$ 的半锥拼接而成，是 EMCC(Electromagnetic Code Consortium)[28] 提供用于校验计算电磁学代码的标准算例之一。双锥体模型两端的尖点和两个半锥交界处的曲率不连续导致该外形的散射特性难以采用高频算法准确计算，需采用高精度数值求解方法，采用该算例对本节采用的三维 RCS 评估手段和基于伴随的梯度计算方法的可靠性和精度进行校核。

　　计算采用的雷达波频率 $f=9\text{GHz}$，单站散射水平极化和垂直极化，网格平均尺寸约为 $\lambda/10$，未知量总数 $N=11094$。采用 MOM、MLFMA 计算，并用商用软件和试验值校核计算结果。几种算法的计算结果如图 5-7 和图 5-8。可以看到，本节采用的矩量法、多层快速多极子算法与商用软件吻合良好，证明了计算程序的可靠性。与试验值的对比表明计算方法具有较高精度，计算结果与试验值在尖点处存在一定区别，该区别在商用软件和本节程序的求解结果中均有体现，考虑由求解方法导致。

---

① 1in=2.54cm。

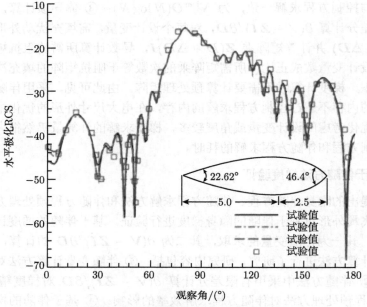

图 5-7　双锥体水平极化计算结果

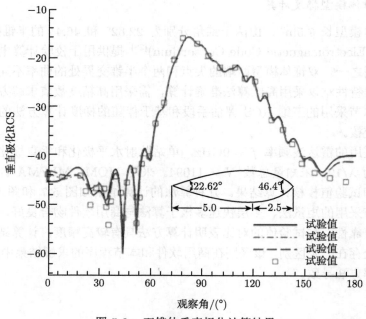

图 5-8　双锥体垂直极化计算结果

对基于伴随的梯度计算进行验证并探讨伴随变量计算方式、$\partial(\boldsymbol{V}-\boldsymbol{Z}\tilde{\boldsymbol{I}})/\partial\boldsymbol{D}$ 计算方法对梯度计算精度的影响。采用 FFD 方法对双锥体外形进行参数化，共 36 个设计变量，设计变量的位置如图 5-9 所示，计算设计变量在 z 方向的隐身导数。RCS 求解的入射条件为 $f=8\mathrm{GHz}$、水平极化 (HH)、单站 RCS，计算入射角度 $\varphi=0^{\circ}\sim180^{\circ}$ 的梯度。

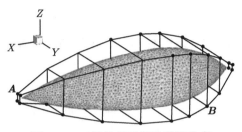

图 5-9 双锥体外形设计变量分布

(1) 伴随变量求解方式对梯度精度的影响。

对于 EFIE 方程，伴随变量可以通过求解伴随方程或根据式 (5.63) 直接得到；对于 CFIE 方程，伴随变量需求解伴随方程。本小节对比了三种不同伴随变量求解方式对梯度精度的影响。对于设计变量 A(图 5-9)，三种伴随变量计算方法得到的梯度对比如图 5-10。计算过程中控制方程求解和伴随计算收敛阈值为 $\varepsilon=1\times10^{-3}$，差分扰动步长 $\Delta x=1\times10^{-3}$。图 5-11 为 0° 入射时的表面感应电流，图 5-12 为该状态求解 EFIE 和 CFIE 得到的伴随变量云图，其中伴随变量采用式 (5.63) 归一化，即令 $\boldsymbol{\Lambda}'=\boldsymbol{\Lambda}/\left(k_0^2\eta_0^2\bar{g}/(2\pi)\right)$。

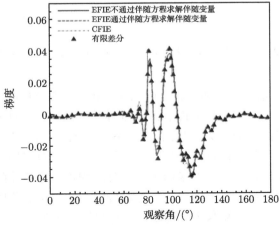

图 5-10 三种伴随变量求解方法得到伴随梯度对比

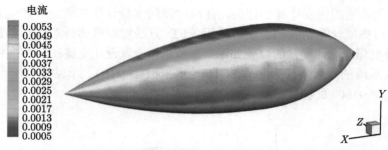

图 5-11　双锥体外形表面感应电流 (0° 入射)

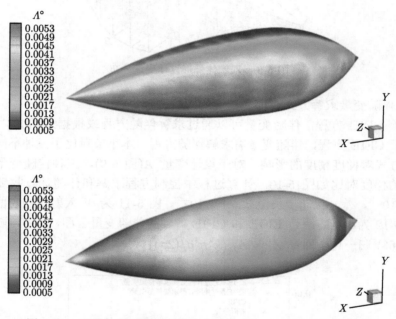

图 5-12　双锥体外形伴随变量分布对比 (上：EFIE；下：CFIE)

从图 5-10 可以看到，三种伴随变量求解方式计算得到的梯度基本一致，均与有限差分结果吻合良好，证明了式 (5.63) 推导的准确性，同时表明伴随变量的计算方式对梯度计算的影响不大。从图 5-11 和图 5-12 可以看到，EFIE 计算得到的伴随变量 Λ' 与电流 I 在量级和整体分布基本一致，而 CFIE 计算得到的伴随变量与电流分布差异较大。虽然采用电场积分方程可以避免伴随方程的求解，进一步减少梯度求解的计算量，但由于电场积分方程的阻抗矩阵的条件数较大，迭代求解时收敛较为困难，复杂工程问题中主要采用 CFIE。

(2) 偏导项计算方法对梯度精度的影响。

隐身导数梯度的计算如式 (5.88)，式 (5.88) 的偏导数包括 $\partial\sigma/\partial D$ 和 $\partial(V - Z\widetilde{I})/\partial D$，本节分别采用式 (5.89) 和式 (5.90) 计算。其中式 (5.89) 计算较为容易，因此这里仅探讨式 (5.90) 的计算。式 (5.90) 的计算包括 (a) 和 (b) 两部分，之前的研究通常假设 $\widetilde{Z}I = \widetilde{V}$，因此仅计算式 (5.90) 的 (a) 项[25, 26]，在实际求解中，当 $\left\| \widetilde{Z}\widetilde{I} - \widetilde{V} \right\| < \varepsilon$ 停止迭代 (ε 为收敛阈值)。针对有限差分法计算偏导数受差分梯度影响大的问题，本节主要探讨两个问题：① 收敛阈值 ε 和扰动量 ΔD 对梯度精度的影响；② 忽略式 (5.90) 的 (b) 项对梯度精度的影响。

$$\frac{\mathrm{d}\sigma}{\mathrm{d}D} = \frac{\partial\sigma}{\partial D} + \boldsymbol{\Lambda}^{\mathrm{T}}\frac{\partial(V - Z\widetilde{I})}{\partial D} \tag{5.88}$$

$$\frac{\partial\sigma}{\partial D} \approx \frac{\sigma(D + \Delta D, \widetilde{I}) - \sigma(D, \widetilde{I})}{\Delta D} \tag{5.89}$$

$$\frac{\partial(V - Z\widetilde{I})}{\partial D} \approx \underbrace{\frac{V(D + \Delta D) - Z(D + \Delta D)\widetilde{I}}{\widetilde{I}}}_{(a)} + \underbrace{\frac{\widetilde{Z}\widetilde{I} - \widetilde{V}}{\Delta D}}_{(b)} \tag{5.90}$$

采用 CFIE 方程进行双锥体外形的伴随求解。对比差分步长为 $\Delta x = 2\times10^{-3}$ 和 $\Delta x = 5\times10^{-4}$、收敛阈值为 $\varepsilon = 1\times10^{-3}$ 和 $\varepsilon = 5\times10^{-4}$ 对梯度计算精度的影响。对于设计变量 A，仅考虑 (a) 项的计算结果如图 5-13 和图 5-14，当 $\varepsilon = 1\times10^{-3}$ 时，$\Delta x = 2\times10^{-3}$ 的梯度与有限差分得到的结果吻合较好，但 $\Delta x = 5\times10^{-4}$ 的梯度存在较大震荡，与差分结果相比有较大的误差；当 $\varepsilon = 5\times10^{-4}$ 时，$\Delta x = 2\times10^{-3}$ 的梯度均与差分解吻合较好，$\Delta x = 5\times10^{-4}$ 的梯度在 $\varepsilon = 1\times10^{-3}$ 的基础上有较大改善，但仍在某些角度存在一定震荡，梯度精度低于 $\Delta x = 2\times10^{-3}$ 的结果。考虑 (a) 与 (b) 项的计算结果如图 5-15 和图 5-16，收敛精度 $\varepsilon = 1\times10^{-3}$ 和 $\varepsilon = 5\times10^{-4}$ 时不同扰动步长得到的梯度虽然略有区别，但整体与有限差分解吻合较好，没有出现震荡的问题，此时收敛精度和扰动步长对梯度的计算影响较小。

本算例的计算结果表明，在计算 $\partial(V - Z\widetilde{I})/\partial D$ 时若仅考虑 (a) 项，收敛阈值和差分步长的选取可能对梯度计算产生较大影响。当 ε 和 Δx 在一个量级或 ε 的量级小于 Δx 的量级时的伴随梯度较为可靠，当 ε 的量级高于 Δx 的量级时可能引入较大误差，甚至淹没正确的梯度方向。同时考虑 (a) 项和 (b) 项虽然增加了硬盘的读入和写出工作，但可有效降低收敛精度和差分步长对伴随导数结果的影响，改变差分步长对梯度计算结果影响较小，在后续计算中均采用同时考虑 (a) 项和 (b) 项的梯度计算方式。

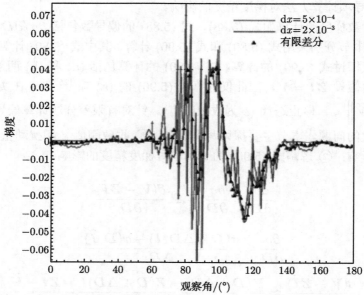

图 5-13　仅考虑 (a) 项的梯度计算结果 ($\varepsilon = 1 \times 10^{-3}$, $\Delta x = 2 \times 10^{-3}$ 和 $\Delta x = 5 \times 10^{-4}$)

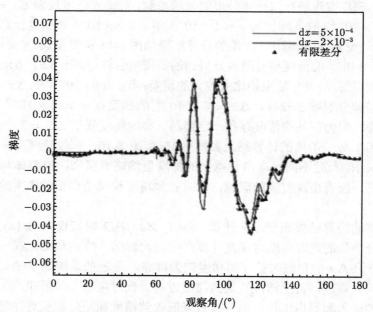

图 5-14　仅考虑 (a) 项的梯度计算结果 ($\varepsilon = 5 \times 10^{-4}$, $\Delta x = 2 \times 10^{-3}$ 和 $\Delta x = 5 \times 10^{-4}$)

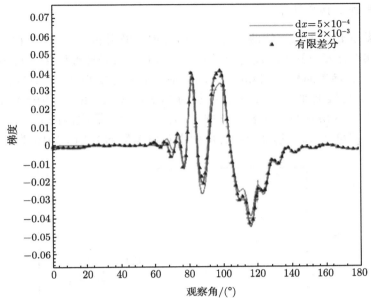

图 5-15 考虑 (a) 项 (b) 项的梯度计算结果 ($\varepsilon = 1 \times 10^{-3}$, $\Delta x = 2 \times 10^{-3}$ 和 $\Delta x = 5 \times 10^{-4}$)

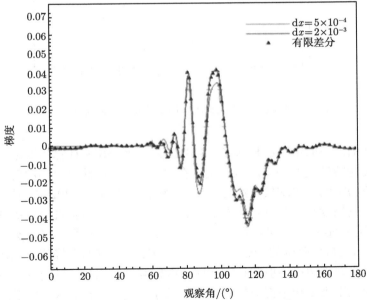

图 5-16 考虑 (a) 项 (b) 项的梯度计算结果 ($\varepsilon = 5 \times 10^{-4}$, $\Delta x = 2 \times 10^{-3}$ 和 $\Delta x = 5 \times 10^{-4}$)

2. 飞翼外形梯度计算

采用类 X47B 的低可探测飞行器布局对本节采用的三维 RCS 评估手段和基于伴随的梯度计算方法的精度进行校核。类 X47B 布局外形如图 5-17 所示，外形展长 20.16m，参考面积 42.43m²，气动评估时取参考中心 $X = 6.17$m，平均气动弦长 3.32m。翼根剖面 ($Y = 0.0$m) 弦长为 11.6m，厚度 16％；折转 1 ($Y = 4.5$m) 和折转 2 ($Y = 8.0$m) 剖面弦长为 2.56m，厚度 11％；翼尖剖面 ($Y = 10.08$m) 弦长为 0.2m，厚度 11％。基础布局各剖面由对称翼型 NACA 65016 改变厚度得到。

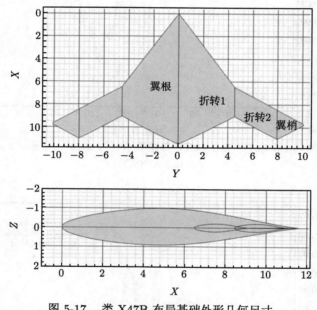

图 5-17　类 X47B 布局基础外形几何尺寸

隐身评估采用的雷达波频率 $f =$800MHz，三维 RCS 计算角度定义如图 5-18 所示，下文无特殊说明均采用该定义。在 X-Y 平面内计算单站散射水平极化和垂直极化 RCS，网格平均尺寸约为 $\lambda/8$，未知量总数 $N = 349236$。采用 MLFMA 计算，并用商用软件 FEKO 校核计算结果。水平极化和垂直极化的计算结果如图 5-19 和图 5-20 所示，可以看到，采用 NACA65016 翼型生成的类 X47B 外形在 $\varphi = 0° \sim \pm 60°$ 范围的 RCS 较高，在 30°、55° 有两个峰值。由于飞翼布局的主要散射机理为边缘绕射和行波散射，散射强度与极化方式有关，导致飞翼布局飞行器的水平极化和垂直极化的计算结果存在较大差别。本节采用的 MLFMA 算法的计算结果与商业软件的计算结果吻合良好，具有较高精度，可以为低可探测飞行器的高精度评估、优化提供支撑。

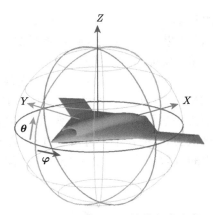

图 5-18 三维 RCS 计算角度定义

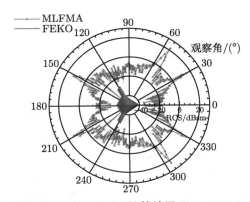

图 5-19 类 X47B 外形 RCS 计算结果 ($f = 800\text{MHz}$，HH)

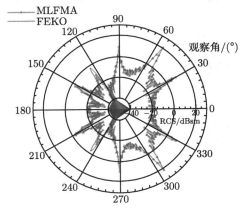

图 5-20 类 X47B 外形 RCS 计算结果 ($f = 800\text{MHz}$，VV)

　　对基于 MLFMA 的伴随方程求解方法进行验证。针对三个问题开展研究：① 伴随方程预处理方法的效果；② 梯度求解各步骤的计算量；③ 飞翼布局设计变量梯度的特点。隐身梯度验证时入射条件为：$f = 800\text{MHz}$，水平极化 (HH)，采用 CFIE 作为控制方程。评估偏航平面的 0°~60° 角域的 RCS 和梯度。网格平均尺寸约为 $\lambda/8$，未知量总数 $N = 349236$，采用的 FFD 控制框和入射角度示意如图 5-21，每个剖面上下表面各 7 个设计变量，沿展向分布 8 个剖面，共 112 个设计变量。计算翼根上表面 7 个设计变量在 z 方向的差分梯度和伴随梯度，控制方程和伴随方程的收敛阈值 $\varepsilon = 2 \times 10^{-3}$，在偏导数计算过程中，扰动量 $\Delta D = 0.01\text{m}$。

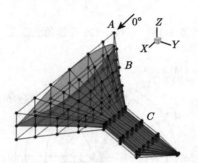

图 5-21　飞翼布局外形 FFD 控制框

(1) 飞翼外形设计变量隐身梯度特点。

　　本节分析了飞翼外形在隐身问题中设计梯度的特点，为基于梯度的气动隐身优化提供指导。沿 x 轴入射的感应电流和伴随变量分布如图 5-22 和图 5-23，其中伴随变量采用式 (5.61) 归一化，即 $\Lambda' = \Lambda/\left(k_0^2 \eta_0^2 \bar{g}/(2\pi)\right)$，可以看到采用混合场积分方程 (CFIE) 求解得到表面电流与伴随变量的数量级基本一致，但伴随变量与

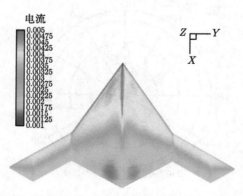

图 5-22　CFIE 求解时飞翼布局 0° 入射表面感应电流分布 (HH 极化，$f = 800\text{MHz}$)

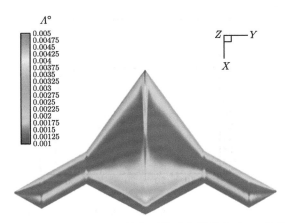

图 5-23　CFIE 求解时飞翼布局 0° 入射表面伴随变量分布 (HH 极化，$f = 800\text{MHz}$)

表面电流分布存在较大差别，采用 CFIE 计算时无法根据控制方程直接得到伴随变量。由图 5-22 可以看到，0° 入射时飞翼布局前半段、翼根剖面的感应电流较强，后半段感应电流较弱。

前缘 A、B、C 三个设计变量在 0°~60° 的梯度如图 5-24。可以看到，隐身导数随角度的变化而变化显著，在 30° 和 55° 附近较大，前向 30° 和 55° 分别为外翼段和内翼段前缘的峰值位置。伴随得到的导数在重要峰值处梯度非常准确，在梯度较小的区域有一定误差。峰值所在角度的梯度明显高于其他角度的梯度，峰值附近梯度的值在平均梯度中占主要贡献。图 5-25 对比了 A、B、C 所在控制框剖面的上表面设计变量在 0°~60° 内基于伴随方法的梯度和有限差分的平均梯度，可以看到基于伴随的梯度较为准确，可以为梯度算法提供正确的优化方向。对于垂直极化，机翼前缘设计变量 (第 1、2 和 3 个设计变量) 的梯度明显高于其他区域设计变量的梯度，在隐身优化时应特别注意前缘附近的设计变量。

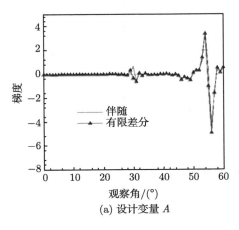

(a) 设计变量 A

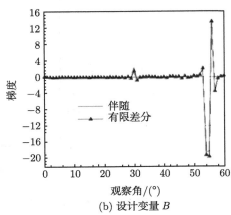

(b) 设计变量 B

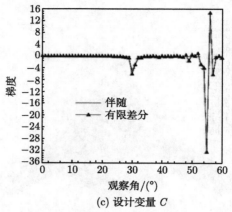

(c) 设计变量 C

图 5-24　伴随梯度与有限差分梯度对比

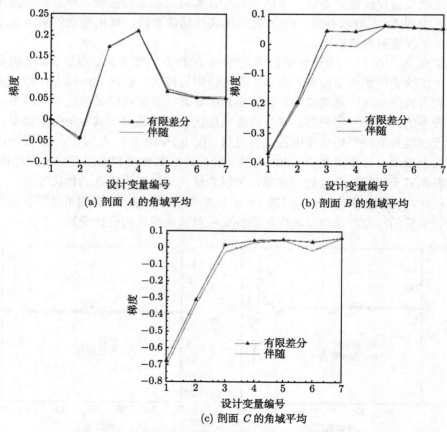

(a) 剖面 A 的角域平均　　　　(b) 剖面 B 的角域平均

(c) 剖面 C 的角域平均

图 5-25　飞翼布布局角域平均梯度与有限差分梯度对比

　　由于隐身梯度计算的计算量与设计变量数量和考虑角度数量成正比，根据梯度的角度、位置分布特征调整设计变量位置和考虑的入射角度可以在保证优化效果的前提下降低优化所需计算量。

（2）预处理影响。

　　以飞翼布局为例探讨预处理对控制方程、伴随方程求解效率的影响。采用预处理前后控制方程和伴随方程求解第一个角度（0°）所需的迭代步数对比如图 5-26 和图 5-27，可以看到采用预处理技术可以大大加快控制方程和伴随方程的收敛

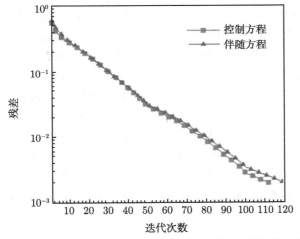

图 5-26　无预处理控制方程、伴随方程求解迭代收敛曲线

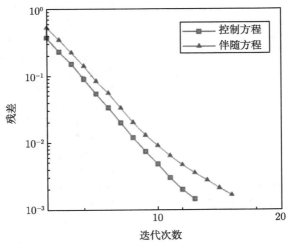

图 5-27　加入预处理后控制方程、伴随方程求解迭代收敛曲线

速度。对于本算例，控制方程求解和伴随计算所需的迭代次数较为相似，伴随计算所需步数略多于正计算步数。以伴随方程求解为例，当 $\varepsilon = 10^{-2}$ 时，不加入预处理时需要的迭代步数为 80 步左右，加入预处理后仅需要 10 步即可达到收敛要求，效率提升 85% 左右，证明了伴随方程预处理方法的可靠性，预处理可以有效提高控制方程、伴随方程求解的收敛速度，在基于 MLFMA 的伴随求解中必不可少。

(3) 基于伴随方法的梯度计算量分析。

以飞翼布局为例对基于伴随方法梯度计算中关键步骤的计算量进行分析。隐身梯度的计算主要包括以下三个方面：① 控制方程求解；② 伴随方程求解；③ 偏导数计算。计算采用 28 核工作站，处理器为 Xeon 2.6GHz，对飞翼外形梯度求解的计算量进行统计。单一设计变量梯度计算中各步骤所需的时间如表 5-2。可以看到，控制方程及伴随方程在近场阻抗矩阵填充、预处理及远场聚合、配置、转移因子计算耗时基本一致，迭代求解中伴随计算的速度比控制方程求解略慢，控制方程求解和伴随计算总耗时均为 8min 左右，整体计算效率较高。计算偏导数时，每次计算需重新计算近相互作用和远相互作用所需的参数，并在各计算角度进行一次矩阵乘计算，计算一个设计变量导数的时间略超过 1min，虽然采用基于隐身伴随方法的梯度优化在有限差分和全局算法的基础上可以大大提高计算效率，但当设计变量较多时导数求解的耗时仍较高，本算例共 112 个设计变量，在求导阶段耗时约为 2h。

表 5-2　飞翼算例隐身伴随导数计算时长统计

计算步骤	计算时长
控制方程求解	近场阻抗矩阵填充：11s
	预处理矩阵计算：23s
	远场聚合、配置、转移因子计算：4s
	各角度迭代求解：$7.1s \times 61 = 432s$
	总时间：471s
伴随方程求解	近场阻抗矩阵填充：11s
	伴随预处理矩阵计算：22s
	远场聚合、配置、转移因子计算：5s
	各角度迭代求解：$7.6s \times 61 = 463s$
	总时间：502s
导数计算 (单设计变量、61 个入射角度)	近场阻抗矩阵填充：11s
	远场聚合、配置、转移因子计算：4s
	矩阵乘：$0.83s \times 61 = 51s$
	总时间：66s
梯度计算总时间 (所有设计变量)	$471s + 502s + 66s \times 112 = 7705s$

近场矩阵填充、迭代求解等多层快速多极子算法的重要步骤的计算方法国内外已有深入的研究,在程序实现中已基于 MPI 和 OpenMP 进行了并行处理,计算性能提升的空间较小。分析表 5-2 可以发现,导数计算中单个变量、单个角度的计算时间较短 (0.83s),但由于梯度求解需计算 112 个设计变量在 61 个角度的梯度,整体的计算时间较长,以本算例为例,共需要时间 0.83s×61×112=5670.6s,需要采取措施提高偏导数的计算效率。

(4) 伴随梯度分析小结。

采用双锥体及飞翼布局对基于伴随方程的梯度计算进行验证,探讨了梯度计算中的关键问题。主要结论包括:① 求解 EFIE 和 CFIE 伴随方程得到的伴随变量分布差异显著,但控制方程的选取及伴随变量的计算方式对梯度计算结果影响较小。② 当采用有限差分法计算 $\partial(V - Z\tilde{I})/\partial D$ 时,若假设 $\tilde{Z}\tilde{I} = \tilde{V}$,梯度计算结果受差分步长、控制方程收敛阈值影响较大;若计算 $\partial(V - Z\tilde{I})/\partial D$ 时保留 $(\tilde{Z}\tilde{I} - \tilde{V})/\Delta D$ 可以大大降低差分步长及控制方程收敛阈值对梯度结果的影响,不同差分步长、收敛阈值得到的梯度基本一致。③ 在伴随方程求解中引入预处理方法可以有效加快伴随方程的收敛速度,在伴随方程求解中应用预处理技术后,当前算例的伴随方程收敛速度提高 85% 左右,大幅降低伴随方程求解时间。④ 在基于伴随的隐身梯度计算中,控制方程和伴随方程的求解效率较高,两个方程求解耗时相当,但偏导数计算耗时与计算采用的入射角度和设计变量数量的乘积有关,当设计变量较多或考虑入射角度较多时梯度求解耗时较长。⑤ 隐身梯度具有一定局部性,从入射角度来看,峰值附近的梯度明显高于其他角度;从设计变量位置来看,前缘附近设计变量的梯度明显高于其他设计变量。从角度选取和设计变量分布上开展工作有望进一步降低梯度计算的时间。

3. 飞翼外形伴随优化

气动隐身伴随综合优化算例中,我们采用两步设计流程,整个设计以翼型为基准进行三维气动外形综合设计。其中翼型气动设计状态为:$Ma=0.65$,$C_L = 0.25$,$Re = 20\times10^6$,采用 S-A 湍流模型进行计算。以 NACA 65016 翼型为初始外形,初始外形的阻力 $C_D = 77.58\text{counts}$,$C_m = -0.0064$,RCS 考虑入射频率为 TE 极化、$f = 9\text{GHz}$,俯仰 $\pm30°$ 的 RCS 均值,初始外形的 RCS=0.0456m²。对翼型进行定升力气动隐身优化,优化目标为降低阻力及头向 RCS,考虑力矩和最大厚度约束,优化模型为

$$\text{obj} \quad \min : f(x) = \bar{\sigma}_{9\text{GHz}}/\bar{\sigma}_{9\text{GHz}}^{\text{NACA65016}} + cd/cd_{\text{NACA65016}}$$

$$\text{s.t.} \quad C_L = 0.25, \quad C_m \geqslant 0.05, \quad \text{thick}_{\max} \geqslant 0.16 \tag{5.91}$$

优化中采用罚函数的形式处理力矩及厚度约束。采用 Bspline 参数化,上下

表面各 6 个设计变量，采用多峰算法，算法优化的收敛过程如图 5-28 所示，多峰优化得到的三个外形气动、隐身结果如表 5-3，外形和压力分布对比如图 5-29 和图 5-30，其中最优外形阻力为 78.4counts，RCS = 0.0049m²。对于全局优化结果，

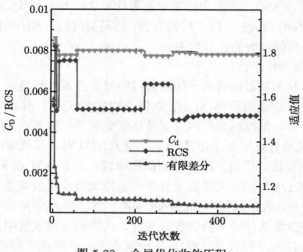

图 5-28 全局优化收敛历程

表 5-3 NACA65016 外形全局优化结果

结果编号	C_D	RCS	C_m	thick$_{max}$	适应值
NACA65016	0.007758	0.045612	−0.0064	0.1600	\
NACA65016 Opt1	0.007840	0.005006	0.0500	0.1600	1.0788
NACA65016 Opt2	0.007793	0.005540	0.0500	0.1600	1.0806
NACA65016 Opt3	0.007841	0.004855	0.0500	0.1600	1.0792

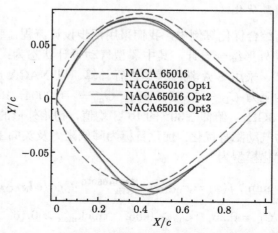

图 5-29 NACA65016 翼型全局优化外形与初始外形对比

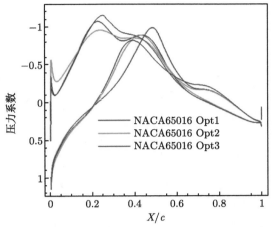

图 5-30　　NACA65016 翼型全局优化外形压力分布

由于优化状态的马赫数较低,减阻潜力较小,且加入了隐身要求和较为苛刻的力矩约束,因此减阻效果不显著,三个外形的阻力略高于初始外形,增加量小于 1count,但力矩系数明显提高,严格满足约束要求,RCS 明显降低,在初始外形的基础上降低 90% 以上,厚度约束严格满足。

三个优化外形中,Opt2 的阻力最小,但 RCS 最大;Opt1 与 Opt3 的阻力基本相等,但 Opt2 的 RCS 略小于 Opt1 的 RCS。虽然全局优化得到的三个外形的阻力仅相差不足 0.5counts,但外形的几何和压力分布存在一定差别,其中 Opt1 和 Opt3 的气动特征基本完全一致,两个外形在上表面较为相似,下表面前半段区别较大,下表面后缘基本相同;Opt2 上表面中部与 Opt1 和 Opt3 区别明显,但在前后缘与 Opt1 和 Opt3 较为相似。三个优化翼型的区别主要体现在翼型 $X/c = 0.2$ 以后,在这些位置对隐身特性的影响减小,但对气动性能的影响较大,虽然三个外形的气动特性差距较小,但压力分布和几何特征存在较大差异。

以 Opt1 为例分析加入隐身目标后优化前后翼型隐身性能的变化。图 5-31 和图 5-32 为 NACA65016 和 Opt1 翼型的 9GHz 入射 TE 极化时的近场散射电场。可以看到,初始外形由于头部半径较大,散射特性与曲面较为接近,各方向散射强度较为相似,在头向回波强度较大。Opt1 翼型的头部半径在初始外形的基础上明显减小,散射特征与边缘相似,由于边缘绕射的强度明显低于镜面散射的强度,头部 RCS 改善明显。与 NACA65016 翼型区别明显,Opt1 翼型的散射场具有较为明显的方向特征,头向散射明显降低,后向散射的强度升高,这与外形隐身中通过外形的改变将散射能量集中到非威胁角域的思想相符,证明了翼型隐身优化的正确性和可靠性。

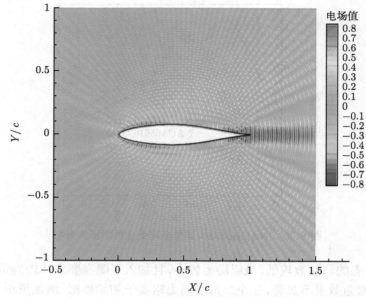

图 5-31   NACA65016 近场散射电场

由于相比较几何外形改变量较小，并且其图像相似，难以直观地观察到优化的效果。图中的区别并不是特别明显，对于散射后的区域分布情况也做出了对比。优化后与原来相比，没有任何明显的优化效果。

下图给出了 Opt3 的几何形状和散射场 RCS 在水平方向上 Opt3 与水平方向夹角变化所产生的电磁波辐射及其散射场的变化，能够从不同的方面对比分析优化后的效果。

（此处段落文字为背景遮挡，无法清晰辨认）

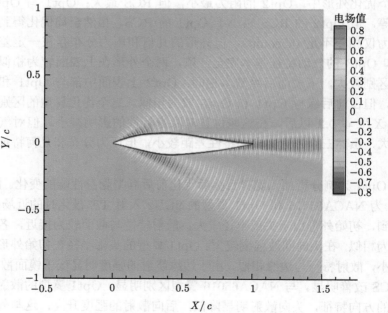

图 5-32   NACA65016 Opt1 近场散射电场

进一步将优化得到 Opt1、Opt2、Opt2 翼型装配到类 X47B 布局的翼根截面，记装配翼型后得到的外形为 X47B1、X47B2 和 X47B3，以此为初始开展三维气动隐身梯度优化。类 X47B 外形的根弦长度为 11.6m，厚度 16%；折转 1、折转 2 长度为 2.56m，厚度 11%，翼尖长度为 0.2m，厚度 11%，基础布局采用对称翼型 NACA 65016 生成。布局的参考面积为 42.43m²，参考中心为 $X = 6.17$m，平均气动弦长为 3.32m。气动计算状态为 $Ma=0.8$，单位弦长 $Re=6.8\times10^6$，气动优化目标为定升力 $C_L = 0.25$ 减阻优化；隐身计算状态为 $f = 1$GHz，垂直极化 (VV)，隐身优化目标为 X-Y 平面前向角域 0°~60° 的平均 RCS。

对 X47B1、X47B2 和 X47B3 进行基于梯度的气动隐身优化，优化模型如式 (5.92)，其中初始外形 (Initial) 为采用 NACA65016 翼型配置得到的飞翼外形。梯度优化采用 128 个设计变量，控制变量分布如图 5-33，采用基于 Bezier 基函数的 FFD 方法。记以 X47B1、X47B2 和 X47B3 为初始梯度优化得到的三个外形分别为 X47B1_grad、X47B2_grad 和 X47B3_grad。

$$
\begin{aligned}
\min \quad & C_{\mathrm{D}p}/C_{\mathrm{D}}^{\mathrm{initial}} + \mathrm{RCS_{ave}} /\mathrm{RCS_{ave}^{inital}} \\
\mathrm{s.t.} \quad & C_{\mathrm{L}} = 0.25 \\
& t_{i,\max} \geqslant t_{i,\max}^{\mathrm{base}}, \quad t_{i,\min} \geqslant 0, \quad i = [1, n_{\mathrm{c}}]
\end{aligned}
\tag{5.92}
$$

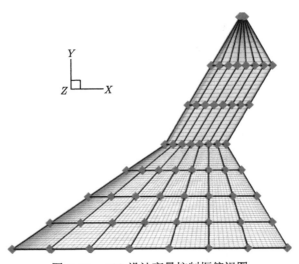

图 5-33 128 设计变量控制框俯视图

三个外形的优化收敛历程分别如图 5-34、图 5-35、图 5-36，可以看到三个外形的阻力特性在 20 步内已达到较低水平，而隐身在前期收敛较慢，在 X47B2_grad

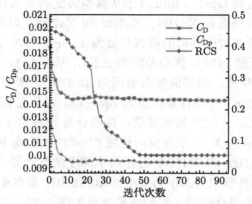

图 5-34　X47B1 梯度优化收敛曲线

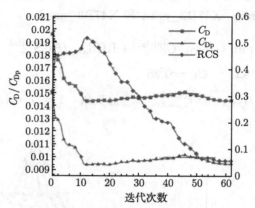

图 5-35　X47B2 梯度优化收敛曲线

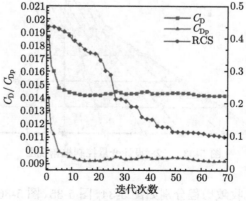

图 5-36　X47B3 梯度优化收敛曲线

中先有一定增加，在气动指标优化到较低水平后隐身才开始有较大改善，优化后期 RCS 均值降低的过程中，阻力变化幅度较小，表明在一定程度内，RCS 可以在不严重破坏巡航阻力特征的条件下进行改善。

三个外形梯度优化的结果如表 5-4，其中 AeroStealthOpt_bezier 为从初始外形直接三维梯度优化的结果。可以看到在翼型优化的基础上开展梯度优化，在阻力、隐身特性上均有非常明显的改善，但低头力矩明显增加。三个外形的阻力系数较为相近，但力矩和 RCS 具有一定差异。其中，X47B3_grad 的阻力最小，为 142.1counts，但 RCS 最高；X47B2_grad 的 RCS 最小，为 0.05841m^2，但阻力最大。X47B1_grad 的阻力略高于 X47B3_grad，RCS 略高于 X47B2_grad，虽然在阻力和 RCS 上均不是最优结果，但较好地平衡了阻力和 RCS 特性，且 X47B1_grad 的低头力矩最大。三个外形的阻力和 RCS 均小于从初始外形直接进行气动隐身优化的结果 (AeroStealthOpt128_bezier)，由于几组优化都是完全收敛的结果，因此可以认为在气动隐身问题中采用较好的初始外形有助于改善梯度的优化结果。

表 5-4 采用 128 设计变量气动、气动/隐身优化结果

外形	C_{D}	C_{Dp}	C_{M}	RCS/m^2
X47B 初始外形	0.019665	0.014890	-0.026167	3.7951
AeroStealthOpt_bezier	0.015582	0.010669	-0.040593	0.5404
X47B1	0.018425	0.013713	-0.005038	0.44884
X47B2	0.019638	0.014979	-0.004940	0.31827
X47B3	0.018707	0.013996	-0.001002	0.43848
X47B1_grad	0.014269	0.009362	-0.060529	0.05901
X47B2_grad	0.014436	0.009485	-0.029866	0.05864
X47B3_grad	0.014214	0.009230	-0.047756	0.10260

图 5-37、图 5-38 和图 5-39 分别为梯度优化外形与初始外形垂直极化 RCS 对比结果，图 5-40 为三个梯度优化外形的 RCS 对比结果，入射频率 $f = 1\mathrm{GHz}$ 垂直极化。可以看到三个外形在初始外形和梯度优化前外形的基础上 RCS 均有明显改善，在 0°~30° 范围内，RCS 均值略有降低，梯度优化后峰值高度明显降低，30° 峰值 (由外翼段产生) 明显降低，55° 峰值 (由内翼段产生) 的峰值高度、峰值宽度都明显减小。注意到改变内翼段翼型主要影响 55° 峰值特征，而对 30° 峰值基本不产生影响，因此 30° 峰值的高度的改变基本仅由梯度优化造成。由图 5-40 可以看到，梯度优化的三个外形的 RCS 形态较为一致，在 30° 峰值处，梯度优化前后峰值分别由 7.5dB、7.5dB、7.5dB 降低到 -1.4dB、-4.2dB 和 2.3dB；在 55° 峰值处，梯度优化前后峰值由 12.5dB、12.5dB、12.4dB 降低到 3.0dB、4.0dB

和 5.3dB。梯度优化可以明显降低峰值高度，在翼型全局优化的基础上进一步开展布局气动隐身梯度优化可以明显改善外形的隐身特性。

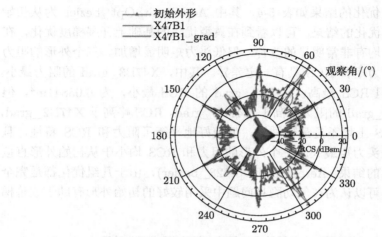

图 5-37　初始外形及 X47B1 外形梯度优化前后外形 RCS 对比 ($f = 1\mathrm{GHz}$、VV)

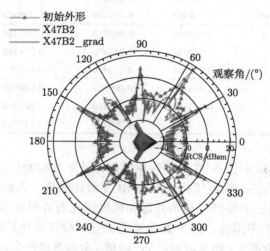

图 5-38　初始外形及 X47B2 外形梯度优化前后外形 RCS 对比 ($f = 1\mathrm{GHz}$、VV)

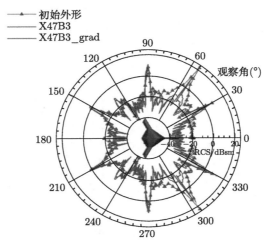

图 5-39　初始外形及 X47B3 外形梯度优化前后外形 RCS 对比 ($f = 1\text{GHz}$、VV)

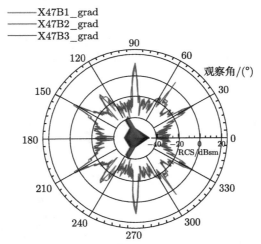

图 5-40　X47B1_grad、X47B2_grad、X47B3_grad 外形 RCS 对比 ($f = 1\text{GHz}$、VV)

　　图 5-41、图 5-42 和图 5-43 分别为 X47B1_grad、X47B2_grad 和 X47B3_grad 的外形压力分布。在上表面，三个外形外翼段上表面激波在初始外形的基础上均有大幅度削弱，在折转 1 和翼尖处仍有部分激波，三个外形的激波位置较为相似，X47B1_grad 和 X47B3_grad 的激波强度略低于 X47B2_grad。在下表面，三个外形在外翼段均有两道较弱的压力恢复，在翼尖处汇集成两道激波，下表面压力分布与初始外形有较大差异。

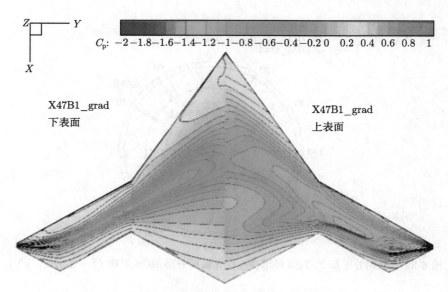

图 5-41　X47B1_grad 外形压力分布

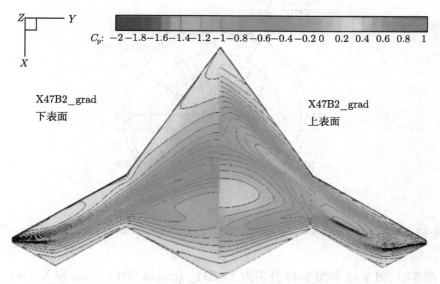

图 5-42　X47B2_grad 外形压力分布

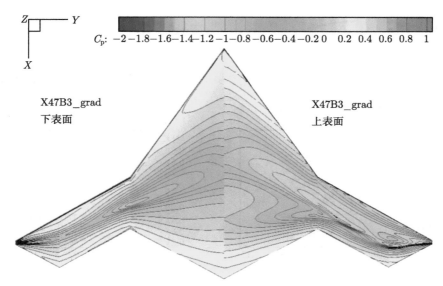

图 5-43 X47B3_grad 外形压力分布

图 5-44 为三个梯度优化外形在 $Y=0.2\text{m}$、$Y=4.5\text{m}$、$Y=8.0\text{m}$ 和 $Y=9.5\text{m}$ 的压力及几何对比。在 $Y=0.2\text{m}$ 处，三个外形的几何趋势较为相似，前缘半径急剧减小，上下表面夹角几乎为零，前缘下表面内凹，后缘上表面上凸，三个外形上表面均有两次压力恢复，X47B2_grad 的第二次压力恢复较为明显。在 $Y=4.5\text{m}$ 和 $Y=8.0\text{m}$ 处，三个外形的压力分布形态较为相似，在 $Y=4.5\text{m}$ 处，上表面激波基本消除，后缘加载增加，X47B2_grad 在后缘上下表面压力交叉，提供负升力，有利于增加抬头力矩；在 $Y=8.0\text{m}$ 处，翼型头部半径减小，小表面内凹，最大厚度后移，激波未完全消除。在 $Y=9.5\text{m}$ 处，三个外形均有一定扭转，其中 X47B2_grad 和 X47B3_grad 的压力分布较为相似，而 X47B1_grad 的头部吸力峰明显小于另外两个布局。

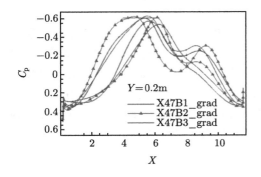

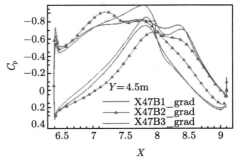

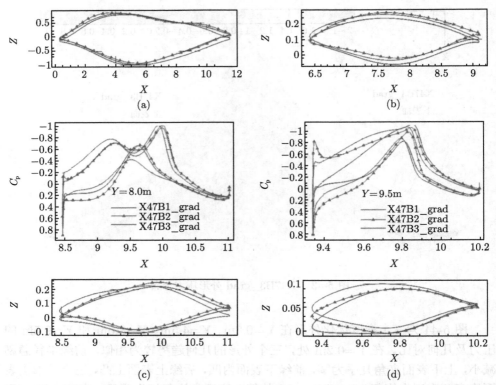

图 5-44　X47B1_grad、X47B2_grad 和 X47B3_grad 在不同位置的压力及几何分布对比

　　三维布局的梯度优化结果表明，以气动隐身性能较好的翼型形成的布局作为梯度优化的初值可以有效提升最终优化外形的气动、隐身性能，特别是梯度优化外形的隐身指标。梯度优化得到的三个外形 X47B1_grad、X47B2_grad 和 X47B3_grad 的隐身特性改善非常显著，从初始外形的 3.7951m² 分别下降到 0.05901m²、0.05861m² 和 0.1026m²，分别下降约 98.45%、98.46%和 97.30%，明显优于初始外形和直接以从初始外形开始梯度优化的外形，证明了本节采用的全局/梯度优化方法的有效性。

　　选取的梯度优化入射频率 $f = 1\text{GHz}$。X47B 外形在该频率虽然已经表现出光学区的特征，但仍属于较低频率，为探讨低频优化结果在高频段的隐身性能，本小节采用商用软件 CST 的高频算法对初始外形 (Initial)、翼型装配外形 (X47B1、X47B2 和 X47B3)、梯度优化外形 (X47B1_grad、X47B2_grad 和 X47B3_grad) 在 $f = 6\text{GHz}$ 和 $f = 12\text{GHz}$ 的 RCS 进行了评估。以 X47B1 和 X47B1_grad 为例对比了优化外形在不同入射频率下的 RCS 分布，对比结果如图 5-45 ～ 图 5-48 所示。

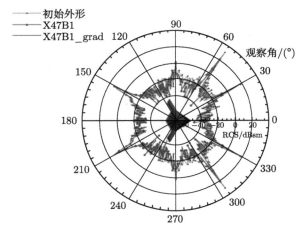

图 5-45　6GHz 水平极化三种外形 RCS 对比

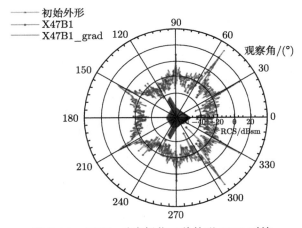

图 5-46　6GHz 垂直极化三种外形 RCS 对比

由图 5-45 ~ 图 5-48 可以看到，在峰值位置，梯度优化结果明显低于装配隐身翼型的结果，当入射波为 6GHz 垂直极化时，在 30° 峰值位置，初始外形峰值为 17.8dB，X47B1 为 18.0dB，X47B1_grad 为 9.3dB；在 55° 峰值位置，初始外形峰值为 31.3dB，X47B1 为 21.4dB，X47B_grad 为 12.6dB。在错开峰值的角域，如偏航方向 0°~20° 角域，梯度优化结果与初始外形较为相似，略高于翼型装配结果。为进一步量化高频区的优化效果，计算三组外形在偏航方向 0°~60° 和 0°~20° 内的平均 RCS，评估结果如表 5-5 和表 5-6，其中 1GHz 垂直极化为梯度优化时的入射条件。

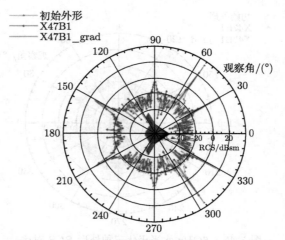

图 5-47   12GHz 水平极化三种外形 RCS 对比

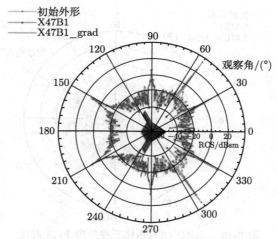

图 5-48   12GHz 垂直极化三种外形 RCS 对比

表 5-5   高频评估结果 (计算 0°~60° 均值，单位：m²)

外形 \ 入射条件	1GHz(VV)	6GHz(HH)	6GHz(VV)	12GHz(HH)	12GHz(VV)
X47B 初始外形	3.7951	24.1032	23.8082	50.8836	51.0497
X47B1	0.44884	3.4315	3.4009	5.4244	5.4432
X47B2	0.31827	3.5158	3.4940	5.6271	5.6507
X47B3	0.43848	3.5334	3.5106	6.6549	6.6937
X47B1_grad	0.05901	0.5634	0.4899	0.6769	0.6474
X47B2_grad	0.05864	0.4126	0.6651	0.8003	0.5743
X47B3_grad	0.10260	1.0475	0.9663	1.5516	1.6314

表 5-6　高频评估结果 (计算 0°～20° 均值，单位：m²)

外形 \ 入射条件	1GHz(VV)	6GHz(HH)	6GHz(VV)	12GHz(HH)	12GHz(VV)
X47B 初始外形	0.0165	0.0012	0.0036	0.0024	0.0032
X47B1	0.0016	4.9045e-04	5.8201e-04	4.8648e-04	9.8049e-04
X47B2	0.0016	6.3535e-04	7.3471e-04	0.0013	0.0017
X47B3	0.0014	5.6082e-04	6.4510e-04	5.8957e-04	0.0012
X47B1_grad	9.2292e-04	0.0028	0.0060	0.0022	0.0042
X47B2_grad	6.7395e-04	0.0027	0.0010	9.5337e-04	0.0035
X47B3_grad	7.6233e-04	4.7197e-04	0.0018	0.0022	0.0045

由表 5-5 和表 5-6 可以看到，在优化频点 $f = 1\text{GHz}$ 的梯度优化结果相对于翼型装配结果和初始结果在 0°～60° 和 0°～20° 范围内均有非常大改善，表明基于梯度的隐身优化不仅可以显著降低峰值，而且可以降低整个优化角域的 RCS，证明了梯度优化的有效性。在 6GHz 和 10GHz，从 0°～60° 来看，在内翼段采用隐身翼型可以将 RCS 从初始外形的基础上降低一个量级，而梯度优化后可以进一步降低一个量级，优化结果非常显著。从 0°～20° 来看，采用隐身翼型可以有效降低非峰值角域的 RCS，但在这些角域，梯度优化外形的 RCS 在隐身翼型装配的基础上变化不大，甚至略有升高，但由于非峰值角域的 RCS 较低 (−25dB ～ −30dB)，其对前向角域 RCS 均值的影响不显著。

优化结果的高频评估表明，在较低频率开展的三维隐身优化在高频段仍然有效，可以有效降低高频区域的 RCS，证明了气动隐身优化方法的有效性。但是采用当前设计模型优化时，主要 RCS 贡献来源于峰值高度的降低，而在实际工程中希望非峰值角域、高频段也相应降低，可以通过调整优化模型和优化频率来实现这一优化目标。

参 考 文 献

[1] Chew W C, Michielssen E, Song J, et al. Fast and Efficient Algorithms in Computational Electromagnetics[M]. Norwood Massachusetts USA: Artech House, Inc., 2001.

[2] 张玉. 计算电磁学中的超大规模并行矩量法 [M]. 西安: 西安电子科技大学出版社, 2016.

[3] Harrington R F. Field Computation by Moment Methods[M]. New York: Wiley-IEEE Press, 1993.

[4] 刘海良. 利用积分方程矩量法精确求解理想导体目标的电磁散射 [D]. 成都: 电子科技大学, 2012.

[5] 夏明耀. 电磁场理论与计算方法要论 [M]. 北京: 北京大学出版社, 2013.

[6] 张玉. 电磁场并行计算 [M]. 西安: 西安电子科技大学出版社, 2006.

[7] 聂在平, 胡俊, 姚海英, 等. 用于复杂目标三维矢量散射分析的快速多极子方法 [J]. 电子学报, 1999, 27(6): 104-109.

[8] 胡俊. 复杂目标矢量电磁散射的高效方法——快速多极子方法及其应用 [D]. 成都: 电子科技大学, 2000.

[9] Rokhlin V. Rapid solution of integral equations of scattering theory in two dimensions[J]. Journal of Computational Physics, 1990, 86(2): 414-439.

[10] Coifman R, Rokhlin V, Wandzura S. The fast multipole method for the wave equation: A pedestrian prescription[J]. IEEE Antennas and Propagation magazine, 1993, 35(3): 7-12.

[11] Song J M, Chew W C. Multilevel fast-multipole algorithm for solving combined field integral equations of electromagnetic scattering[J]. Microwave and Optical Technology Letters, 1995, 10(1): 14-19.

[12] Rao S, Wilton D, Glisson A. Electromagnetic scattering by surfaces of arbitrary shape[J]. IEEE Transactions on Antennas and Propagation, 1982, 30(3): 409-418.

[13] Güel E L. Iterative Solutions of Electromagnetics Problems with MLFMA, in The Multilevel Fast Multipole Algorithm (MLFMA) for Solving Large-Scale Computational Electromagnetics Problems[M]. Piscataway NJ: Wiley-IEEE Press, 2014: 177-268.

[14] Cruz F A, Knepley M G, Barba L A. PetFMM–A dynamically load-balancing parallel fast multipole library[J]. International Journal for Numerical Methods in Engineering, 2011, 85(4): 403-428.

[15] 潘小敏, 盛新庆, 张崎, 等. 联合积分方程中的对称稀疏近似逆预处理器 [J]. 北京理工大学学报, 2010, 5: 578-580.

[16] Lee J, Zhang J, Lu C C. Sparse inverse preconditioning of multilevel fast multipole algorithm for hybrid integral equations in electromagnetics[J]. IEEE Transactions on Antennas and Propagation, 2004, 52(9): 2277-2287.

[17] 阙肖峰, 聂在平. 一类基于 MLFMA 的分组稀疏近似逆预条件技术 [C]//2009 年全国天线年会论文集, 2009: 677-680.

[18] Saad Y, Schultz M H. GMRES: A generalized minimal residual algorithm for solving nonsymmetric linear systems[J]. SIAM Journal on Scientific and Statistical Computing, 1986, 7(3): 856-869.

[19] Georgieva N K, Glavic S, Bakr M H, et al. Feasible adjoint sensitivity technique for EM design optimization[J]. IEEE Transactions on Microwave Theory and Techniques, 2002, 50(12): 2751-2758.

[20] 林云. 并行多层快速多极子算法中若干关键技术研究 [D]. 成都: 电子科技大学, 2006.

[21] 周健. 基于并行多层快速多极子算法的 RCS 计算方法研究 [D]. 武汉: 华中科技大学, 2018.

[22] 王浩刚, 聂在平, 王军. 对三维多层快速多极子方法中不变项计算的优化 [J]. 电子学报, 2000, 28(9): 105-107, 95.

[23] Li M. Chen J, Feng X, et al. An efficient adjoint method for the aero-stealth shape optimization design[J]. Aerospace Science and Technology, 2021, 118: 107017.

[24] Kataja J, Jävenpää S, Toivanen J I, et al. Shape sensitivity analysis and gradient-based optimization of large structures using MLFMA[J]. IEEE Transactions on Antennas and Propagation, 2014, 62(11): 5610-5618.

[25] 周琳. 黄江涛. 高正红. 基于离散伴随方程的雷达散射截面梯度计算—气动优化专栏 [J].

航空学报, 2020, 41(5): 23361.

[26] Zhou L, Huang J, Gao Z. Radar cross section gradient calculation based on adjoint equation of method of moment[J]. Asia-Pacific International Symposium on Aerospace Technology, 2019, (459): 1427-1445.

[27] Zhou L, Huang J, Gao Z, et al. Three-dimensional aerodynamic/stealth optimization based on adjoint sensitivity analysis for scattering problem[J]. AIAA Journal, 2020, 58(6): 2702-2715.

[28] Woo A C, Wang H T G, Schuh M J, et al. EM programmer's notebook-benchmark radar targets for the validation of computational electromagnetics programs[J]. IEEE Antennas and Propagation Magazine, 1993, 35(1): 84-89.

第 6 章　飞行器流场/声爆耦合伴随方程

随着气动设计技术、新能源技术的发展和未来市场需求的加剧，在各国民航对超声速声爆问题严格限制的条件下，民航业界普遍认为，发展小型超声速公务机的技术条件以及市场时机已经基本成熟。至少在未来的几年内，小型超声速公务机的研制、试飞将会被提上日程，实际上美国、俄罗斯、法国以及日本等国家的航空公司均已经推出一系列 50 座以下的超声速公务机设计方案，并提出了三代超声速民机的技术要求 [1, 2]，例如湾流 Boom、Aerion、Spike 等公司，并进一步制造出了缩比原型机，以进行拓展试验 [3-5]。

超声速公务机面临的最大挑战之一就是民航对其超声速飞行时声爆水平的严格限制，声爆强度水平的影响因素主要包含了质量、飞行高度、飞行速度等。在总体方案选型以及布局优化过程中，计算流体力学以及相应的优化设计手段起着至关重要的作用，大幅度降低了设计成本。先进的超声速公务机在气动性能上最明显的特点是高巡航效率、低声爆，需要在保证工程约束条件下，充分挖掘气动外形的升阻比、声爆设计潜力。

6.1　声爆单学科伴随方程

国外在气动声爆优化方面的起步较早，主要研究工作包含了梯度、非梯度优化，大部分研究工作基于伴随方程的梯度优化进行，基于伴随方程的优化进而也分为两个方向：近场声压变分伴随与流场/声爆伴随方程，最具有代表性的是，Jameson 等基于近场变分形式进行气动力/声爆优化 [6]，Rallabhandi 基于声爆预测方程耦合变分进行了超声速飞机声爆优化 [7]。国内在声爆预测、优化设计方面也开展了一定的研究，取得了一定的进展，大多研究工作基于进化算法以及波形参数方法等进行 [8-10]，基于伴随系统的可微型声爆信号优化上的研究较少。基于伴随方法的优化设计尽管在全局性优化问题上存在不足，但在高维设计变量精细化优化问题上具有传统方法不具备的天然优势，由于伴随系统具有计算代价小，梯度计算量与各个学科设计变量个数均无关等优点，因此，在气动/声爆综合优化领域具有不可替代的优势，是一个值得发展的研究方向。

6.1.1　非线性声爆预测及求解

在进行地面声爆预测时，直接利用 CFD 计算方法带来网格耗散、网格需求量大、不适用于工程快速设计要求以及无法模拟大气分层特性等问题，因此，选择合理的声爆传播方程是评估设计结果的重要环节。目前用于预测地面声爆信号的方法主要包含波形参数法与 Burgers 方程，两者在声爆预测中具有良好的表现。但波形参数法 [11, 12] 存在无法预测激波上升时间、预测信号存在间断导致声爆信号不可微等问题，无法进行 FFT(傅里叶变换)，无法进行感觉噪声级分析，且在梯度优化体系中应用受限。因此，本节基于 Burgers 方程进行声爆预测。对 N-S 方程中二阶及二阶以上小量进行忽略，我们可以得到 Westervelt 方程 [13]，对于一维问题表达式如下：

$$\left(\frac{\partial^2}{\partial z^2} - \frac{1}{c_0^2}\frac{\partial^2}{\partial t^2}\right)p' + \frac{b}{\rho_0 c_0^4}\frac{\partial^3 p'}{\partial t^3} = -\frac{\beta}{\rho_0 c_0^4}\frac{\partial^2 p'^2}{\partial t^2} \tag{6.1}$$

其中，z 为传播距离，p' 为扰动声压，b 和 β 分别为经典吸收系数和非线性系数，t 为传播时间，ρ_0 和 c_0 分别为密度和波速。

进一步引入坐标变换公式：

$$\begin{aligned} \tau &= t - z/c_0 \\ x &= z \end{aligned} \tag{6.2}$$

采用链式求导方法计算式 (6.1) 中的各阶导数：

$$\begin{aligned} \frac{\partial}{\partial t} &= \frac{\partial}{\partial \tau}\frac{\partial \tau}{\partial t} + \frac{\partial}{\partial x}\frac{\partial x}{\partial t} = \frac{\partial}{\partial \tau} \\ \frac{\partial^n}{\partial t^n} &= \frac{\partial^n}{\partial \tau^n} \\ \frac{\partial}{\partial z} &= \frac{\partial}{\partial \tau}\frac{\partial \tau}{\partial z} + \frac{\partial}{\partial x}\frac{\partial x}{\partial z} = -\frac{1}{c_0}\frac{\partial}{\partial \tau} + \frac{\partial}{\partial x} \\ \frac{\partial^2}{\partial z^2} &= -\frac{1}{c_0}\left(\frac{\partial^2}{\partial \tau^2}\frac{\partial \tau}{\partial z} + \frac{\partial^2}{\partial \tau \partial x}\frac{\partial x}{\partial z}\right) \\ &\quad + \frac{\partial^2}{\partial x \partial \tau}\frac{\partial \tau}{\partial z} + \frac{\partial^2}{\partial x^2}\frac{\partial x}{\partial z} \\ &= \frac{\partial^2}{\partial x^2} - \frac{2}{c_0}\frac{\partial^2}{\partial x \partial \tau} + \frac{1}{c_0^2}\frac{\partial^2}{\partial \tau^2} \end{aligned} \tag{6.3}$$

略去二阶及二阶以上小量，我们可以得到经典 Burgers 方程：

$$\frac{\partial p'}{\partial x} - \frac{\beta}{2\rho_0 c_0^3}\frac{\partial p'^2}{\partial t'} = \frac{b}{2\rho_0 c_0^3}\frac{\partial^2 p'}{\partial t'^2} \tag{6.4}$$

进一步在式 (6.4) 右边引入几何扩散、大气分层及松弛效应 (分子弛豫) 的相关项，得到增广 Burgers 方程 [14]：

$$\frac{\partial p'}{\partial x} = \frac{\beta}{2\rho_0 c_0^3}\frac{\partial p'^2}{\partial t'} + \frac{b}{2\rho_0 c_0^3}\frac{\partial^2 p'}{\partial t'^2} + \frac{1}{2\rho_0 c_0}\frac{\partial \rho_0 c_0}{\partial x}p'$$

$$- \frac{1}{2S}\frac{\partial S}{\partial x}p' + \sum_{\nu}\frac{(\Delta c)_\nu \tau_\nu}{c_0^2}\left(1 + \tau_\nu\frac{\partial}{\partial t'}\right)^{-1}\frac{\partial^2 p'}{\partial t'^2} \tag{6.5}$$

式 (6.5) 右边分别对应非线性效应、经典耗散、非均匀介质、几何扩散以及松弛效应等物理环节。其中 S 代表声管面积 [15]，$(\Delta c)_\nu$ 代表松弛效应导致的声速变化量，τ_ν 代表了弛豫时间，下标 ν 表示不同的大气组成成分 (其中 O_2 为氧气，N_2 为氮气) 的松弛过程。该方程可以模拟声波在非理想、非均匀气体介质中的传播过程。

为进一步方便求解上述微分方程，首先对增广 Burgers 方程进行无量纲化处理：

$$\frac{\partial P}{\partial \sigma} = P\frac{\partial P}{\partial \tau} + \frac{1}{\Gamma}\frac{\partial^2 P}{\partial \tau^2} + \frac{1}{2\rho_0 c_0}\frac{\partial \rho_0 c_0}{\partial \sigma}P$$

$$- \frac{1}{2S}\frac{\partial S}{\partial \sigma}P + \sum_{\nu}\frac{C_\nu \frac{\partial^2}{\partial \tau^2}}{1 + \theta_\nu\frac{\partial}{\partial \tau}}P \tag{6.6}$$

其中，$P = p'/p_0$，p_0 是参考大气压，无量纲距离 $\sigma = x/\bar{x}$，参考长度 $\bar{x} = \rho_0 c_0^3/(\beta\omega_0 p_0)$。无量纲时间为 $\tau = \omega_0 t'$，$1/\omega_0$ 代表参考时间。无量纲气体耗散参数 $\Gamma = b\omega_0/(2\beta p_0)$，无量纲松弛系数 $C_\nu = m_v\tau_\nu\omega_0^2\bar{x}/(2c_0)$，$m_v = 2(\Delta c)_v/c_0$，无量纲分子松弛时间 $\theta_\nu = \omega_0\tau_\nu$。

直接对增广 Burgers 方程进行离散求解非常困难，可以采用算子分裂法 [16] 对式 (6.6) 进行简化，将方程分裂成 5 个形式简单的偏微分方程进行迭代求解，具体如下所示：

$$\frac{\partial P}{\partial \sigma} = P\frac{\partial P}{\partial \tau} \tag{6.7}$$

$$\frac{\partial P}{\partial \sigma} = \frac{1}{\Gamma}\frac{\partial^2 P}{\partial \tau^2} \tag{6.8}$$

$$\frac{\partial P}{\partial \sigma} = \sum_\nu \frac{C_\nu \dfrac{\partial^2}{\partial \tau^2}}{1 + \theta_\nu \dfrac{\partial}{\partial \tau}} P \tag{6.9}$$

$$\frac{\partial P}{\partial \sigma} = \frac{1}{2\rho_0 c_0} \frac{\partial \rho_0 c_0}{\partial \sigma} P \tag{6.10}$$

$$\frac{\partial P}{\partial \sigma} = -\frac{1}{2S} \frac{\partial S}{\partial \sigma} P \tag{6.11}$$

数值迭代求解过程需要对时间、空间两个维度进行离散化。空间维度上，共有 num_z 个均匀网格点，网格点等分距离为 Δx。时间维度上有 num_t 个均匀分布的网格点，等分间隔为 Δt。基于参考时间 $1/\omega_0$，参考长度 $\bar{x} = \rho_0 c_0^3/(\beta \omega_0 p_0)$ 对 Δx 和 Δt 进行无量纲处理：

$$\begin{aligned} \Delta\sigma &= \Delta x/\bar{x} \\ \Delta\tau &= \omega_0 \Delta t \end{aligned} \tag{6.12}$$

迭代求解中式 (6.7) ~ 式 (6.11) 进行空间循环推进，直至将声爆信号推进至地面。在进行空间循环推进之前，需要确定声爆信号在大气层中的传播路径，以及沿着声线的耗散系数 (Γ) 和分子弛豫效应系数 (C_ν, θ_ν)，传播路径采用射线追踪法 [17]，耗散系数和分子弛豫效应系数由当地大气的温度和湿度 [18] 决定。此外，沿程的声管面积通过航迹线上四条相邻声线围成的四边形面积得到 (见图 6-1)。

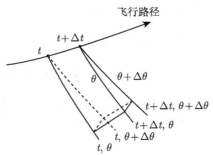

图 6-1 声管面积计算方法 [19]

算子分裂后，每个偏微分方程离散求解将更加简单，采用如下方法依次求解。对于非线性效应项，可以采用对时间坐标进行平移方式实现。

$$\tau_i^{\mathrm{new}} = \tau_i^{\mathrm{old}} - P_i^k \Delta\sigma \tag{6.13}$$

其中，i 为时间维度下标，k 为空间维度下标，$P(\sigma_k, \tau_i) = P_i^k$，$\tau_i^{\text{old}}$ 和 τ_i^{new} 分别为压力项平移前后的时间坐标，$\Delta\sigma$ 为空间步长。平移后的声爆信号需要向均匀分布网格插值，插值方式可采用简单线性插值。

对于耗散项的数值求解，可以使用待定系数法，可以在均匀坐标系中推导出其离散形式 [7]：

$$-\alpha\lambda P_{j-1}^{k+1} + (1 + 2\alpha\lambda)P_j^{k+1} - \alpha\lambda P_{j+1}^{k+1}$$
$$= \alpha'\lambda P_{j-1}^k + (1 - 2\alpha'\lambda)P_j^k + \alpha'\lambda P_{j+1}^k \tag{6.14}$$

其中，α 为格式控制参数，$\alpha' = 1 - \alpha$，$\lambda = \Delta\sigma/(\Gamma\Delta\tau^2)$，显然，$\alpha = 0$ 时为完全显格式，$\alpha = 1$ 为完全隐格式，$\alpha = 0.5$ 时为 Crank-Nicolson 格式。

为避免步长选取较大时可能导致的数值发散现象，推荐使用无条件稳定的 Crank-Nicolson 格式对进行求解，式 (6.14) 为典型的三对角方程，可以使用 TDMA[20] 方法高效求解。

对于分子松弛效应项，其等号右边的求和符号代表了空气中不同的气体成分各自的松弛效应，这里主要考虑了氧气和氮气，采用算子分裂法将其解耦，首先研究氧气的弛豫过程：

$$\left(1 + \theta_{\text{O}_2}\frac{\partial}{\partial\tau}\right)\frac{\partial P}{\partial\sigma} = C_{\text{O}_2}\frac{\partial^2 P}{\partial\tau^2} \tag{6.15}$$

混合导数的处理采用空间前向差分与时间中心差分，时间二阶导采用中心格式。使用待定系数法推导出其离散形式的表达式：

$$-(\alpha\lambda + \mu)P_{j-1}^{k+1} + (1 + 2\alpha\lambda)P_j^{k+1} - (\alpha\lambda - \mu)P_{j+1}^{k+1}$$
$$= (\alpha'\lambda - \mu)P_{j-1}^k + (1 - 2\alpha'\lambda)P_j^k + (\alpha'\lambda + \mu)P_{j+1}^k \tag{6.16}$$

其中，$\lambda = C_v\Delta\sigma/\Delta\tau^2$，$\mu = \theta_v/(2\Delta\tau)$，$\alpha$ 为格式控制参数，$\alpha' = 1 - \alpha$，$\alpha = 0.5$。推进方式依然采用稳定性较好的 Crank-Nicolson 格式，采用 TDMA 方法求解该三对角方程。

式 (6.10) 和式 (6.11) 形式类似，它们在数学上等价于：

$$P\sqrt{\frac{S}{\rho_0 c_0}} = \text{const} \tag{6.17}$$

该常数表征了在无损介质中传播的声音能量守恒特征。同时可以看到，无损介质中声管面积的扩大或 $\rho_0 c_0$ 的减小是导致声压减小的重要原因。

首先，采用 LM1021 周向角为 30° 的近场信号作为输入，对非线性声爆预测方法的网格收敛性进行研究。图 6-2 给出声爆计算流程示意图。

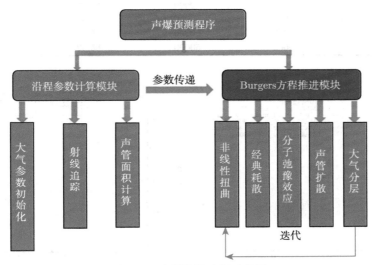

图 6-2   声爆计算流程示意图

基于增广 Burgers 方程的声爆预测属于一维微分方程求解问题，需要在空间与时间维度上进行推进求解，由于在时间和空间方向上采用离散求解方法，因此有必要开展网格收敛性研究，为后续研究提供必要的支撑。在本节的网格收敛性研究中，分别对时间网格的密度的收敛性、空间网格的收敛性进行分析。

表 6-1 和表 6-2 分别给出了时间和空间网格维度使用的不同网格量和相应的计算时间，在表中，num_z 代表空间网格的网格量，num_t 代表时间网格的网格量。图 6-3 展示了声爆地面波形在不同分布的时间维度和空间维度上数值模拟结果。从图中可以看到，时间维度对地面波形的计算影响相对较大。在空间维度上，随着网格量达到 20000 后，波形基本收敛。基于网格收敛性研究结果，进行近场、LM1021、Axibody 算例声爆计算验证。

表 6-1   时间网格收敛性分析算例

网格量	num_z	num_t	取样率/kHz	CPU 时间/s
1	20000	2000	3.42	7
2	20000	5000	8.56	17
3	20000	10000	17.12	34
4	20000	50000	85.62	166
5	20000	100000	171.25	340

表 6-2　　空间网格收敛性分析算例

网格量	num_z	num_t	取样率/kHz	CPU 时间/s
1	2000	50000	85.62	17
2	5000	50000	85.62	42
3	10000	50000	85.62	83
4	20000	50000	85.62	166
5	40000	50000	85.62	330

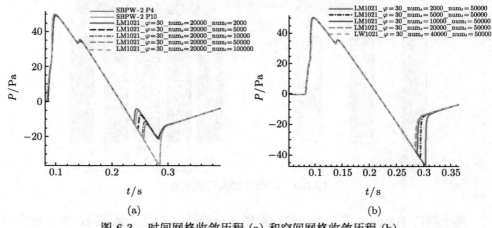

图 6-3　时间网格收敛历程 (a) 和空间网格收敛历程 (b)

(1) 近场声爆特性计算。

图 6-4、图 6-5 为课题组优化软件的 CFD 模块与双圆锥[21] 风洞试验结果的对比，可以看出，用于优化的近场声爆预测模块精度较高，为声爆伴随方程及优化提供基础平台。

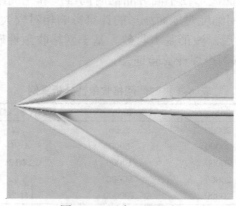

图 6-4　压力云图分布

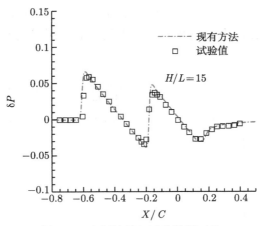

图 6-5　声压计算与试验数据对比

(2) Axibody 算例验证。

Axibody 为 SBPW-2 的第二个标准算例,其几何外形就是一个简单的几何回转体,如图 6-6 所示。风洞测得的近场过压值分布如图 6-7 所示,由于 Axibody 对称特性,各个周向角测得的近场过压分布完全一致。

图 6-6　Axibody 几何外形 [22]

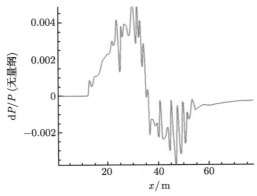

图 6-7　Axibody 近场过压值分布

图 6-8 给出了当前程序和 sBOOM 在 0°和 45°周向角下得到的远场信号。从图中可以看出,在两个周向角下,两者的计算结果较为吻合,预测精度基本一致。

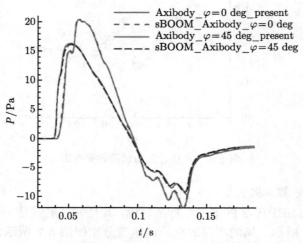

图 6-8   自研程序与 sBOOM 地面波形比较 (Axibody)

(3) LM1021 算例验证。

Lockheed Martin 1021 是洛马公司设计的一型新一代超声速客机,是第二次声爆预测会议的一个标准算例,图 6-9 给出了其三视图。图 6-10 给出了 LM1021 模型[23] 周向角 0°和 30°的近场风洞测压结果。所有计算均采用研讨会给出的标准大气模型作为输入参数,空气的相对湿度恒定为 70%。图 6-11 给出了当前程序计算得到的远场信号以及 NASA 的 sBOOM 软件预测结果的对比。

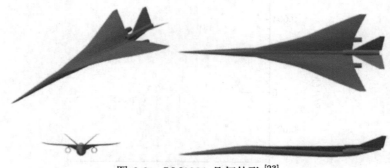

图 6-9   LM1021 几何外形[23]

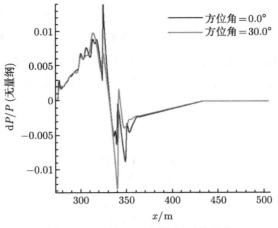

图 6-10   LM1021 近场过压值分布

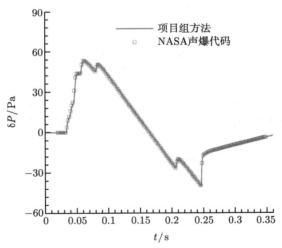

图 6-11   标模声爆预测与 NASA 代码对比

6.1.2   非线性声爆伴随方程及求解

对于声爆抑制为目标的超声速飞行器气动外形综合优化，一个重要环节就是如何高效获取梯度信息，将声爆目标函数链式展开：

$$\frac{\mathrm{d}L}{\mathrm{d}D} = \frac{\partial L}{\partial D} + \frac{\partial L}{\partial P}\frac{\partial P}{\partial W}\frac{\partial W}{\partial D}$$

其中，L 为远场声爆目标函数，P 代表近场过压。从上式可以看出，获取声爆目标函数对近场过压 P 的导数 $\dfrac{\partial L}{\partial P}$，是高效求解远场声爆目标函数对设计变量导数计算的一个关键，因此，需要进一步构造非线性声爆伴随方程，进行梯度求解。下面对增广 Burgers 方程对应的伴随方程进行推导，首先回顾增广 Burgers 方程的基本形式 [24]：

$$\frac{\partial P}{\partial \sigma} = P \frac{\partial P}{\partial \tau} \tag{6.18}$$

$$\frac{\partial P}{\partial \sigma} = \frac{1}{\varGamma} \frac{\partial^2 P}{\partial \tau^2} \tag{6.19}$$

$$\frac{\partial P}{\partial \sigma} = \sum_{\nu} \frac{C_\nu \dfrac{\partial^2}{\partial \tau^2}}{1 + \theta_\nu \dfrac{\partial}{\partial \tau}} P \tag{6.20}$$

$$\frac{\partial P}{\partial \sigma} = \frac{1}{2\rho_0 c_0} \frac{\partial \rho_0 c_0}{\partial \sigma} P \tag{6.21}$$

$$\frac{\partial P}{\partial \sigma} = -\frac{1}{2S} \frac{\partial S}{\partial \sigma} P \tag{6.22}$$

我们可以将式 (6.19) ~ 式 (6.22) 写成矩阵形式，由于式 (6.21) 和式 (6.22) 可以表达为两个放缩系数，进一步将二者的乘积 k_n 乘在式 (6.23) 的等式右端：

$$A^n q_n = k_n B^n p_{n-1} \tag{6.23}$$

$$A_2^n r_n = B_2^n q_n \tag{6.24}$$

$$A_3^n t_n = B_3^n r_n \tag{6.25}$$

$$p_n = f_j^n(t_n) \tag{6.26}$$

从式 (6.23) ~ 式 (6.26) 分别代表氧气分子弛豫效应、氮气分子弛豫效应、经典耗散以及非线性扭曲这四个声爆传递中的物理环节，系数 k_n 代表了几何扩散和大气分层对声爆信号幅值的影响，p, q, r, t 分别代表求解过程中声压的中间结果。

针对以上的矩阵形式，我们可以引入伴随变量来推导声爆伴随方程的矩阵形式 [7]：

$$L(p, q, r, t, D) = \sum_{n=1}^{N} I_b(p_n, D)\Delta\sigma_n + \sum_{n=2}^{N} \gamma_{0,n}^{\mathrm{T}}[A^n q_n - k_n B^n p_{n-1}]\Delta\sigma_n$$

$$+ \sum_{n=1}^{N} \gamma_{1,n}^{\mathrm{T}} [A_2^n r_n - B_2^n q_n] \Delta\sigma_n + \sum_{n=1}^{N} \beta_n^{\mathrm{T}} [A_3^n t_n - B_3^n r_n] \Delta\sigma_n$$

$$+ \sum_{n=1}^{N} \lambda_n^{\mathrm{T}} [p_n - f_j^n(t_n, D)] \Delta\sigma_n + \gamma_{0,1}^{\mathrm{T}} [A^1 q_1 - k_1 B^1 D] \Delta\sigma_1 \quad (6.27)$$

其中, l 是目标函数, N 表示正问题中增广 Burgers 方程推进的步数, D 表示设计变量, D 在这里指将 CFD 网格中提取的近场过压输入插值到均匀坐标系后的声压值, $\gamma_0, \gamma_1, \beta, \lambda$ 分别代表氧气分子弛豫效应、氮气分子弛豫效应、经典耗散和非线性扭曲这四个环节对应的伴随变量。

将式 (6.27) 对设计变量 D 求导:

$$\frac{\mathrm{d}I}{\mathrm{d}D} = \frac{\mathrm{d}L}{\mathrm{d}D}$$

$$= \sum_{n=1}^{N} \left[\frac{\partial l_n}{\partial D} + \frac{\partial l_n}{\partial p_n} \frac{\mathrm{d}p_n}{\mathrm{d}D} \right] \Delta\sigma_n + \sum_{n=2}^{N} \gamma_{0,n}^{\mathrm{T}} \left[A^n \frac{\mathrm{d}q_n}{\mathrm{d}D} - k_n B^n \frac{\mathrm{d}p_{n-1}}{\mathrm{d}D} \right] \Delta\sigma_n$$

$$+ \sum_{n=1}^{N} \gamma_{1,n}^{\mathrm{T}} \left[A_2^n \frac{\mathrm{d}r_n}{\mathrm{d}D} - B_2^n \frac{\mathrm{d}q_n}{\mathrm{d}D} \right] \Delta\sigma_n + \sum_{n=1}^{N} \beta_n^{\mathrm{T}} \left[A_3^n \frac{\mathrm{d}t_n}{\mathrm{d}D} - B_3^n \frac{\mathrm{d}r_n}{\mathrm{d}D} \right] \Delta\sigma_n$$

$$+ \sum_{n=1}^{N} \lambda_n^{\mathrm{T}} \left[\frac{\mathrm{d}p_n}{\mathrm{d}D} - \frac{\partial f_j^n}{\partial t_n} \frac{\mathrm{d}t_n}{\mathrm{d}D} \right] \Delta\sigma_n + \gamma_{0,1}^{\mathrm{T}} \left[A^1 \frac{\mathrm{d}q_1}{\mathrm{d}D} - k_1 B^1 \right] \Delta\sigma_1 \quad (6.28)$$

从式 (6.28) 可以看出, 远场声爆信号目标函数对近场过压梯度的计算量体现在 $\mathrm{d}p_n/\mathrm{d}D, \mathrm{d}q_n/\mathrm{d}D, \mathrm{d}r_n/\mathrm{d}D, \mathrm{d}t_n/\mathrm{d}D$ 几项导数上, 我们通过整理得出其对应的系数, 同时令 $\gamma_{0,N+1}^{\mathrm{T}} = 0$, 在式 (6.28) 右边减去 $\gamma_{0,N+1}^{\mathrm{T}} k_{N+1} B^{N+1} \Delta\sigma_N \mathrm{d}p_N/\mathrm{d}D$, 则上式可以整理为

$$\frac{\mathrm{d}I}{\mathrm{d}D} = \frac{\mathrm{d}L}{\mathrm{d}D} = \sum_{n=1}^{N} \left[\lambda_n^{\mathrm{T}} + \frac{\partial I_b}{\partial p_n} - \gamma_{0,n+1}^{\mathrm{T}} k_{n+1} B^{n+1} \right] \Delta\sigma_n \frac{\mathrm{d}p_n}{\mathrm{d}D}$$

$$+ \sum_{n=1}^{N} \left[\beta_n^{\mathrm{T}} A_3^n - \lambda_n^{\mathrm{T}} \frac{\partial f_j^n}{\partial t_n} \right] \Delta\sigma_n \frac{\mathrm{d}t_n}{\mathrm{d}D}$$

$$+ \sum_{n=1}^{N} \left[\gamma_{1,n}^{\mathrm{T}} A_2^n - \beta_n^{\mathrm{T}} B_3^n \right] \Delta\sigma_n \frac{\mathrm{d}r_n}{\mathrm{d}D}$$

$$+ \sum_{n=1}^{N} \left[\gamma_{0,n}^{\mathrm{T}} A^n - \gamma_{1,n}^{\mathrm{T}} B_2^n \right] \Delta\sigma_n \frac{\mathrm{d}q_n}{\mathrm{d}D} - \gamma_{0,1}^{\mathrm{T}} k_1 B^1 \Delta\sigma_1 \quad (6.29)$$

令包含 $\mathrm{d}p_n/\mathrm{d}D, \mathrm{d}q_n/\mathrm{d}D, \mathrm{d}r_n/\mathrm{d}D, \mathrm{d}t_n/\mathrm{d}D$ 对应的系数为零，可以推导出声爆伴随方程的具体形式 [7]：

$$\boldsymbol{\lambda}_n^{\mathrm{T}} = \frac{-\partial I_b}{\partial p_n} + \boldsymbol{\gamma}_{0,n+1}^{\mathrm{T}} k_{n+1} \boldsymbol{B}^{n+1}$$

$$\boldsymbol{\beta}_n^{\mathrm{T}} \boldsymbol{A}_3^n = \boldsymbol{\lambda}_n^{\mathrm{T}} \frac{\partial f_j^n}{\partial t_n}$$

$$\boldsymbol{\gamma}_{1,n}^{\mathrm{T}} \boldsymbol{A}_2^n = \boldsymbol{\beta}_n^{\mathrm{T}} \boldsymbol{B}_3^n \tag{6.30}$$

$$\boldsymbol{\gamma}_{0,n}^{\mathrm{T}} \boldsymbol{A}^n = \boldsymbol{\gamma}_{1,n}^{\mathrm{T}} \boldsymbol{B}_2^n$$

其中，λ, β, γ 分别为中间伴随变量，I_b 为地面声爆目标函数，$\boldsymbol{A}, \boldsymbol{B}$ 与 $\boldsymbol{A}_2, \boldsymbol{B}_2$ 分别对应氮气、氧气分子弛豫矩阵，$\boldsymbol{A}_3, \boldsymbol{B}_3$ 为吸收过程矩阵，与声爆预测方程不同，上式的求解过程是声传播的一个反向过程，利用最终的伴随变量可以很方便地获取地面声爆目标函数对设计变量 (近场声压) 的梯度：

$$\frac{\mathrm{d}I_b}{\mathrm{d}\boldsymbol{p}_{in}} = -\boldsymbol{\gamma}_{0,1}^{\mathrm{T}} k_1 \boldsymbol{B}^1 \Delta\sigma \tag{6.31}$$

需要指出的是，在声爆非线性扭转环节中，每一次考虑非线性效应后都需要将时域波形从非均匀坐标系变换至均匀坐标系，因此，需要进行线性变换。当均匀坐标系中的点 j 处于非均匀坐标系中的 $i-1$ 点和 i 点之间时，插值形式如下：

$$f_j^n(t^n) = t_{i-1}^n + \frac{t_i^n - t_{i-1}^n}{\Delta\tau - (t_i^n - t_{i-1}^n)\Delta\sigma_n}[\tau_j - \tau_{i-1} + t_{i-1}^n \Delta\sigma_n] \tag{6.32}$$

通过式 (6.32)，我们可以求解出均匀坐标系的声压对两个插值点的导数：

$$\frac{\partial f_j^n}{\partial t_{i-1}^n} = 1 - \frac{\Delta\tau[\tau_j - \tau_{i-1} + t_{i-1}^n \Delta\sigma_n]}{[\Delta\tau - (t_i^n - t_{i-1}^n)\Delta\sigma_n]^2} + \frac{(t_i^n - t_{i-1}^n)\Delta\sigma_n}{[\Delta\tau - (t_i^n - t_{i-1}^n)\Delta\sigma_n]}$$

$$\frac{\partial f_j^n}{\partial t_i^n} = \frac{\Delta\tau[\tau_j - \tau_{i-1} + t_{i-1}^n \Delta\sigma_n]}{[\Delta\tau - (t_i^n - t_{i-1}^n)\Delta\sigma_n]^2} \tag{6.33}$$

也就是说，在声爆伴随方程的迭代求解过程中，式 (6.30) 中的雅可比矩阵 $\partial f_j^n/\partial t_n$ 可以通过式 (6.33) 进行求解。

基于声爆伴随方程我们通常采用反设计的思路对声爆地面信号进行设计，定义目标函数为如下形式：

$$l_N = \frac{1}{2} \sum_{i=1}^{M} (p_N^i - p_t^i)^2 \Delta\tau \tag{6.34}$$

其中，M 为波形点的个数，p_t 为目标波形。

$$\frac{\partial l_N}{\partial p_N} = (p_N^i - p_t^i)\Delta\tau \tag{6.35}$$

式 (6.31) 中，$\boldsymbol{p}_{in}$ 是均匀坐标系下的过压分布，即声爆伴随方程求解的是地面声爆目标函数对均匀坐标系下的近场输入声压的梯度，向网格单元装配需要将该梯度转化为 CFD 网格非均匀坐标系下，依据网格非均匀坐标系与声爆均匀坐标系的转换关系，可以方便推导出对角稀疏化的坐标转换雅可比矩阵 $\boldsymbol{\chi}$，依据分段线性插值表达式可以实现均匀坐标系与非均匀坐标系的导数转换：

$$\frac{\mathrm{d}I_b}{\mathrm{d}p} = \frac{\mathrm{d}I_b}{\mathrm{d}p_{in}}\boldsymbol{\chi} \tag{6.36}$$

图 6-12、图 6-13 给出了基于声爆伴随方程中间伴随变量的分布，以及地面声爆目标函数对近场非均匀坐标系下声压的梯度验证，地面声爆目标函数采用以下形式：

$$\min I_b(\boldsymbol{W}, \boldsymbol{X}, \boldsymbol{D}) = \min \int \frac{1}{2}(p - p_T)^2\,\mathrm{d}s$$

其中，p_T 是声爆设计目标特征。可以看出声爆伴随方程梯度计算结果与差分结果较为一致，可以为耦合伴随系统提供准确的地面声爆目标函数对近场声压的梯度。

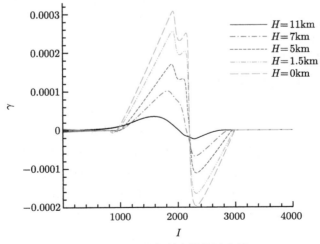

图 6-12 不同高度声爆伴随变量

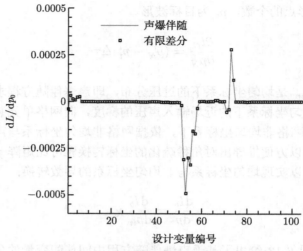

图 6-13　声爆伴随梯度与差分对比

6.2　流场/声爆耦合伴随方程

超声速低声爆设计是典型的多目标精细化设计问题,这对气动外形的综合设计方法提出了苛刻的要求,传统的优化将面临计算量庞大、维度障碍等瓶颈问题。此时基于伴随方程的梯度优化是较为合理的选择。在地面声爆信号设计中,尽管近场变分实现方式比较简单,然而无法直接设计地面声爆信号的形态,不利于声爆信号上升时间、过压峰值等综合特征的有效抑制。因此,本节基于在地面过压分布目标函数变分条件,进行耦合伴随优化系统构建,以及求解过程中关键环节的变分与装配方法阐述 [25]。

6.2.1　流场/声爆耦合伴随方程及求解

为简化耦合伴随系统的变分推导过程,降低变分难度,本节依据结构网格拓扑的可控性,进行以下操作规定:① 在近场过压提取站位附近将网格单元分布划分为规整格式,即高度宽度方向均为直线,这样近场过压分布就不需要向同高度转换;② 非均匀坐标下沿 X 方向各个站位初始过压的提取均从本单元选取。由上述规则,近场过压的提取基本消除对 X 的依赖,雅可比矩阵 χ 不再包含对网格坐标 X 的变分,且仅与自身单元守恒变量 W 相关:

$$p_0 = T(W) \tag{6.37}$$

上述规则大幅度简化了近场声压雅可比转换矩阵的变分难度。本节进行变分的约束没有网格伴随方程的残差项,而只有流场残差 $R = 0$ 与对声压转换关系

$(p_0 - T) = 0$，基于上述原则，下面给出耦合伴随的推导过程，声爆目标函数引入流场以及声爆拉格朗日算子 λ_f, λ_b：

$$L = I_b + \lambda_f^{\mathrm{T}} R + \lambda_b^{\mathrm{T}}(p_0 - T) \tag{6.38}$$

对上式进行变分展开：

$$\frac{\partial L}{\partial D} = \frac{\partial I_b}{\partial D} + \frac{\partial I_b}{\partial p_0}\frac{\partial p_0}{\partial D} + \lambda_f^{\mathrm{T}}\frac{\partial R}{\partial X}\frac{\partial X}{\partial D} + \lambda_f^{\mathrm{T}}\frac{\partial R}{\partial W}\frac{\partial W}{\partial D}$$
$$+ \lambda_b^{\mathrm{T}}\frac{\partial p_0}{\partial D} - \lambda_b^{\mathrm{T}}\frac{\partial T}{\partial D} - \lambda_b^{\mathrm{T}}\frac{\partial T}{\partial W}\frac{\partial W}{\partial D} \tag{6.39}$$

综合文中网格划分以及近场声压提取原则，可以看出上式右端第 1、6 项为零，变分表达式：

$$\frac{\partial L}{\partial D} = \frac{\partial I_b}{\partial p_0}\frac{\partial p_0}{\partial D} + \lambda_f^{\mathrm{T}}\frac{\partial R}{\partial X}\frac{\partial X}{\partial D} + \lambda_f^{\mathrm{T}}\frac{\partial R}{\partial W}\frac{\partial W}{\partial D}$$
$$+ \lambda_b^{\mathrm{T}}\frac{\partial p_0}{\partial D} - \lambda_b^{\mathrm{T}}\frac{\partial T}{\partial W}\frac{\partial W}{\partial D} \tag{6.40}$$

整理包含 $\dfrac{\partial p_0}{\partial D}$、$\dfrac{\partial W}{\partial D}$ 的选项并令其系数为零可以得到流场/声爆耦合伴随方程：

$$\frac{\partial I_b}{\partial p_0} + \lambda_b^{\mathrm{T}} = 0$$
$$\lambda_f^{\mathrm{T}}\frac{\partial R}{\partial W} - \lambda_b^{\mathrm{T}}\frac{\partial T}{\partial W} = 0 \tag{6.41}$$

耦合伴随方程的伴随变量 λ_b^{T} 通过声爆伴随方程求解，进一步代入流场伴随方程进行流场伴随变量 λ_f^{T} 求解，代入式 (6.40) 可以获取最终的目标函数关于几何设计变量 D 梯度表达式：

$$\frac{\mathrm{d}I_b}{\mathrm{d}D} = \lambda_f^{\mathrm{T}}\frac{\partial R}{\partial D} = \lambda_f^{\mathrm{T}}\frac{\partial R}{\partial X}\frac{\partial X}{\partial D} \tag{6.42}$$

耦合伴随方程的第一步是为声爆传播方程提供近场声压输入，在该问题上，我们面临的主要关键技术是并行环境下提取多块网格运算中的进程号、网格块编号以及单元编号。

为方便近场声压的提取，我们定义长方体"盒子"，该盒子由长方体两个角点定义，用于方便选定近场网格单元，避免烦琐的人工操作，如图 6-14 所示。

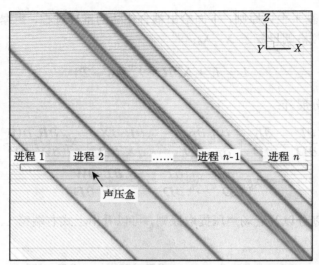

图 6-14　并行环境下的网格分布与"声压盒"示意图

图 6-15 给出了变分组装流程图，进程号、网格块编号以及单元编号提取、声爆预测以及变分结果装配过程如下：

(1) 各个进程的网格判断是否有格心坐标处于盒子内，若有，记录该进程的编号；

(2) 记录该网格块在当前进程中的编号；

(3) 记录格心在当前网格中的编号及 X 坐标；

(4) 主进程将各个进程的编号、坐标文件收集写出，并将过压按 X 顺序进行排列输出近场文件；

(5) 声爆预测迭代推进计算；

(6) 声爆伴随方程反向迭代推进求解；

(7) 转换为 CFD 坐标系；

(8) 按编号、坐标文件将变分结果按对应的进程编号输出，向各个进程装配；

(9) 流场伴随方程求解。

上述组装过程完成，可以结合优化平台开展飞行器流场声爆综合优化，图 6-16 给出了本节所采用的流场声爆综合优化流程图。

6.2.2　基于近场反演的反向等效面积伴随方程

流场声爆耦合伴随思想可以进行一步拓展构造等效面积分布伴随方程。等效面积分布是沿机身轴线的体积截面积分布与升力分布的叠加，直接决定了超声速飞行器的声爆特性，而飞行器等效面积分布特征较大程度由近场过压决定[19]。但是，通过近场过压反设计抑制远场声爆，缺乏直接的远场感知声压级指导。因此，探索有效的远场声爆信号向近场过压反演方法是开展声爆抑制研究的关键环节。对此，我们提出基于逆向传播与伴随方程的近场反演，为等效面积分布伴随方程提供目标输入。

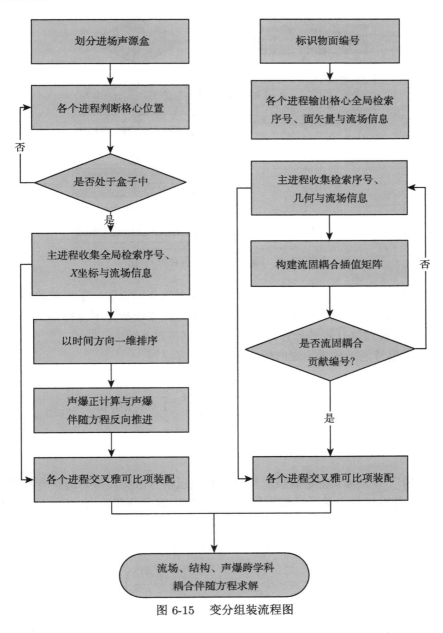

图 6-15 变分组装流程图

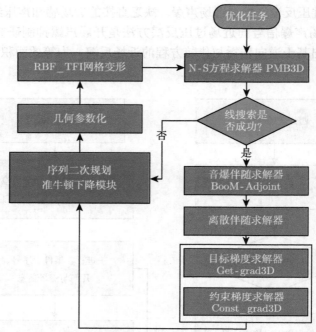

图 6-16　流场声爆综合优化流程图

经典增广 Burgers 方程中，几何扩散项和大气分层项取决于声管传播路径与面积，与时间相关的项只有非线性效应项、经典耗散项和分子弛豫项，建立逆向 Burgers 方程即对这几项进行修改，令时间反向流动[22-24]。

描述声信号逆向传播的逆向增广 Burgers 方程为

$$\frac{\partial P}{\partial \sigma} = -P\frac{\partial P}{\partial \tau} - \frac{1}{\Gamma}\frac{\partial^2 P}{\partial \tau^2} - \sum_{\nu} C_{\nu}\frac{\partial^2/\partial \tau^2}{1 + \theta_{\nu}\,(\partial/\partial_{\tau})}P$$

$$- \frac{(\partial/\partial_{\sigma})\,S}{2S}P + \frac{\partial/\partial_{\sigma}\,(\rho_0 c_0)}{2\rho_0 c_0}P \tag{6.43}$$

逆向增广 Burgers 方程数值求解时，对过压信号时间离散，对声管传播路径空间离散，并对相关参量无量纲化处理。仍然使用算子分裂法 (Splid Method)[24]。对式 (6.43) 进行求解，与正向传播不同的是经典耗散项和分子弛豫项均为病态方程，为稳定求解，引入伪抛物线型正则化方法进行修正，修正形式如下所示：

$$\frac{\partial P}{\partial \sigma} = -A\frac{\partial^2 P}{\partial \tau^2} - \varepsilon \cdot A\frac{\partial^2}{\partial \tau^2}\left(\frac{\partial P}{\partial \sigma}\right) \tag{6.44}$$

依照工程经验选择 $\varepsilon = 10^{-4}$，引入伪抛物型方程改写经典耗散项和分子弛豫项。

经典耗散项可以写成

$$\varphi P_{j-1}^{k+1} + (1 - 2\varphi)P_j^{k+1} + \varphi P_{j+1}^{k+1}$$

$$= -\varphi P_{j-1}^k + (1 + 2\varphi)P_j^k - \varphi P_{j+1}^k \tag{6.45}$$

$$\varphi = \frac{\Delta\sigma}{2\Gamma\Delta\tau^2}\left(1 - \frac{2\varepsilon}{\Delta\sigma}\right) \tag{6.46}$$

分子弛豫项可以写成

$$\left(\delta_{C_\nu} - \frac{\theta_\nu}{2\Delta\tau}\right)P_{j-1}^{k+1} + (1 - 2\delta_{C_\nu})P_j^{k+1} + \left(\delta_{C_\nu} - \frac{\theta_\nu}{2\Delta\tau}\right)P_{j+1}^{k+1}$$

$$= \left(\beta_{C_\nu} - \frac{\theta_\nu}{2\Delta\tau}\right)P_{j-1}^k + (1 - 2\beta_{C_\nu})P_j^k + \left(\beta_{C_\nu} + \frac{\theta_\nu}{2\Delta\tau}\right)P_{j+1}^k \tag{6.47}$$

$$\delta_{C_\nu} = \frac{C_\nu\Delta\sigma}{(\Delta\tau)^2}\left(\alpha - \frac{\varepsilon}{C_\nu\Delta\sigma}\right) \tag{6.48}$$

$$\beta_{C_\nu} = \frac{C_\nu\Delta\sigma}{(\Delta\tau)^2}\left(\alpha - \frac{\varepsilon}{C_\nu\Delta\sigma}\right) \tag{6.49}$$

其中，α 取 0.5。改写后的经典耗散项和分子弛豫项均为三对角方程，使用 TDMA 方法进行求解。

由于逆向传播存在一定耗散，导致逆向传播结果中局部激波信号丢失，需要进一步对声爆信号进行精细化反演计算，以尽可能还原真实波形的细节。图 6-17

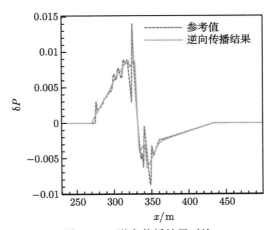

图 6-17　逆向传播结果对比

给出了逆向传播结果与真实近场过压分布的对比。经过逆向传播得到的波形，较为准确地反映了真实近场过压分布的主要特征，但仍然在细节上有较大差距，仅经过逆向传播计算，近场声爆信号仍然存在较大误差，精度未达到设计要求。逆向传播误差较大部分主要由病态方程正则化造成，需要进一步对声爆反演信号进行精细化计算，以还原被耗散掉的细节。

这里，我们基于两种方法在逆向传播的基础上进行细节重构，第一种采用 POD 方法 [27]。POD 本质上是一种降维方法。对于近远场样本组成的快照集 $\{\boldsymbol{Y_i}, i=1,2,\cdots,N\}$ $(\boldsymbol{Y_i} \in \boldsymbol{R^n})$，POD 可以从中寻找主要模态作为基模态 $\{\boldsymbol{\phi}_j, j=1,2,\cdots,r\}$，使所有快照在各阶基模态组成的子空间上正交投影最大，表达式如下：

$$\max\left\{\sum_{i=1}^{N}\frac{\langle \boldsymbol{Y}_i, \boldsymbol{\phi}_j\rangle^2}{\|\boldsymbol{\phi}_j\|^2}\right\} \tag{6.50}$$

首先，求取快照集的均值 $\widetilde{Y}$ 如下：

$$\widetilde{Y} = \sum_{i=1}^{N} \boldsymbol{Y}_i/N \tag{6.51}$$

计算快照的脉动矩阵 $\boldsymbol{P}$：

$$\boldsymbol{P} = \boldsymbol{Y} - \widetilde{\boldsymbol{Y}} \tag{6.52}$$

采用奇异值分解 (SVD) 方法进行特征值分解。奇异值分解计算效率高于传统特征值分解方法，且在计算高阶模态时更精确。对矩阵 $\boldsymbol{P}$ 进行奇异值分解可得

$$\boldsymbol{P} = \boldsymbol{U}\boldsymbol{\Lambda}\boldsymbol{V}^{\mathrm{T}} \tag{6.53}$$

其中，$\boldsymbol{U} \in \boldsymbol{R}^{N\times N}$，$\boldsymbol{V} \in \boldsymbol{R}^{N\times N}$。$\boldsymbol{\Lambda} \in \boldsymbol{R}^{N\times n}$ 且仅有对角线元素 $\boldsymbol{\Lambda}_{ii} = \sigma_i$ $(\sigma_1 \geqslant \sigma_2 \geqslant \cdots \geqslant \sigma_r \geqslant 0)$ 非零，并得到各阶模态：

$$\phi_i = \boldsymbol{V}(:, i), \quad i = 1, \cdots, N \tag{6.54}$$

任意一个快照 (如第 i 个) 都可以由各阶模态的线性叠加得到，形式如下：

$$\boldsymbol{Y}_i = \widetilde{\boldsymbol{Y}} + \sum_{j=1}^{r}\frac{(\boldsymbol{Y}_i, \boldsymbol{\phi}_j)}{\|\boldsymbol{\phi}_j\|}\phi_j \tag{6.55}$$

定义各模态的能量 (Energy) 为其对应的奇异值平方，如式 (6.56) 所示：

$$E_i = \sigma_i^2 \tag{6.56}$$

按照能量原则来选取基模态，定义能量下限为 99.9％，即满足式 (6.57) 的前 p 阶模态被选择作为基模态。

$$\frac{\sum\limits_{i=1}^{p} E_i}{E_{\text{total}}} = \frac{\sum\limits_{i=1}^{p} \sigma_i^2}{\sum\limits_{i=1}^{r} \sigma_i^2} \geqslant 99.9\% \tag{6.57}$$

对于一个残缺样本，在 POD 的基础上发展出的 Gappy POD[28] 方法可对其进行修复。对于一个如下形式的残缺样本：

$$\boldsymbol{I} = \left[\frac{\boldsymbol{K}}{\boldsymbol{U}}\right] \tag{6.58}$$

其中，$\boldsymbol{K}$ 为样本中的已知元素，在本节中为远场声爆信号值，$\boldsymbol{U}$ 为样本中的未知元素。在本节中为待求的相应近场声爆信号值。

POD 方法提取出前 p 阶模态作为主模态，按以下形式给出：

$$\boldsymbol{\Phi} = \left[\frac{\boldsymbol{\Phi_K}}{\boldsymbol{\Phi_U}}\right] \tag{6.59}$$

基于最小二乘法，使用主模态对残缺样本中的残缺部分进行修复：

$$\boldsymbol{\Phi}_K^{\mathrm{T}} \boldsymbol{\Phi}_K \boldsymbol{\Gamma} = \boldsymbol{\Phi}_K^{\mathrm{T}} \boldsymbol{K} \tag{6.60}$$

其中，$\boldsymbol{\Gamma} = (\gamma_1, \gamma_2, \cdots, \gamma_L)^{\mathrm{T}}$ 为残缺样本 $\boldsymbol{I}$ 在主模态张成的新的 p 维空间中的坐标。

修复得到的残缺样本中的缺失数据为

$$\boldsymbol{X}_K \approx \boldsymbol{\Phi}_U \boldsymbol{\Gamma} \tag{6.61}$$

在该方法中首先进行声爆信号的逆向传播，得到近场声爆信号的波形主特征。以此为初始值进行 POD 计算，大大减少了 POD 的计算成本，仅需构造波形细节所需的样本空间，对逆向传播的近场波形扰动取样进行缺失信息重构。

第二种采用伴随方法进行细节重构。以逆向传播结果作为初始值，其时间离散点对应的过压值为设计变量，基于声爆伴随方程求解目标远场声爆信号对设计变量的梯度信息，并更新设计变量。使用序列二次规划 (SQP) 算法进行细节重构，收敛条件为相邻迭代步的残差变化不超过 10^{-5}。

　　图 6-18 给出了两种反演方法得到的近场声爆信号。两种方法对主膨胀波前的声爆信号反演精度相当，对于主膨胀波后的声爆信号，"逆向传播 + 伴随方程梯度寻优" 方法得到的结果有更真实的物理细节。

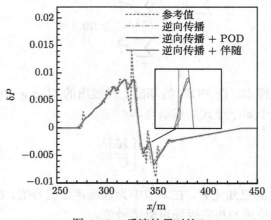

图 6-18　反演结果对比

　　经过细节反演得到的近场过压信号由增广 Burgers 方程可得相应的远场声爆信号，如图 6-19 所示。两种方法的可信度良好，在尾部激波区，"逆向传播 + 伴随方程梯度寻优" 方法的结果与参考值高度一致，而 POD 方法存在一定偏差。远场声爆信号通过快速傅里叶变换 (Fast Fourier Transform, FFT) 得到频域内的声压级、响度级分布，如图 6-20 所示。图 6-20 表明，仅通过逆向传播得到的结果，相应的远场声压级与响度级信号在中高频区域误差较大，原因是声信号逆向传播中激波信号耗散严重，表明了使用 POD 方法与伴随方法还原波形细节的必要性。"逆向

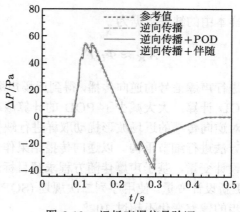

图 6-19　远场声爆信号验证

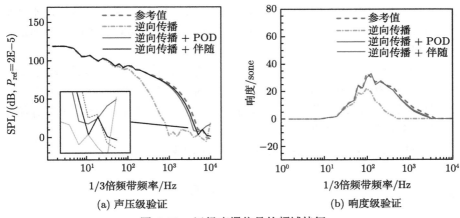

(a) 声压级验证 (b) 响度级验证

图 6-20　远场声爆信号的频域特征

传播 + 伴随方程" 方法的反演结果，其远场声压级与响度级高频信号精度优于 "逆向传播 +POD" 方法，声爆信号的高频部分为激波，表明伴随方法对激波信号的反演能力优于 POD 方法。

等效面积分布是飞行器声爆特性的决定性因素，因此也成为低声爆综合优化设计的指导函数。Abel 算法可将近场声爆信号转化为飞行器的等效面积分布，指导飞行器低声爆气动优化设计，其数学表达如下：

$$A_{e,r}(x) = 4 \cdot \frac{(2R \cdot \sqrt{Ma^2 - 1})^{\frac{1}{2}}}{\gamma \cdot Ma^2} \int_0^x \left(\frac{\mathrm{d}p}{p}\right) \sqrt{x - y} \mathrm{d}y \qquad (6.62)$$

图 6-21 给出了两种反演方法对应的等效面积分布，纵坐标为归一化处理的等效面积。相对于逆向传播结果，基于伴随方程反演得到的等效面积分布均更接近

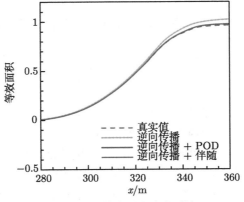

图 6-21　等效面积分布对比

参考值，表明局部激波信号丢失对等效面积分布精度有一定不利影响，本节提出的声爆信号细节反演方法可有效降低这一影响，能够为反向等效面积分布反设计提供基本输入。

　　等效面积分布可以由逆向增广 Burgers 方程计算，属于反向等效面积分布。Rallabhandi 提出了基于反向等效面积分布伴随方程的低声爆反设计方法 [29]。

　　正向等效面积分布根据 Abel 算法由近场过压信号变换得到。本节介绍了正向等效面积分布伴随方程的推导过程。

　　引入拉格朗日算子 $\boldsymbol{\Lambda}$ 构造如下形式的目标函数：

$$L = J + \boldsymbol{\Lambda}^{\mathrm{T}} \boldsymbol{R} \tag{6.63}$$

J 为等效面积分布目标函数，定义为表征当前等效面积分布与目标等效面积分布的向量欧氏距离，如式 (6.64) 所示。当计算收敛 $\boldsymbol{R} = \boldsymbol{0}$ 时，$L = J$。

$$J = \sum_{i=1}^{M} \frac{1}{2} \left(A_{e,t}\left(i\right) - A_e\left(i\right) \right)^2 \tag{6.64}$$

式中，M 为表征等效面积分布的向量维度，与近场声压提取线覆盖的网格点数一致。$A_{e,t}(i)$ 为第 i 个离散点对应的目标等效面积，$A_e(i)$ 为第 i 个离散点对应的当前等效面积。

　　等效面积分布伴随方程形式如式 (6.65) 所示：

$$\frac{\partial J}{\partial \boldsymbol{W}} + \boldsymbol{\Lambda}^{\mathrm{T}} \frac{\partial \boldsymbol{R}}{\partial \boldsymbol{W}} = 0 \tag{6.65}$$

推导等效面积分布伴随方程的核心是对式 (6.65) 进行构造。式 (6.65) 可转化为如下形式：

$$-\boldsymbol{\Lambda}^{\mathrm{T}} \frac{\partial \boldsymbol{R}}{\partial \boldsymbol{W}} = \frac{\partial J}{\partial \boldsymbol{W}} \tag{6.66}$$

分别构造伴随方程 (6.66) 的等号左端项和右端项变分形式。

　　分析等效面积分布目标函数 J 的计算过程。首先对飞行器近场流场进行 CFD 求解，提取近场压力分布，并通过 Abel 算法得到等效面积分布，最后计算与目标等效面积分布的欧氏距离。这一过程中，目标函数 J 的计算残差仅存在于近场 CFD 计算，因此，等效面积分布伴随方程的左端项与流场伴随方程的左端项一致，均为流场残差变分。

将式 (6.64) 代入式 (6.66) 的右端项，有

$$\left.\frac{\partial J}{\partial \boldsymbol{W}}\right|_{\text{at grid } k} = \sum_{i=2}^{M}\left((A_e(i)-A_t(i))\cdot\frac{\partial A_e(i)}{\partial \boldsymbol{W}_k}\right) \quad (6.67)$$

由于 $\dfrac{\partial A_e(i)}{\partial \boldsymbol{W}_k}$ 直接求解困难，引入原始变量 $\boldsymbol{Q}$ 作为中间变量，应用链式求导法则处理：

$$\frac{\partial A_e(i)}{\partial \boldsymbol{W}_k} = \frac{\partial A_e(i)}{\partial \boldsymbol{Q}_k}\cdot\frac{\partial \boldsymbol{Q}_k}{\partial \boldsymbol{W}_k} \quad (6.68)$$

其中，$\boldsymbol{Q} = \begin{bmatrix} \rho & u & v & w & p \end{bmatrix}^{\mathrm{T}}$，等效面积分布 $A_e(i)$ 对 ρ、u、v、w 的导数均为，仅对 p 存在导数，式 (6.68) 转化为

$$\frac{\partial A_e(i)}{\partial \boldsymbol{W}_k} = \frac{\partial A_e(i)}{\partial P_k}\cdot\frac{\partial P_k}{\partial \boldsymbol{W}_k} \quad (6.69)$$

将式 (6.69) 代入式 (6.67)，得

$$\left.\frac{\partial J}{\partial \boldsymbol{W}}\right|_{\text{at grid } k} = \sum_{i=2}^{M}\left((A_e(i)-A_t(i))\cdot\frac{\partial A_e(i)}{\partial P_k}\cdot\frac{\partial P_k}{\partial \boldsymbol{W}_k}\right) \quad (6.70)$$

已知 $\dfrac{\partial P_k}{\partial \boldsymbol{W}_k} = \begin{bmatrix} \gamma v_0^2 & -\gamma u_0 & -\gamma v_0 & -\gamma w_0 & \gamma \end{bmatrix}^{\mathrm{T}}$，式 (6.70) 的核心是对 $\dfrac{\partial A_e(i)}{\partial P_k}$ 项的推导。对式 (6.62) 离散得到：

$$A_e(i) = C\cdot\sum_{j=2}^{i}\frac{\left(\dfrac{P-P_\infty}{P_\infty}\right)_j\sqrt{x_i-x_j} + \left(\dfrac{P-P_\infty}{P_\infty}\right)_{j-1}\sqrt{x_i-x_{j-1}}}{2}\cdot\delta x \quad (6.71)$$

其中，C 为常值系数：

$$C = 4\cdot\frac{(2R\cdot\sqrt{Ma^2-1})^{\frac{1}{2}}}{\gamma\cdot Ma^2} \quad (6.72)$$

式 (6.71) 对 P_k 求导得：

$$\frac{\partial A_e(i)}{\partial P_k} = C\cdot\sum_{j=2}^{i}\frac{\dfrac{\partial\dfrac{P_j-P_\infty}{P_\infty}}{\partial P_k}\sqrt{x_i-x_j} + \dfrac{\partial\dfrac{P_{j-1}-P_\infty}{P_\infty}}{\partial P_k}\sqrt{x_i-x_{j-1}}}{2}\cdot(x_j-x_{j-1})$$

$$(6.73)$$

当且仅当 $j = k$ 或 $j = k + 1$ 时，求和项非零，此时

$$\frac{\partial A_e(i)}{\partial P_k} = C \cdot \left(\frac{\frac{1}{P_\infty}\sqrt{x_i - x_k}}{2}(x_k - x_{k-1}) + \frac{\frac{1}{P_\infty}\sqrt{x_i - x_k}}{2}(x_{k+1} - x_k) \right) \quad (6.74)$$

进一步化简得

$$\frac{\partial A_e(i)}{\partial P_k} = \begin{cases} C \cdot \dfrac{\frac{1}{P_\infty}\sqrt{x_i - x_1}}{2} \cdot (x_2 - x_1), & k = 1 \\[3mm] C \cdot \dfrac{1}{P_\infty} \cdot \sqrt{x_i - x_k} \cdot \dfrac{x_{k+1} - x_{k-1}}{2}, & k = 2, M - 1 \\[3mm] 0, & k = M \end{cases} \quad (6.75)$$

最后，将式 (6.75) 代入式 (6.67)，等效面积分布伴随方程右端项推导完毕，式 (6.76) 给出了最终形式。

$$\left. \frac{\partial J}{\partial \boldsymbol{W}} \right|_{\text{at grid}k}$$
$$= \begin{cases} \dfrac{C}{P_\infty} \cdot \displaystyle\sum_{i=1}^{M} \left((A_e(i) - A_t(i)) \cdot \dfrac{\sqrt{x_i - x_1}}{2} \cdot (x_2 - x_1) \cdot \dfrac{\partial P_k}{\partial \boldsymbol{W}_k} \right), & k = 1 \\[5mm] \dfrac{C}{P_\infty} \cdot \displaystyle\sum_{i=k}^{M} \left((A_e(i) - A_t(i)) \cdot \sqrt{x_i - x_k} \cdot \dfrac{x_{k+1} - x_{k-1}}{2} \cdot \dfrac{\partial P_k}{\partial \boldsymbol{W}_k} \right), & k = 2, M - 1 \\[5mm] 0 & k = M \end{cases}$$
$$(6.76)$$

并行环境下等效面积伴随方程右端项变分结果的装配同样通过"声压盒"实现，装配方法同 6.2.1 节所述。

6.3　基于流场/声爆耦合伴随方程的气动外形综合设计

6.3.1　超声速飞行器气动力/声爆综合优化

在开展气动布局选型基于笛卡儿网格无黏求解器进行 (图 6-22)。需要指出的是，由于采用无黏计算，该部分并不是用来进行远场声爆计算，而是进行近场波系结构定性分析，进行布局参数研究；基于影响声爆强度的几个主要因素，设计选型基本原则是增加激波上升时间、减小波系过压峰值，尽可能实现弱激波设计，

对机身轴线弯曲度、机翼平面形状、翼面布置等影响进行了系统研究，选取一种近场过压分布符合上述特征的布局，开展进一步综合优化。

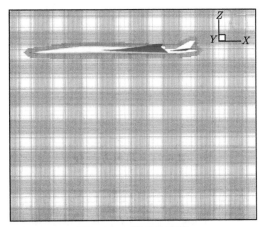

图 6-22　笛卡儿网格

1. 机翼平面形状影响

通过对机翼前缘后掠角进行分段描述，实现机翼平面参数化建模。图 6-23 和图 6-24 给出了两种机翼方案，图 6-25 ～ 图 6-27 给出了不同机翼方案条件下的波系分布与近场过压对比，可以看出连续变后掠前缘在提高翼身结合处激波上升时间的同时，对激波强度有明显抑制作用，同时机翼后缘位置带来相应膨胀程度的弱化，对尾激波强度起到积极的弱化作用。

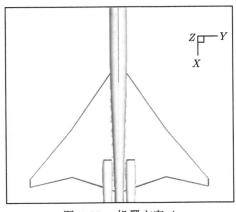

图 6-23　机翼方案 A

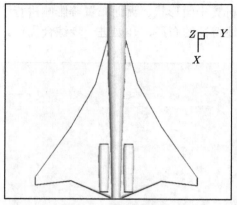

图 6-24　机翼方案 B

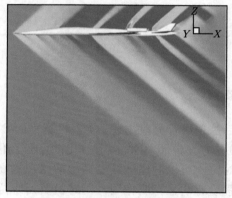

图 6-25　机翼方案 A 波系分布

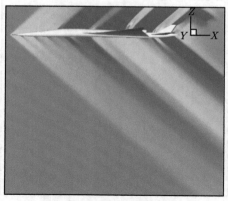

图 6-26　机翼方案 B 波系分布

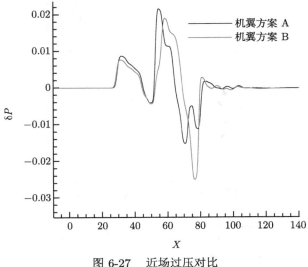

图 6-27 近场过压对比

2. 翼面布置影响

该部分主要研究了有无鸭翼以及鸭翼的位置、机翼位置对波系分布的影响。鸭翼方案 A 相对于鸭翼方案 B，前移 1.6m；机翼位置 A 相对于机翼位置 B 前移 2.5m。图 6-28 ~ 图 6-32 给出了不同机翼方案条件下的波系分布与近场过压对比，从过压分布上看鸭翼后移导致第一道激波后的膨胀区有所弱化，从而对翼身结合处的激波起到一定的抑制作用；机翼后移对尾激波起到一定的减缓作用。

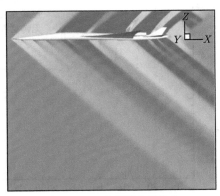

图 6-28 无鸭翼波系分布

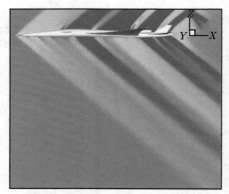

图 6-29　鸭翼方案 A 波系分布

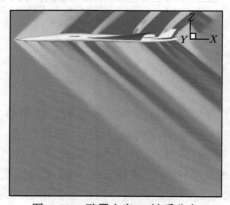

图 6-30　鸭翼方案 B 波系分布

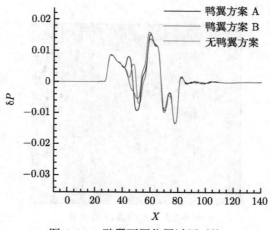

图 6-31　鸭翼不同位置过压对比

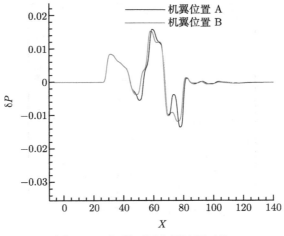

图 6-32 机翼不同位置过压对比

3. 机身轴线弯曲度影响

对机身横截面椭圆建模, 通过改变 Z 向位置、椭圆纵轴长度实现对机身轴线弯曲度的描述, 图 6-33 ~ 图 6-35 给出了轴线零弯曲机身方案 A 与轴线弯曲机身方案 B 的波系分布以及近场过压分布, 从波系分布上看, 弯曲轴线机身近场第一道激波更弱, 且利于弱激波系形成, 弱激波传播中迅速耗散, 且激波之间的合并能够得到抑制; 从过压对比上看, 弯曲轴线机身同时使得头激波强度有所减缓。

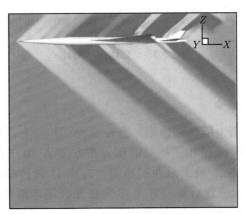

图 6-33 机身方案 A 波系分布

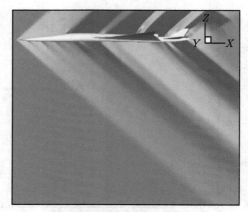

图 6-34　机身方案 B 波系分布

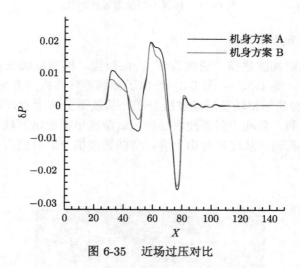

图 6-35　近场过压对比

4. 机身面积分布影响

通过对机身横截面采用椭圆建模，改变纵向面积分布，进行近场过压分布的对比，图 6-36 ~ 图 6-38 给出了机身面积分布方案 A 和方案 C 的近场波系及过压分布对比，其中方案 A 最大截面积靠前，方案 C 最大截面积后移。从波系分布上看，最大横截面积位置后移的方案 C 头部激波基本消除，整个过压幅值明显降低，且激波上升时间增加。

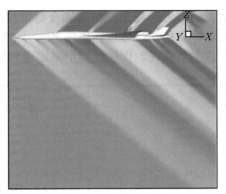

图 6-36 机身面积分布方案 A 波系分布

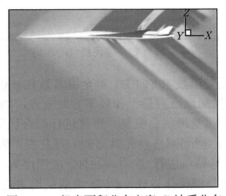

图 6-37 机身面积分布方案 C 波系分布

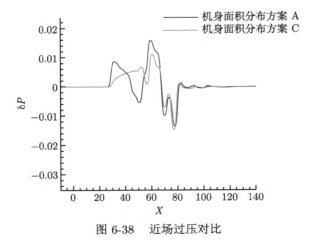

图 6-38 近场过压对比

　　通过上述特征参数影响研究，提出一种连续变后掠机/尾翼、弯曲轴线机身、翼上动力超声速民机布局，开展低声爆设计研究 [25]，如图 6-39 所示。由于缺少发动机工作参数，因此，在全机气动优化过程中采用通气短舱构型。

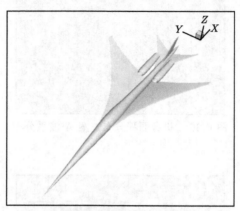

图 6-39　超声速民机气动布局

　　采用多区域自由式变形技术 (FFD) 对全机参数化建模，设计变量控制顶点如图 6-40 所示，机身控制顶点为最上和最下方的节点，FFD 技术的基函数为三次 NURBS 基函数，对机身形状、机翼、平尾进行综合优化，几何约束为机身容积不低于初始的 95%；空间网格单元共 5900 万左右，为准确捕捉近场激波形态，空间网格拓扑按照马赫角进行 X 方向拉伸。采用序列二次规划方法进行大规模设计变量低声爆气动外形优化设计，CFD 求解采用 SST 两方程湍流模型，采用 128 核进行并行计算，SQP 优化搜索收敛判断标准为连续三次搜索结果相差量 1.0×10^{-9}。

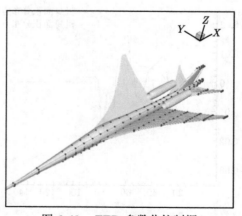

图 6-40　FFD 参数化控制框

采用多目标加权优化，优化数学模型如下：

$$\min J = \omega_1 \sum_{i=1}^{N} 0.5\alpha_i \left(P_i - P_{\text{target},i}\right)^2$$

$$+ \omega_2 \left(1 - \frac{C_{\text{L}}}{C_{\text{L}}^*}\right)^2 + \omega_3 \left(1 - \frac{C_{\text{D}}}{C_{\text{D}}^*}\right)^2$$

$$\text{st.Vol}_{\text{body}} \geqslant 0.95\text{Vol}_{\text{body, initial}}$$

$$\text{Thickness} \geqslant \text{Thickness}_{\text{initial}} \tag{6.77}$$

其中，目标函数第一项作用为声爆信号与目标特征的差量最小化，第二、三项是对升力、阻力系数的目标函数，使得在优化过程中气动性能不过于下降，权系数的选择为 $\omega_1 = 1.0, \omega_2 = 0.1, \omega_3 = 0.1$, 均为经验性参数，将升力、阻力进行低权重加权，较大程度上是对声爆强度的优化。为简化伴随方程右端项装配过程，将上述目标函数 J 的变分分解为两部分进行：

(1) 声爆伴随变量求解完毕后单独装配到耦合伴随方程的右端项；

(2) 升阻力等气动力变分后单独装配到流场伴随方程的右端项。

相当于求解两次伴随方程，分别求解梯度，最后进行加权平均。将目标函数的第一部分 $J_1 = \omega_1 \sum_{i=1}^{N} 0.5\alpha_i(P_i - P_{\text{target},i})^2$ 变分结果代入声爆伴随方程求解声爆伴随变量，进一步将声爆伴随变量代入耦合伴随方程右端，求解耦合伴随变量。远场声爆信号耦合伴随优化时，地面目标过压分布的选择遵循增加激波上升时间、减小激波强度等原则，在原有波形的基础上，目标波形尽可能简捷。

图 6-41、图 6-42 分别给出了马赫数、耦合伴随方程第一伴随变量对称面分

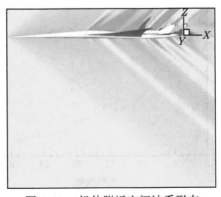

图 6-41 机体附近空间波系形态

布云图，从图 6-42 中可以定性分析，该气动外形对声爆目标函数产生主要影响的区域主要集中在机翼前沿翼身结合处、机翼 50%根弦长翼身结合处、平尾安装位置以及机身收尾等附近；图 6-43 给出了优化收敛历程，可以看出经过 35 代优化，基本趋于收敛；图 6-44 为优化前后气动外形的对比，主要变化量集中在机身中段/后段/末尾部分、机翼上下表面，这与上述定性分析一致。图 6-45 是优化前后地面声爆信号、目标信号的对比，经过优化后的声爆信号较为趋近于目标特征分布，过压峰值明显降低。

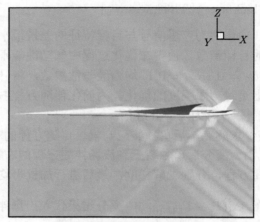

图 6-42　耦合伴随方程第一伴随变量对称面分布云图

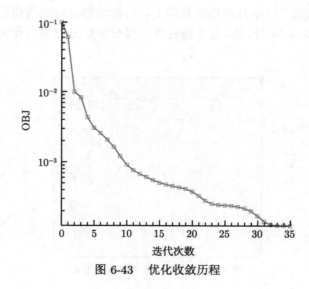

图 6-43　优化收敛历程

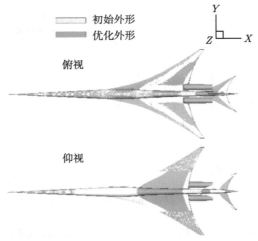

图 6-44 优化前后气动外形的对比

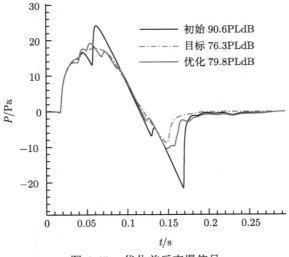

图 6-45 优化前后声爆信号

图 6-46 为伴随优化前后 $H/L = 0.6$ 处过压分布,优化过后近场过压被明显抑制,结合图 6-44,可以看到机身轴线进一步弯曲、机身末端形状以及平尾的扭转,对第一道激波和尾激波起到了明显的抑制作用,从而远场声爆强度显著下降。近场呈现若干个弱激波/膨胀波的多波系形态,该系列弱波系在传播中得以迅速耗散,图 6-47、图 6-48 给出了优化前后近场相同位置附近波系形态对比,能够清晰地看到优化前后的波系演化过程,优化外形波系强度较弱且迅速耗散。

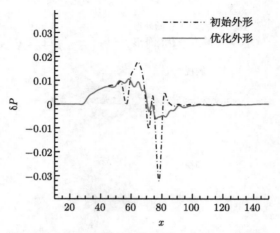

图 6-46　伴随优化前后 $H/L = 0.6$ 处过压分布

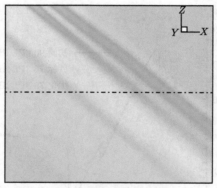

图 6-47　初始外形近场空间波系

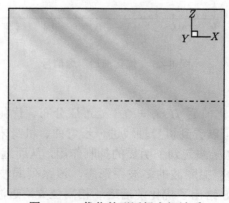

图 6-48　优化外形近场空间波系

图 6-49 给出了响度级频域特性，本节采用史蒂文斯响度级方法[19]，首先将地面声爆时域信号进行快速傅里叶变换，得到每个频段上的声压级 (三分之一倍频程)，根据各频段中心频率的声压级，采用线性插值确定各频段响度。最后将各个频段的响度值按以下求和方式获得总强度：

$$S_{\mathrm{t}} = S_{\mathrm{m}} + F\left(\sum S_i - S_{\mathrm{m}}\right) \tag{6.78}$$

其中，S_{t} 是总强度，S_{m} 是响度最大值，$\sum S_i$ 是各个频段的响度和，进一步通过式 (6.79) 求出感觉噪声级 (Perceived Noise Level, PNL)：

$$\mathrm{PNL} = 32 + 9\log_2 S_{\mathrm{t}} \tag{6.79}$$

经过优化后，声爆感知声压级从初始的 90.6 PLdB，降低到 79.8 PLdB，效果较为明显。

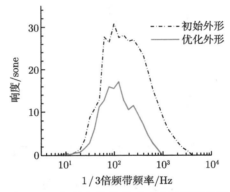

图 6-49 初始与优化外形响度级频谱特性

表 6-3 给出了指定权重系数的选择下，优化前后升阻力、声爆感觉噪声级的对比，优化后外形升力系数仅降低 0.005，同时阻力系数降低 0.0003，验证了气动力/声爆一体化设计思路的可行性。

表 6-3　初始与优化外形气动/声爆特性

	升力系数	阻力系数	感觉噪声级
初始外形	0.106	0.0126	90.6 PLdB
优化外形	0.101	0.0123	79.8 PLdB

图 6-50 ~ 图 6-52 分别为优化前后等效面积分布、横截面积分布以及升力分布对比，其中各项分布无量纲化参考量均采用初始外形对应的最大值，优化后等效面积分布变化更为缓和，最大横截面积位置后移，尾部升力分布变大，带来尾激波强度大幅减小的效应。

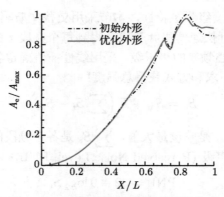

图 6-50　初始与优化外形等效面积分布

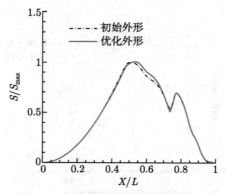

图 6-51　初始与优化外形横截面积分布

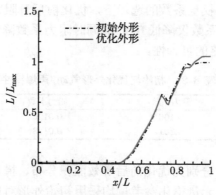

图 6-52　初始与优化外形升力分布

(1) 连续变后掠机翼外形、弯曲机身轴线、最大横截面后移的面积分布是低声爆气动布局设计的关键。

(2) 基于流场/声爆耦合伴随优化全机一体化声爆/气动力优化，感觉噪声降低 10.8PLdB，达到 79.8 PLdB，优化效果明显。

(3) 从优化前后近场、远场过压分布对比上看，尾部机身形状、平尾扭转的变化对尾部激波具有明显的抑制作用；机身轴线进一步弯曲使第一道激波得到抑制，从而远场声爆强度显著下降。

(4) 优化外形呈现多弱波系形态，平行弱波系在传播中得以迅速耗散，减小了声爆强度，在整个频段上响度、声压均得到有效抑制。

(5) 综合优化后低声爆外形等效面积分布变化率更为缓和，最大横截面积位置后移，尾部升力分布变大。

6.3.2 考虑动力效应的超声速气动力/声爆综合优化

根据推力需求，以某型发动机设计了尾吊式发动机短舱，如图 6-53 所示。两种短舱的外形轮廓一致，通气短舱内部流道采用收扩喷管型面，动力短舱采用塞式喷管。

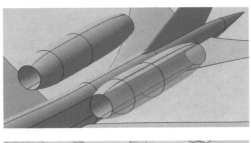
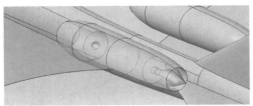

图 6-53　发动机短舱结构与安装位置

数值计算中飞行器下方区域沿激波角度进行网格加密，网格数量约为 2.15×10^7。图 6-54 ～ 图 6-56 分别给出了有无动力条件下的短舱截面、机体附近空间波系形态和动力影响下的近场过压对比。

由图 6-56 中两种短舱的流场结构可以看出，短舱下方及后部区域的波系结构差异明显，在发动机高速喷流的作用下，短舱喷口和平尾前缘处的激波都有所增强，并在下方合并后形成一道更强的激波。因此在图 6-57 中可以看出，动力短舱构型在机身对称面的中近场空间激波系更强，一方面是喷流使机身下方的压缩波和膨胀波加强，另一方面也强化了机身后方区域的扰动。同时由于短舱前端进气条件的差异，使得在机身上表面拱顶附近的波系结构也有差异。

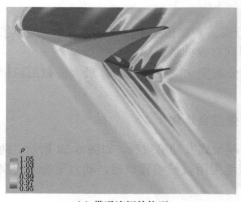

(a) 带通流短舱构型　　　　　　　　　(b) 带动力短舱构型

图 6-54　机体附近空间波系形态

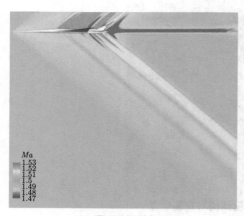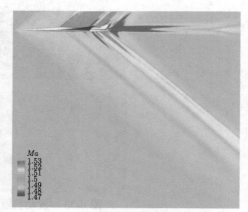

(a) 带通流短舱构型　　　　　　　　　(b) 带动力短舱构型

图 6-55　机体附近空间波系形态

图 6-57 为耦合伴随方程第一伴随变量对称面分布云图，对比两种构型可以看出，动力短舱构型整体的伴随变量值以及分形态差异较大，尤其在机身尾部、平尾翼梢、短舱附近机身表面以及短舱前端机身上表面区域差异明显。

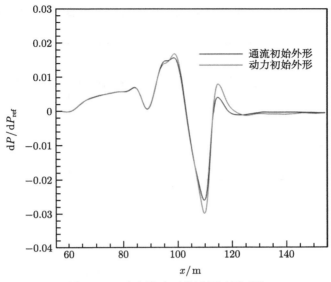

图 6-56 动力影响下的近场过压对比

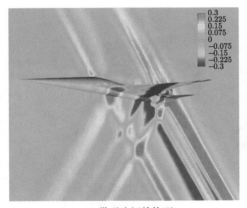

(a) 带通流短舱构型

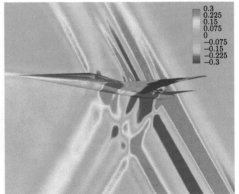

(b) 带动力短舱构型

图 6-57 初始外形耦合伴随方程第一伴随变量云图

图 6-58 给出了对有无动力条件下进行离散伴随优化的收敛历程, 可以看出采用的优化方法对于有无动力影响的典型超声速民机外形都非常稳定有效, 两者最终的目标有所差别。

图 6-59 给出了两种构型优化前后的轮廓变化对比, 可以看出变化较为明显的区域主要为喷管附近的机身下表面、进气道附近机身上表面、机翼根部和平尾翼梢, 与耦合伴随方程第一伴随变量的分布相一致。耦合动力影响的构型在机翼

翼根位置上移更多、平尾翼型弯度更大、机身轴线的弯曲也更为明显。

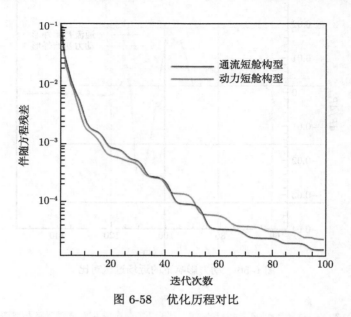

图 6-58　优化历程对比

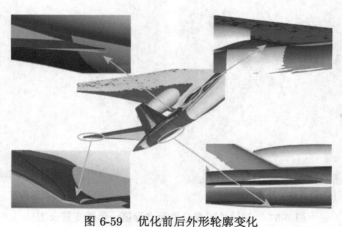

图 6-59　优化前后外形轮廓变化

灰：基准构型，蓝：带通流短舱优化构型，红：带动力短舱优化构型

　　图 6-60 给出了优化后的近场波系形态分布结果，能够明显看到两种构型优化后的波系发生改变，尤其是机身后段下方的强激波被分散成多道强度较弱的激波，近场均呈现若干个弱激波/膨胀波的多波系形态，并且该系列弱波系在向下方进场传播的过程中呈现合并、耗散现象，带动力状态尾激波要略强于无动力状态；从近场过压分布看，声爆得到有效抑制，如图 6-61 所示。

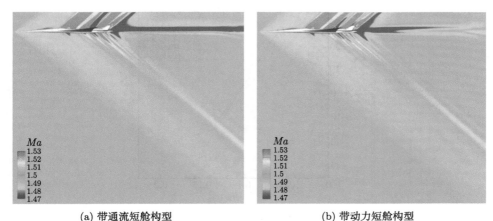

(a) 带通流短舱构型　　　　　　　　　　　　(b) 带动力短舱构型

图 6-60　优化外形的近场波系形态分布

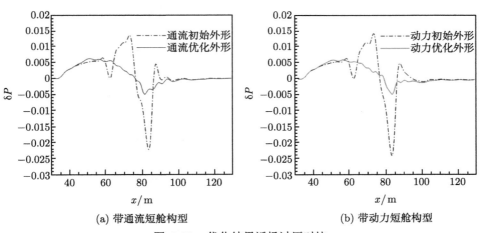

(a) 带通流短舱构型　　　　　　　　　　　　(b) 带动力短舱构型

图 6-61　优化结果近场过压对比

从图 6-62 可以看出有、无动力构型优化前后的远场声爆信号的对比。从初始信号来看,有无动力过压特征差别明显,感知声压级相差 0.7249dB;优化后过压强度均显著降低,带动力构型的过压略高于无动力构型,感知声压级相差 4.5849dB。

图 6-63、图 6-64 分别给出了有、无动力构型优化前后的远场信号响度级频域特性和声压级频谱特性的对比,相对初始外形,有、无动力构型的整个频段的声压级均明显降低,但最终优化方案声压、响度频谱特性存在显著差别。表 6-4 给出了优化前后声爆感觉噪声级和全机升阻特性 (扣除发动机内阻后) 的对比。由于优化未考虑升阻特性,因此,两种优化构型在声爆明显减弱的同时,升阻比略有下降。

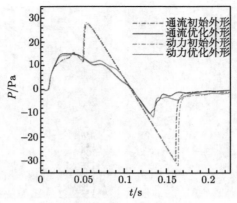

图 6-62   优化结果地面声爆信号对比

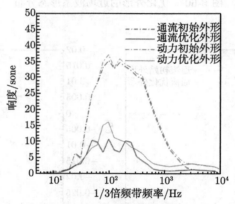

图 6-63   优化前后响度级频域特性对比

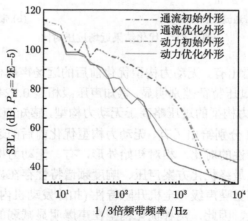

图 6-64   优化结果声压级频谱特性对比

表 6-4 优化前后气动、声爆特性对比

构型		感觉声压级	阻力系数
通流	基本构型	93.3447	7.29E−03
	优化构型	76.3856	8.00E−03
动力	基本构型	94.0696	7.48E−03
	优化构型	80.9705	9.27E−03

图 6-65 分别为有、无动力构型优化前后的等效面积分布对比，可以看出两种优化构型的等效面积分布变化更为缓和，同时带动力短舱优化构型在尾部的等效面积明显大于通流短舱构型，由于机身尾部体积改变有限，因此等效面积的差异主要来自喷流效应导致的升力分布的改变。图 6-66 给出了有、无喷流状态优化结果对比，可以看出喷流直接影响了平尾附近流动形态，导致升力分布产生明显变化。

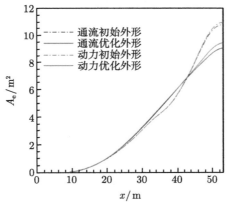

图 6-65 初始与优化外形等效面积分布

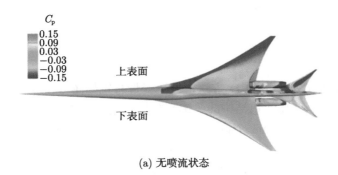

(a) 无喷流状态

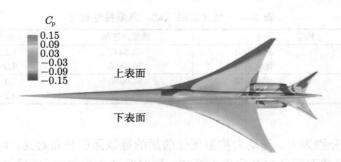

(b) 带喷流状态

图 6-66　优化构型表面压力分布

6.3.3　等效面积分布伴随优化

采用自主设计的某研究型带动力模型作为测试对象。图 6-67 给出了该模型的气动外形。计算状态为 $H = 16747\mathrm{m}$，$Ma = 1.5$，$\alpha = 1.29°$，$Re = 4.77 \times 10^6$。

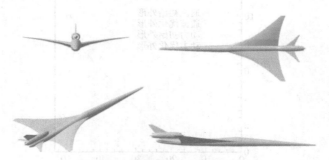

图 6-67　优化算例气动外形示意

针对该气动外形及设计工况提出如下所示的优化模型。优化为定攻角优化。

$$\begin{cases} \text{目标：} & \min J = \dfrac{1}{2}\left(\boldsymbol{A}_{e,t} - \boldsymbol{A}_e\right)^2 \\ \text{设计变量：} & X_1, X_2, X_3, \cdots, X_n \\ \text{约束：} & \alpha_{\mathrm{design}} = 1.28 \end{cases} \tag{6.80}$$

气动外形参数化方法采用 FFD 方法，设计变量布置如图 6-68 所示。在机头、机尾、机翼与平尾等近场波系结构的关键影响位置适当集中布置更高规模的设计变量，采用半模计算，共 306 个设计变量。

优化基于 SQP 算法进行，搜索仅推进 5 步,适应值就由 11.866 降为 1.557,适应值收敛曲线如图 6-69 所示，表明等效面积分布伴随优化具有较好的优化效率。

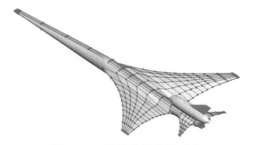

图 6-68　设计变量布置示意

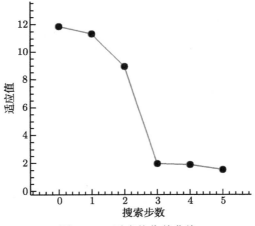

图 6-69　适应值收敛曲线

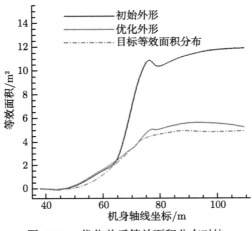

图 6-70　优化前后等效面积分布对比

　　当前气动外形的等效面积分布与初始气动外形的等效面积分布对比如图 6-70 所示。

　　仅经过 5 次搜索，等效面积分布基本与目标等效面积分布逼近，表明基于等效面积分布伴随方程求解梯度信息能够较为准确地驱动设计变量更新至最优设计点。

　　图 6-71、图 6-72 给出了优化后的近、远场声爆信号波形变化，结合图 6-73 给出的近场波系结构变化可以看出，经过优化，近场声爆信号的最大过压值、上升时间均显著降低，机翼前缘激波强度减弱并向平尾前缘激波归并，尾部激波强度也明显减弱，动力喷流区压力脉动持续时间略有缩短。远场声爆信号由典型的"N 型"分布变为更为和缓的压力波动。

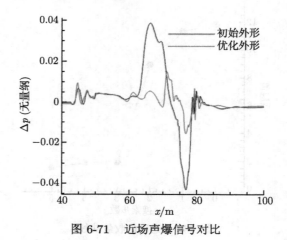

图 6-71　近场声爆信号对比

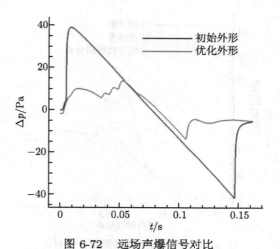

图 6-72　远场声爆信号对比

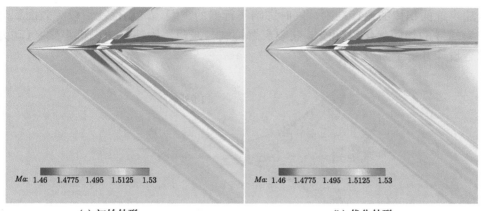

(a) 初始外形   (b) 优化外形

图 6-73　优化前后近场波系对比

优化后飞行器远场感知噪声级降低约 13PLdB。同时，飞行器阻力系数（含发动机内阻）降低约 23counts。图 6-763 表明，飞行器上翼面的一道强激波被削弱为多道弱激波，有利于降低飞行器在该工况下的激波阻力。

对比优化前后飞行器气动外形变化，并取机翼、平尾的剖面翼型进行分析。剖面位置取展向距离对称面 1m 处。图 6-74 给出了对比结果。优化后机翼攻角减小、弯度减小，而平尾弯度增大、攻角增大、安装位置上移。机身弯度也有一定程度的变化，机头下垂、机尾上扬，使机身轴线更趋向于波浪型分布。

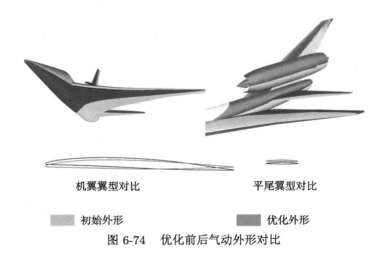

机翼翼型对比   平尾翼型对比

■ 初始外形   ■ 优化外形

图 6-74　优化前后气动外形对比

图 6-75 给出了优化前后上翼面的压力分布，飞行器的超声速阻力性能得到显著改善。等效面积分布不仅决定飞行器的声爆强度，也决定飞行器外形是否符

合超声速面积律的设计准则，同时影响飞行器的声爆、气动性能。以等效面积分布为指导的伴随优化设计能够兼顾声爆抑制与减阻，为超声速民机声爆–气动力综合设计开辟了新思路。

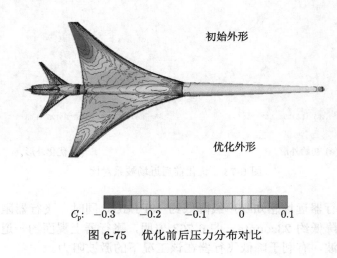

图 6-75　优化前后压力分布对比

参 考 文 献

[1]　朱自强, 兰世隆. 超声速民机和降低声爆要求 [J]. 航空学报, 2015, 36(8): 2057-2528.

[2]　Chudoba B, Coleman G, Roberts K, et al. What price supersonic speed? —a design anatomy of supersonic transportation-Part 1 [C]. AIAA-2007-0851, 2007.

[3]　Cowart R A, Grindle T. An overview of gulfstream/NASA quiet sprikeTM flight test program[C]. AIAA-2008-0123, 2008.

[4]　Walge H R, Nelson C, Bonet J. Supersonic vehicle systems for 2020 to 2030 time-frame[C]. AIAA-2010-4930, 2010.

[5]　王元元, 申洋. NASA 稳步推进低声爆超声速客机验证机计划 [J]. 国际航空, 2014(5): 76-77.

[6]　Nadarajah S K, Jameson A, Alonso J J. Sonic boom reduction using an adjoint method for wing-body configurations in supersonic flow[C]. AIAA 2002-5547, 2002.

[7]　Rallabhandi S K. Sonic boom adjoint methodology and its applications[C]. AIAA 2011-3497, 2001.

[8]　冯晓强, 李占科, 宋笔锋. 超声速客机低音爆布局反设计技术研究 [J]. 航空学报, 2011, 32(11): 1980-1986.

[9]　冯晓强, 李占科, 宋笔锋. 超声速飞机低音爆布局混合优化方法研究 [J]. 航空学报, 2013, 34(8): 1768-1777.

[10]　王刚, 马博平, 雷知锦, 等. 典型标模音爆的数值预测与分析 [J]. 航空学报, 2018, 39(1): 121458.

[11] Thomas C. Extrapolation of sonic boom pressure signatures by the waveform parameter method[R]. NASA, TN D-6832, 1972.

[12] Plotkin K J. Computer models for sonic boom analysis: PCBoom4, CABoom, BooMap, COR- Boom[C]. Wyle Rept. WR 02-11, Arlington, VA, 2002.

[13] Hamilton M F, Blackstock D T. Nonlinear Acoustics[M].New York: Academic Press, 1998: 55.

[14] Cleveland R O. Propagation of sonic booms through a real, stratified atmosphere[D]. Austin: The University of Texas at Austin, 1995.

[15] Lighthill M J. Viscosity effects in sound waves of finite amplitude[J]. Surveys in Mechanics, 1956, 25035: 250-351.

[16] Cleveland R O. Propagation of sonic booms through a real, stratified atmosphere[D]. Austin: The University of Texas at Austin, 1995.

[17] Onyeonwu R O. The effects of wind and temperature gradients on sonic boom corridors[R]. UTIAS Technical Note No.168, 1971.

[18] Bass H E, Sutherland L C, Zuckerwar A J, et al. Atmospheric absorption of sound: Further developments[J]. Journal of the Acoustical Society of America, 1995, 97(1): 680-683.

[19] Plotkin K. Review of sonic boom theory[R]. AIAA 2003-3575, 1989.

[20] Thomas L H. Elliptic problems in linear difference equations over a network[J]. Watson Sci. Comput. Lab. Rept, 1949, (1): 1-5.

[21] Ozcer I A. Sonic boom prediction using euler/full potential methodology[Z]. Reno, Nevada, 2007.

[22] Rallabhandi S, Loubeau A. Summary of propagation cases of the second aiaa sonic boom prediction workshop[R]. AIAA 2017-3257, 2017: 369.

[23] Rallabhandi S K, Loubeau A. Propagation Summary of the second AIAA sonic boom Prediction workshop[C]. AIAA 2017-3257, 2017.

[24] Rallabhandi S K. Advanced sonic boom prediction using augmented burger's equation[C]. AIAA 2011-1278, 2011.

[25] 黄江涛, 张绎典, 高正红, 等. 基于流场/声爆耦合伴随方程的超声速公务机声爆优化 [J]. 航空学报, 2019, 40(5): 122505.

[26] Li W, Rallabhandi S. Inverse design of low-boom supersonic concepts using reversed equivalent-area targets[J]. Journal of Aircraft, 2014, 51(1): 29-36.

[27] Berkooz , Holmes P, Lumley J L. The proper orthogonal decomposition in the analysis of turbulent flows[J]. Annual Review of Fluid Mechanics, 1993, 25(1): 539-575.

[28] Venturt D, Karniadakis G E. Gappy data and reconstruction procedures for flow past a cylinder[J]. Journal of Fluid Mechanics, 2004, 519(519): 315-336.